人生哲學

李石岑著

民國滬上初版書·復制版

人生哲學

李石岑 著

上海三聯書店

图书在版编目(CIP)数据

人生哲学 / 李石岑著. ——上海：上海三联书店,2014.3
(民国沪上初版书·复制版)
ISBN 978-7-5426-4675-0

Ⅰ.①人… Ⅱ.①李… Ⅲ.①人生哲学 Ⅳ.①B821

中国版本图书馆 CIP 数据核字(2014)第 047668 号

人生哲学

著　　者 / 李石岑
责任编辑 / 陈启甸　王倩怡
封面设计 / 清风
策　　划 / 赵炬
执　　行 / 取映文化
加工整理 / 嘎拉　江岩　牵牛　莉娜
监　　制 / 吴昊
责任校对 / 笑然
出版发行 / 上海三联书店
　　　　　(201199)中国上海市闵行区都市路 4855 号 2 座 10 楼
网　　址 / http://www.sjpc1932.com
邮购电话 / 021-24175971
印刷装订 / 常熟市人民印刷厂

版　　次 / 2014 年 3 月第 1 版
印　　次 / 2014 年 3 月第 1 次印刷
开　　本 / 650×900　1/16
字　　数 / 380 千字
印　　张 / 33.5
书　　号 / ISBN 978-7-5426-4675-0/B·355
定　　价 / 155.00 元

民国沪上初版书·复制版
出版人的话

如今的沪上,也只有上海三联书店还会使人联想起民国时期的沪上出版。因为那时活跃在沪上的新知书店、生活书店和读书出版社,以至后来结合成为的三联书店,始终是中国进步出版的代表。我们有责任将那时沪上的出版做些梳理,使曾经推动和影响了那个时代中国文化的书籍拂尘再现。出版"民国沪上初版书·复制版",便是其中的实践。

民国的"初版书"或称"初版本",体现了民国时期中国新文化的兴起与前行的创作倾向,表现了出版者选题的与时俱进。

民国的某一时段出现了春秋战国以后的又一次百家争鸣的盛况,这使得社会的各种思想、思潮、主义、主张、学科、学术等等得以充分地著书立说并传播。那时的许多初版书是中国现代学科和学术的开山之作,乃至今天仍是中国学科和学术发展的基本命题。重温那一时期的初版书,对应现时相关的研究与探讨,真是会有许多联想和启示。再现初版书的意义在于温故而知新。

初版之后的重版、再版、修订版等等,尽管会使作品的内容及形式趋于完善,但却不是原创的初始形态,再受到社会变动施加的某些影响,多少会有别于最初的表达。这也是选定初版书的原因。

民国版的图书大多为纸皮书,精装(洋装)书不多,而且初版的印量不大,一般在两三千册之间,加之那时印制技术和纸张条件的局限,几十年过来,得以留存下来的有不少成为了善本甚或孤本,能保存完好无损的就更稀缺了。因而在编制这套书时,只能依据辗转找到的初版书复

制，尽可能保持初版时的面貌。对于原书的破损和字迹不清之处，尽可能加以技术修复，使之达到不影响阅读的效果。还需说明的是，复制出版的效果，必然会受所用底本的情形所限，不易达到现今书籍制作的某些水准。

民国时期初版的各种图书大约十余万种，并且以沪上最为集中。文化的创作与出版是一个不断筛选、淘汰、积累的过程，我们将尽力使那时初版的精品佳作得以重现。

我们将严格依照《著作权法》的规则，妥善处理出版的相关事务。

感谢上海图书馆和版本收藏者提供了珍贵的版本文献，使"民国沪上初版书·复制版"得以与公众见面。

相信民国初版书的复制出版，不仅可以满足社会阅读与研究的需要，还可以使民国初版书的内容与形态得以更持久地留存。

2014年1月1日

人生哲學

李石岑 著

中華民國十五年十一月初版

序

記得民國十二年秋，有一天晚上同着在北京的幾個喜歡談論哲學的朋友，在宣武門外香爐營哲學社集會。大家談到人生觀問題自剛掌燈時起直到二更多天，其結果人生二字的定義大家見解還沒一致。人生哲學和人生觀究竟是不是同一意義呢？這個問題若是拏來過細的討論恐怕現在覺得不難解答的，越推敲顯得問題真是太多了。再說：人生哲學與倫理學何以有人說他是異名而同義，有人則謂倫理學不能包括人生哲學甚至並哲學一語亦復有種種不同的定義這一點實在是哲學領域內，一種很不太平的情形為自然科學裏所絕對沒有的。

人類憑着他特別發達的想像力及其無止足的欲求又本着怕寂寞喜熱鬧的根性所以造出這些五花八門的人的世界哲學也算是這個世界裏一

種出產品。愛他的人，便覺得這是再寶貴不過的，是最高精神之表現，是要批評及解決一切根本問題的毀他的人說他是一種幻想、一種空論說得好聽些也只是一種沒法證明的假說。我自己對於哲學近兩年來也抱有多少的懷疑但是儘管有可疑的地方，而人類一日不絕哲學終亦一日不滅換言之，卽人類若是有思想的，卽有哲學。

自然科學所得的結果，無一不可爲哲學研究的材料，將來哲學之立脚點，可以因時代而不同而哲學本身總是同着科學而先後進步的卽以人生哲學而論其立脚點之時代化也很顯而易見的。石岑先生書中一六六至一六八等頁已經看到了這一層惟其時代化的緣故所以有許多派別之不同研究哲學有趣味處在此而其困難處亦在此。人生哲學則尤爲難中之難因爲卽在同一時代中亦幾於各人可有不同的人生哲學現在姑且把種種不同的派別歸結起來分爲下列之兩個大系這並非在此忽然鬧出一個分類的

玩意兒，無非爲便於簡單敘述起見之一種經濟的辦法罷了。所謂兩大系：

（一）超自然的人生哲學與自然的人生哲學

甲、超自然的人生哲學　凡主張目的論秩序論以及意志的自由普遍、實在精神的獨立內在的統一、一切超感覺超經驗者，皆屬於所謂超自然的哲學所主張率以爲自然科學之必然論不能說明自我心象或精神——此之精神乃先在的、自動的、創造的、無限的、不受時空限制不可量度不可計算不可分析其自身即一實在。凡唯心派哲學，或可看做爲唯心派者，關於此點，其根本觀念皆相同。

乙、自然的人生哲學　以自然律支配經驗的全部，排除一切神祕觀念者，皆可謂之自然的哲學。自然的哲學不過由算學的邏輯的理性論上主張機械的哲學，亦可因其超越經驗之故一轉而入於神祕主義旣視理性世界與現實世界迥然不同則擬諸今日所謂「自然的」觀念，實已相距甚遠又如自然主義各

派哲學中所謂物質一元論、勢力一元論乃至本質一元論等，實皆追求事物的本體，假設有一不帶任何屬性之超越知識的原因即萬物之最後的原因。非如實證主義實驗主義唯覺主義等之限於可知的現象界，爲吾人研究之對象；至於原因與本體等，皆置諸不論不議之列於吾人人生問題尚覺較爲接近。然影響人生哲學最鉅者，在自然科學中當以生物學爲最近代生物學之發展實予人類思想以一種極劇烈的改革。

從前雖極聰明的人都免不了一種愚蠢極道德的人都免不了一種罪過。就是把我們的「人」抬高得太過分了於智識上犯了太淺陋的毛病於思想上犯了太自私自大的毛病總之：看重自己蔑視其他其初也許由於所知道的不過語言情意能夠相通之同類兩條腿的東西，不知不覺的對於其他生物降了幾十級給他一個極不平等的待遇而自己則以爲是高貴不過的。而久之，則與偏私我慢的根性混成一氣，直到今日尚有號稱文明國而對於

講進化論的加以非常壓迫者人對於比較相近的生物尚且有這樣的誤解，其對於自然界種種現象自更莫名其妙的了自然的人生哲學即是受了近代自然科學的啓示恍然於宇宙之大與吾人之渺小而無足矜貴。「頂天立地的男子漢」我們不要這樣的過於自負罷。在幾千年以前由某點星兒放出來的光今天才爲我們眼睛所瞧見這光的行程中我們這個名爲地球的小行星上生生死死中間不知換了多少人地球雖小而隨便撿起一片山脚的石片兒地質學家帶過手一看呀！這是什麽水成岩之那一代的第幾期不但在我們歷史第一頁還沒有開篇以前，並且連人類也還都沒有咧。再考究到我們身子裏所有細胞的數目千倍於全世界現在之人口而此甚小之細胞體積內，含有細胞核每一染色體又有若干染色珠聯合而成細胞核外尚有極小之星體名曰中心體不但人身是個小宇宙一個細胞核其內容之複雜，比平常未受教育的人所想像之宇宙殆有過之生物的

世界，卽是一個細胞世界人亦不過一個細胞之集合體，與其他生物根本上並無多大區別。而與我們同號稱生物者在地球上活着的以種類計亦有數十萬之多，人不過此數十萬種中之一種人與這些生物固然有許多不同的地方但是說人類一定比別的都優秀則實不盡然個人之機詐巧僞種種罪惡每爲其他生物之所無推而至於國家或社會則其不平等不公道不道德以視蜂蟻苔蟲及螃蟹等之團體生活那就相差太遠了。平情而論人的特長處不過知識較爲發達其餘則並沒有什麼高明果能看透了這一點，或者能將偏私之見根本去掉那麼往下所舉第二系之個人與非個人的人生觀，底應該走那一條路也就容易明白了。

（二）個人的人生哲學與非個人的人生哲學

甲、個人的人生哲學 無論什麼時代個人主義總是盤據在人的心窩裏，至近代則此種思想益見發達又無論什麼人，在其兒童期之身心發展上，

六

亦總經過個人觀念極重的時期。一般人在思想方面，或事實方面大抵皆以為最真實的就是我我是最後的單位保存自己的行為被人認作是個本能了。再露骨的主張，則直謂一切生物只為生存而生存，人類亦只有利己心是真的。英國人有句俗語說「天助自助者。」又說：「信實是頂好的政策。」上一語說得堂皇些其實即謂個人只有自己可靠。下一語則直揭穿道德亦利己之一手段罷了。西人中尤其是英國人可謂此主義之結晶他的自由思想是由個人思想中發展的自由原始意義是要解放外界的束縛個人自身要自思自行自己奮鬥自己決定自己的運命所謂自我解放的運動漸成為個人主義的運動他的民治精神亦由個人思想中發展的個人須有生命財產身體之種種自由，對於其他個人乃至國家都有要求其不得侵害我個人自由之權，此種要求一般都認為極合理而且是神聖的要求，是一種權利，故這種人生觀可以說是以權利為本位的。因為大家都看着個人利益很認真所以權

利也斷沒有白給人家，要想享受權利，必須答以相當的義務，於是卻成了一個很近乎平等的道德了。再望好的方面說所有個性的表現獨立自尊自愛，不俯仰隨俗不同流合污不畏權威不貪安樂有骨幹有思想有主張有節制，有信仰有責任心有向上心看重自己的人格要在世間堂堂的做一個「人」以上種種也可以說是由個人的園地裏開出來的花。

有好些思想家，他把人類看做自然界的主人翁所謂我大而物小，物有盡而我無盡便覺得人生原是可以樂觀的。又有一派他看得寒暑饑渴衰老病死，「人」只是自然界的奴隸與犧牲便覺得人生總是悲觀的。這兩種人包括了古今多少聰明賢哲，其實只是個人主義之一種變相他的根本觀念，是把人類在自然界裏提了出來另排在他自己主觀的一邊以爲是與「自然」旗鼓相當屹然並立的，在此對峙的局面裏，不是東風壓倒西風就是西風壓倒東風這裏就分出樂觀與悲觀的兩方面了。無非都是所謂「人類中心」的舊

觀念，此觀念之中心，總離不了個人的單位。又有一些思想家，他是很慷慨的提倡吾人要對於全人類盡其應盡之責，這似乎是與個人主義絕然不同的了，然而多少主張此說的同時，即是一個很嚴格的個人主義者，這是什麼道理呢？大約這還是極狹的個人與極廣的人類中間一條思想的通路，此路原是相通的，上頭所說人類中心主義與個人主義原是一個東西而且「全人類」這種寬泛的對象與個人眼前實際方面並不見得有直接具體的接觸，因為沒有什麼接觸，所以似乎相反的兩種思想而卻可以相容，此變相之放大的思想更把個人主義弄得十分莊嚴了。

乙、非個人的人生哲學　所謂非個人的人生、並不一定是殺身毀家的殉道者，亦不一定是民胞物與的理想家。他只是相信「人」這個東西排在自然界裏是決不能孤獨存在的，我們呱呱墮地而來，奶著抱著扶著領著好幾年之長日月，漸漸纔能離人而活，比較下等動物生下幾天就能飲啄自如者，

已經不同了，況且自幼而長要靠着家庭及學校的教育及一切物質的幫助，自後又無時無地不靠着社會的扶提我們那一個真是在無人島中能够生活過的。社會之於人猶之水火與空氣簡直是不可須臾或離，所以不講別的，單就實際利害關係上說個人主義是萬萬講不通的。

個人與社會都是一個抽象的名詞然一般人則以爲個人是顯然在眼前的，社會卻看不見頭脚，自然覺得很疏遠似的。若是仔細一想，一般所認爲最親者當無過於我的自身而此自身者最初並自己手和足都不知誰屬拉着就胡亂塞在嘴吧裏喫他一頓，乃至別人未給他一個名稱他連代表自己的符號都說不上來，到了知道有我，知道是我同時也必知道有你有他這些觀念必係連帶而生因爲本來是不可分離的，當其初知有我有你有他之時並沒有立地覺得你或他之非我不過認識對面有這些人們罷了，到了知道分別我與非我之時所認識的人們一定更多了，於是他有他們你有你們而我

亦更有我們了。我與我們他們們，只有範圍之不同，而無性質之差別，甲乙為我們，對丙為你們，對丁等則為他們，甲乙丙丁等碰在一塊則登時變為我們，而你或他的名稱即歸於消滅了。故知所謂我者，不過相當位置之一名詞而已，猶云「此處」而並非一個固定的東西。這些道理從前都已有人說過，我們平心一想真覺得所謂個人的「我」即與各方全無關係之我幾乎無法找得出來。

再就人類本性一看，人之好羣是經驗上毫無可疑的事實，一個人若是被禁在四無人跡的地方，終日只有自言自語自醒自睡自思自想，不久定要發瘋了。又人之富有同情心，亦是一種事實，且舉眼前一事為例：剛纔——即我寫到此段之前數分鐘的事情——我家裏有個五歲的小孩，聽着人家講三國演義，講到關公將要被害的時候，他止住人家不讓講，要哭了，又怕人家取笑他，把兩隻小手掩着臉兒說道：怎麼這樣的熱，我要出汗了，他卻忘記了此

時已是穿棉衣的冬天了。他的掩飾與稚態,愈見其同情心之完全出於不受暗示的自發性。此類事情隨處可見我也不必多述了。

又人之自私自利卑劣的心理,多半發生在個人獨自盤算的時候。若在社會的活動之下,往往能一往無前能犧牲能一切放下能不計利害在羣衆心理極習見的種種行為若移到個人方面則每覺難能可貴而個人極易犯的毛病,如凡事先以本身利益為前提此種心理在羣衆中就很少見了。因為多數人互相關聯互相監察中不容有一人專為自己打算之餘地。所以就這一點看法則道德因羣衆而提高之說很有可以成立的理由,至於假公濟私的害羣行為當然也不能盡無但是這種行為一來是冒牌,二來他的動機及結果,徹頭徹尾完全是個人的,此正可作為個人自私自利無弊不作之一種證明,不能作為「非個人」方面之有何劣點所以從極端的講法可以說:社會而個人化差不多都帶着不好的成分個人而社會化本來雖然不好的也變成

很好，譬如貪財是不好，然所得之財是為大衆的則看法便自不同了。

再說一般所重視的道德都帶着社會性從前以為德性是由內發而非外鑠的，據現代的看法這些東西皆由社會的經驗及智識引生出來的許多所謂不道德者其實只是一個傻子與社會大衆不相容所以這個人遂為社會所不齒這個不道德的概念當初是客觀方面製造起來若是把一個人提到社會以外他赤裸裸的橫行闊步，在沒人理會的去處慕天席地，翻來覆去還有什麼道德不道德的問題這個問題的來由，至少是有對話的人批評他責備他干涉他教導他的。後來大家都承認某某行為實在是不行，因為與社會不合式大家都感着不利或不便於是漸漸承認這是獨居衆影間，十目所視十手所指發於應人接物之間馴成克已愼獨之學這種由經驗及習慣不知不覺得來之一種醇化的社會智識居然成為不待外求之自然而然的高尙純潔之所謂人的最高德性，（卽是不待社會制裁自己知道制裁

自己之一種覺悟）的確是可以自豪的。但是我們須知此逐漸進展而來的寶貴東西，我們應富好好的存養發揚而光大之，同時亦須知這個東西的來歷，他是由於社會的，如習慣禮教風俗等等的力量相激相盪而成的，他並非單獨突然跑出來，而且不是生在某個人之一方面，亦不是生在某某多數人之各個方面乃是由社會相帶關係之夾縫裏長出來的，換句話說：即是舊觀念之無因的個在的德性此兩點似乎都是由於只看進展以後之人類現象，而忽略了其由來的社會的歷程。（儒家哲學談心性每涉本體論所謂天地之性或瓦石有良知與此處所討論之問題無關。）

以上二大系，在人生哲學上就同東西兩半球所有生活的歷程，不是望這一邊就是望那一邊，或是先後遠着走。無論西洋哲學方面，印度哲學方面及中國哲學方面都可以拿着這個標準來估量他比如以超自然與自然為標準，則凡是帶着主觀色彩的人生哲學都屬於超自然的，而客觀的人生哲學，

都屬於自然的。（唯心唯物之習用的名詞，在今日大可不用。主觀客觀雖然他並非固定不過把他暫代心物觀念似乎尚無大病。）又以個人的與非個人的爲標準則凡偏重情意者常爲個人的偏重理性者常爲非個人的不過這一類較爲複雜些，因爲由情意出發者逐漸展開可以達到理性的方面所以努力於自我實現者可以向上而得到全體的見解又由理性出發亦可達到情意的方面所以界限旣除每成爲平等博愛之社會的道德。

至於藝術的人生則其涵義更爲複雜藝術是自由的、創造的、無限的、活的、整的、統一的當然可說是屬於超自然的一類點與線析開看不成其爲繪畫，聲音字母抽去意義不成其爲詩歌面具衣裝陳列後臺不成其爲戲劇這些理論已爲今人所習聞然而眞了解藝術是個什麼性質這個解人就頗難得了。我們也能說藝術本身卽生活也可以說生活卽藝術，而我們實在不能跳出生活以外來客觀的看他一下自始至終是見着別人的面孔用手

一捫，恍然知道我的五官也就是這樣了同樣，我們終不能看見生活自身只是衝動着自以爲在那裏體驗並且以爲是能直接了解自己其實自己是無法了解自己的，——除非真能破了我見之後——不過隔着鏡子一看罷了。

今日自然科學家最沒奈何的是形而上的神祕性我們以爲神祕到藝術，可謂無以復加的了，一個人一身一生的表現都可以看做藝術品而此種藝術品卻是超過血肉的軀殼超過自然斷片的物質不能超過這些東西的世俗生活那麼他所表現的，就無非麵包米飯牀頭女人到公司或其他機關去做工進一步則希望需要以上的奢侈品充個心裏幻化的金鑛銀鑛的鑛夫終日在黑暗地洞裏鑽晚上忙着讌會交際氣喘喘着跳舞活着一輩子湊成一張惡濁的醜笨的滑稽的諷刺畫老實說這種人生不能算做「生」只是沒有死罷了。一日未死，一日在自然環境裏只好順着生存慾的驅使，不自由不自覺的衣食住男女金錢等等迫着你要活動那裏有一毫生的意味，生的價值。

所謂生之表現，是要自由自主的，能操縱一切征服一切生產一切其自身則為向上的活潑的超脫的和諧而且美滿的怒開的春葩，連枝帶葉抱着風和露生意蓬勃的在金色陽光的長着嫩芽的輕紅花瓣的光豔與香芬他的不斷的努力不斷的表現完成他的全部的使命人生要在這樣意義上表現內的生命無盡的充溢而向外展開，「自然」只是生的材料表現的材料只是建築的木頭與磚石藝術的生活所以說是超自然的固然誰也不想否認但是換一方面說藝術乃人與自然的橋梁他是溝通自然不是隔斷自然是應用自然，不是排除自然海天曠處幾片帆影兒隨着白鷗上下，詩人所領會而神往者正是物質不是什麼抽象的東西藝術和自然攜手美神原不是枯寂的生涯我們了解這一層則藝術與自然絕非路人而是朋友。

再說藝術的精神只是對於自己的忠實所以又可說是屬於個人的一個人穿着別人的衣冠無論如何裝得像總是可笑的藝術所表現的是獨立的

個性，披開胸臆的坦白與真誠，毫無遮蔽毫無瞻顧的大膽當其熱烈的表現創造時所有圍繞着他一切拘束監視與品評火山噴發似的這些束西無一不掃盪一空不一定是成心要反抗他只是向前無敵的真實力量自己打出一條出路罷了。自己的性格自己的動作，自己的情感自己的興趣活捉着正在跳躍的一條自己生命所以藝術與人生其他活動全然不同他種活動若加點必要的制限那是可以的藝術上若加了一層制限就整個兒把他毀了。藝術在最現代的觀念上恰是最個人本位的，就爲了這個緣故但是說藝術絕非「非個人的」則又不然。藝術所表現者固然是個性而其表現的結果卻是社會性。一張畫一所建築決沒有人的界限，鑑賞家陶醉於美的作品中渾然忘其人己之見作者與鑑賞者精神互相滲透相融相卽於表現和美感之間，不但沒有人的界限，卽國家乃至種族的隔閡，到此都相忘於無形藝術的作用能將自己經驗的感情傳達於一般人，又能使感情超出時代及種種障

礙，所以好的藝術其傳達力可以無遮的進展，無線電傳來悠揚的音樂，似乎人類以外還有其他生物能同時感到愉快而吾人對於懸隔萬里異代不同時之人，讀其作品每每得到一種極親切的了解慰藉或感觸真的有時竟掉下眼淚來這種互相感通的作用實足以證明藝術確是社會生活的實現。社會生活中美的醜的光明的黑暗的原無所不有而藝術的社會性則為人的集合創造在此創造裏深深得到個性的真際，社會與吾人無時無刻不在和諧中前進。石岑先生此書網羅眾說，折衷至當，而歸於藝術的人生哲學之一途，（參看本書一七一、四六四、四六五、四六六等頁）真是研究有得之言確無可易的了。

至於我個人現在所信仰的，也可以略為一說，以供參考：我以為人生哲學，似乎要先把「人」在自然界的地位弄個明白然後再就各方面討個「人生」的究竟可惜一般傳襲的思想多把頭一層忽略了。因為講哲學的是「人」他

就忘其所以的,把這個所謂人,到底是怎樣一種材料,人與其他生物應如何比較研究又與其他有機物無機物之關係若何從前號稱有學問者亦未必都下過這些功夫,而一面高談人生在今日看來實在太武斷了溫度之高低氣流之變動,在耳無聞目無見之間無不與吾人肉體及精神以極大的影響。一個白耗子小兔兒試驗起來與吾人思想記憶學習行為等皆可為很重要的參考。幾棵豌豆可以發見遺傳的法則,幾塊化石幾根骨骼可以證實進化的歷程,連我們腦的進化,也都可以在極細微的材料上得了一些消息,為古來大哲所夢想不到的。然則我們要探討人生究竟問題,若僅僅就人論人,以寡陋的知識加以自是的成見,這一條死路無論怎樣摸索萬無可以打通之理半張薄紙將眼睛一蓋大山當前也就不見了,人一輩子只是在洞孔裏瞧着外來隱約的影兒,時間又有限,忽忽數十寒暑許多事情沒有弄明白,身子已經先壞了,自古以來那一個人曾經真明白了纔走的,大都莫名其妙而

來，莫名其妙以去，這就是所謂人生。

我現在相信自然科學可以幫助我們探究這個困難的問題，至少可以說他比我們隨便的空想總較為可靠些。人類所有運動由於筋肉關節之神經的作用，所有感覺由於感官與腦髓相聯之神經的作用，所有新陳代謝，由於體內之種種酸化的作用，這些事實似乎沒有法子否認他。生理學者今日都相信由食物吸收潛力，在體內變為熱及異動之二種主要能力，與蒸汽機利用燃料所生能力實無二致。吾人每日只為習慣而喫飯一下嚥後，各機關之分工製造卽茫無所知明明是一添火送炭之人，而偏欲侈言性命豈不可笑。吾人原無須抱着一本十八世紀的人類機械論舊話翻新當做寶貝。──我們幷不認機械論為完全真理，──只要老老實實的觀察自然界之實際情形，我們人的虛憍之氣自會逐步退減捕風捉影虛無縹緲的廢話亦可以少談。我們明白了自己地位之後應脚踏實地的講求人的做法完成人的責任。

一朵花到了時候，總是盡量的開，人的一生，孤負自然的地方，實在太多了。

或者謂：今日之自然科學，對於生物之特點如生長及再生等現象生活原形質之本源與其性質動物體之主動的作用等等，皆尚無完全的說明方法。人生問題何等繁雜，豈能依賴科學的局部的片段的法子希望可以解決？我們對於這種懷疑也曾想過，實在應有這一疑所有生機主義新活力論等也就是為這些問題所驅迫而生的。不過專就自然科學說以今後生理學心理學解剖學組織學細胞學遺傳學發生學等之進步，從前所未能解決之問題，未始無逐漸解答之望。而優生學之研究尤與人生生活上有極重大之關係，雖然積極的優生學不若消極的之較有把握然遺傳知識日益普及加以教育之改良社會制度如財產結婚家庭醫術等之革新皆可為優生學發達之助。要之境遇之戟刺能引起遺傳的可能性故外界條件與內在性質實互相關涉相影響所以空言心性義理之學而人的肉體材料及社會制度不能徹

底改變終無達到理想目的之一日，卽偶能之，亦決難普遍人生哲學原非專為一二優秀特出之人而設自然的人生哲學實建築於極平實之常識的經驗的基礎上求其不蹈虛不躐等之一步一步的進展，終於成為一般民眾一日不可或離之生命的學問。

或者又謂自然科學的研究方法，總是分析，不是綜合，由人漸次析成細胞，以細胞的作用說明生物的活動，或再化為原子電子之單純要素由其分離集合之各種關係作為最後的解釋此外別無奇制勝的方法了。但是生物之生活現象與一塊鐵一堆礦石當然不同，這些東西你要理解他可以用分析方法分了之後，再把他合攏起來，此一分一合間，可以明白這個東西的性質固然實際研究的情形也非像所說的這樣簡單，但是其法子則絕對可以一律應用決不生什麼問題的。而此法用之於研究人生哲學則情形便大不同了。人之有自覺性雖然在自然科學家也曾說他是由大腦皮質之神經細

胞，能起化學的變化所發出之一種能力，不過這樣的說明，已經越出我們現在知識以外因為此化學的變化已不是今日化學家所能知；此所謂力更非今日物理學所能說明。這種東西，能否分析？能否再合以完成其整體的統一的本來性質？問題到此，在今日之自然科學原無法子可以解答。不過哲學來包辦這些問題，除了內證之外亦未必有其他辦法。——邏輯的解決法與人生生活相離太遠了。——人生哲學，若只能自己一人體驗世間再無第二人可以直接作證這種幹法到底是否已經解答豈非又是問題？

更有進者吾人之主張先從自然的人生哲學入手其最大意義即在破除我見。「自然」對一切東西是極公平的，人掉在水裏，若是不諳水性與一條貓兒同樣的要死同是一個人無論大富豪大黨魁他觸了電和叫化子同樣的倒地。人的自私自利，絕不是「自然」的本性這種特點決非自然所賦予從腦袋至脚跟兒連皮帶骨拆開看那一塊是「我」生前與死後那一處有「我」。然

二四

而人則不管青紅赤白無一瞬間不帶着我的執着。對人則偏着自類則偏着同類愛國則要和別的國家打仗忠於自己階級則要將不同階級皆看做敵人非壓他在下層不可。這種觀念全是公平的反面而人則恬不爲怪，並且以爲是很合理的。難得有一個人肯把自己提開以旁觀的地位看明白自然並沒有叫人們喫麵包之外又要牛肉又要魚然而人則以爲魚肉等等似乎專預備給人喫的，整千整萬的日日屠殺自然只是生生不已的在那裏轉死誰活在大處看就像海波之一起一伏一出一滅其總體還是一樣的，平等平等毫無差別與增減何嘗一定要這個生存必定把那個犧牲生死的概念與得失的概念是人把他連在一起的，何以見得生之爲得而死之爲失自然必製造許多犧牲者以供生物維持其生命之用以「我」爲中心的人卻看爲「自然」亦是自私自利的。推此心理解釋而又解釋大地儼然是一個戰場各不兩立的弱肉強食在那裏一天到晚不斷的互相吞噬暗無天日之

慘酷世界，已有許多人相信這是確定的事實了。慈母懷裏偎抱着吃罷了奶，滿衣滿臉奶花香撲人的嬰孩，一雙蛋清樣發亮的小小眼睛，天真爛熳向着人微微一笑在旁的人可以認作這小孩是在那裏戰勝他的犧牲者的母親了。

可是換一副眼鏡一看事實上生物界裏又有好些與戰事恰恰相反之互助的行為若是推此互助的心理，登時也可以變成霽月光風的世界這是何等可樂的人生。其實只要去一分我見，就有一分合於「自然」大公無我的平等境界能把我見完全去掉，則各各自由自在在世界本是交互存在本無誰生誰滅之個體的得失問題不但個人的小我用不着執着，即所謂「主宰者」亦本來沒有此不必談到本體論的問題即就自然界現象界方面仔細一看，已可相信這話之並非玄談幻想的了。

不執我見原不必有意定把我看低。但是有人一聞我們人類不過和其他

生物一樣，便不大高興，這可就有點執着了，號稱哲學家，還主張智能只有「人」纔有其他動物不過能發表本能情緒而不能思想。（行為論者以為人亦無所謂思想不過激刺反應一類的作用此止是一對兩極端的見解）但是現在已有人證明犬馬也有計算的知識，且有抽象的思考力鳥類智力之發達更為人所共知即昆蟲類軟體動物亦有具此能力者。可見智能人所獨具之說已不盡可信了。有人以為「人」若把他置在自然之下與所有生物同等看待這種觀念或者會減退人的向上心此心一失恐怕逐漸墮落眞到和禽獸相去不遠其實這一層若是可慮，那也是人的我見在那裏作崇平日拿住一個我做本位要想此我成就什麼人物達到什麼境界所以拚命的力求上進一旦失了我，就像猢猻失樹茫然無所措其手足，再也不能鼓着勇氣更爭向上一着。若是所謂向上心是純淨的，不是如上所云，則無論將人置在什麼地位這一點眞實力量總不能無因轉退，所以人生哲學之自然觀，並不會

生出自暴自棄的結果。

科學家的毛病還是同一般人的毛病一樣，總是免不了把自己做本位，儘管把一切都看做同機械相等，而自己這一具機械卻是多了一個東西——我見——若是冒犯了這一點，那就了不得了，他這一具機械馬上就變成了機關槍毒氣彈飛機潛艇無所不來，卻使不致這樣的毒惡，而研究科學利用自然者，對於我的物質貪求之衝動不除，終為機械所利用而不是利用機械，有了摩托車不能騰出走路時間卻比沒有車時反忙，發財越來越多，一個我無緣無故硬被洋錢壓扁，工廠出品愈多而街上物品愈貴，除了少數資本家外人人感着生活一年比一年困難，今日文明之可笑就是這樣。若是把我的貪求減少了，文明的罪惡也就同時減少，自然科學本身並不害人，人實自害又要怨誰，但是人生哲學不改觀，自然科學總不免被人誤用而成為毛病，豈但自然科學而已，卽如哲學之名詞的要把戲，徒然擾亂學人的腦筋，

他的病處，也只為胸中橫着一個我，雖不必有故意立異自開學派的野心，而此我見未除之人無論如何虛心坦懷而等勝回護的習氣真能洗刷乾淨者實在少之又少無意中已成了真理的贗品販賣者我們相信無論科學哲學第一要從剷除上述病根為根本救治的唯一無二辦法。真理不是誰製造出來的，只有不執着便得。

所以我們對於人生哲學是相信「自然的」——平等的，無我見的——同時是「超個人的」個人與非個人問題留在底下再講現在所講自然的和超自然的即上文所舉之第一系人生哲學應得再聲明一下：即我們承認「人」有其創造的生活但不能贊同唯心論因為心物這兩個概念現在以不用為妙上文已經說過。(其詳余當別為心與物一文闡明此義。)再則唯心論始終脫不了這一個見解即人所能知的東西只有人自己的觀念。一切東西若是離開為人所知時則人絕無由知之之一句極粗樸的老話就是現在很受人

序

二九

注意之意大利一派新唯心論，所謂只有當下的現實的經驗，可以稱為獨立實在經驗與所經驗的對象原是經驗自身裏所作的一種分別，此經驗自身本來是一個整體不過為說話的便利起見把他姑分為能知與所知之兩方面罷了。而人所真實了解的唯一束西還是人的經驗自身，是不能沒有形式而能夠有此形式其根據也不能脫離心或經驗，每一種形式即是一種形式的經驗。——人的經驗是實在的唯一形式，——這一派將邏輯美學等等說明「心」的實在。在這些理論說來自然也很有趣味，然其實還是說：非從人的經驗裏發出來的實在，則人無論如何無從得知不過所謂經驗並非限於個人乃全體心之普遍化。此種看法從前也有人說過所以唯心論雖有主觀客觀及新舊派之分乃是講法巧妙之不同，而實際初無大異。

至於我們所以承認創造的生活之故，乃事實上見得人確有不受機械則律所限定之一種活動此活動也許有相當條件但比較的總不能不說是一

種創造人不食則死然儻有坐在監牢裏拒絕食物以捨身的決心貫徹其主義麵包問題——在現代唯物的思潮之下此問題意義益見重大——對之便了無意義凡與當前環境及一切傳統的宗教習慣等相對抗而發揮人類特殊的力量者皆非唯物觀所能說明其理由所有人類歷史何一不是由人之此種創造生活構造而成的此事實我們更何從加以否認我們關於這一點可以說對於自然的人生哲學不取機械論——自然主義不必即爲機械主義。——對於超自然的人生哲學不取唯心論因爲機械論未能說明自覺唯心論未能脫離空想而我們一面相信自然的人生因爲相信有此自然的事實我們又相信創造的生活——亦卽自覺的生活——亦因爲相信有此生活的事實。

現在接着對於個人與非個人略爲一說：近代個人主義盛行的原因自然主義實居其重要部分主張權力意志說者對於「歸於自然」的口號卻倡所

謂「歸於本能」之說，其實歸於自然即爲解放個人本能之原始運動，自自然主義發展以後對於舊時生活之懷疑個性之覺醒與科學之研究此數者互爲影響以趨於舊社會舊家庭舊價值完全破壞之一新時代。加以學術上競以打破偶像相號召，於是一切標準隨之動搖其唯一可靠者只有切已的自我，故個人思想始終與自然主義相關聯我們對於自然的人生哲學既表贊同而獨於個人主義尙難相信者一則我們根本觀念是不信任我見的換句話說凡帶着我見的東西即失卻普遍性妥當性個人的人生哲學無論涵有多少優點長處總不敵短處又自然的本身意義本是非個人的這些話上文已見不再複述我們覺得生活是一個關係的活動一見漠不相涉的東西而其間息息相通或在有益的方面直接間接相爲影響；或在有損的方面亦復如是，人生在社會裏豈能獨成例外功利派最喜歡將你的，我的，全體的利益個人的利益分做種種不同的看法其實生活是活的，不是死的這樣死板板

的分法，有許多地方實在是說不通，我們相信個人之於社會是有連帶性共同性人既不能離開社會單獨生活，所以人生哲學之趨於非個人主義不是一種理論乃是一種不得不然的事情，若是蔑視此連帶性共同性實行所謂個人的生活，其結果無益社會有害自身，其不對自不待言，而且即使要這樣的硬幹亦為情勢所不可能。可惜許多人總是為了我見太重，每每走上這一條不可能的絕路。今日所謂社會主義者，與我們所信仰之非個人的人生相差尚遠，一般人們更無從說起。要對治這種病痛所有方案中似乎「互助」「正義」「自己犧牲」這三個觀念實在是很重要的。

但是頗有人懷疑著：以為人生過重社會，恐怕於個性之發達不免有所妨礙。這個見解固然不錯。但是重視社會並不輕看個性，譬如人人要求自由平等，此是發揚個性，而大眾果能自由平等，此即完成社會性二者何嘗衝突。如伸張個性而不顧及他人，此則變成為我主義，或伸張個性而竟侵害他人，此

三三

則變成強權主義。社會性所不能相容者卽此兩種思想決非不容眞正個性之發展況且各個性卽全社會之內容發展眞正個性卽所以發展社會凡對於個人之思想加以抑制者此絕非進步之社會可見社會眞進步則個性絕不受抑制此理易明無庸過慮。此絕非進步之社會可見社會眞進步則個性絕以個人主義決無可非難之理。我們有鑒於今日之昌言在社會奮鬭進取以先知先覺自命者其個人之行檢往往不無可議率之人望旣失亦終無事業之可言則先要改良個人之說自亦不可忽視。然此與個人主義未宜併爲一談改良着手之先後問題並非個人與非個人之主義上問題非個人主義除上文已詳外在積極方面可以掃蕩嬰退保守之隱士式獨善式人生觀；在消極方面可以消除所謂自私自利之一般的通病。至於改良着手先後問題要先改良個人亦可以提倡非個人主義此原可並行不悖的而且個人心身方面與社會制度方面苟非同時下手決難單獨改良因爲一個人多少總要受

論(An Introduction to the Philosophy of Education)的名稱，梁任公先生著先秦政治思想史喜歡加上中國聖哲之人生觀及其政治哲學的名稱一樣；至關於人生哲學的專著實在是很少看見的。美國詹姆士李(James W. Lee)著"The Making of a Man"一書某新聞社因爲這部書的內容是關於人生全體之哲學的研究的，便用"Philosophy of Life"這個名稱去做介紹原書重印至數十版發行至一百餘萬冊日人高橋五郎將牠翻譯出來，也標題爲人生哲學可見人生哲學這個名稱雖是被人濫用但專書却不易得。現在請進一步考察人生哲學的名稱的來源。自從中世紀宗教的支配力、近世紀科學的支配力多少受了打擊以後，於是一般人繞感到人生哲學的必要，想從人格的確實性、感情的確實性、直觀的確實性別，扶植一種支配力；而弗爾克特(Volkelt)因提出人生哲學這個名稱以爲倡導其後黎爾(Riehl)

自序

三

復建立人生觀的哲學以相呼應；最近倭伊鏗(Eucken)更大倡新理想主義，處處從人生全體立論以共同從事於這種新建設；於是人生哲學的名稱始見重於著作界。所以現在提到人生哲學，沒有不聯想到倭伊鏗幾部名著的。頡布遜(Gilson)、準茲(Jones)諸人解說倭伊鏗的哲學便標題為 Eucken's Philosophy of Life，可見人生哲學到現代才引起各方面的注意。他們提出 Philosophy of Life 這個名稱固然也看重生命哲學生活哲學的問題可是骨子裏仍拿人生哲學的問題做中心。不過人生哲學的名著至今尚不多見。實則這種學問乃為人生所必需，無論彼歐美人注重與否，而這種學問的建設乃是人類共同的切膚的要求，自應各本其研究的結果以謀全人類生活內容之豐富與發展。若在中國，是素以人生哲學著聞的，更不可不有一種特別的努力。梁漱冥先生說：「我又看着西洋人可憐他們當此物質的疲敝要想得精神的恢復，而他們所謂精神又不過是希伯來那點東西，左衝右突不

社會的影響，假如制度習慣等等壞，個人單獨做好就很不易，即令果好，也將為社會所不容，所以拋卻社會專重個人者，往往成為獨善遁世的生活，世界上此種獨來獨往的人固然也不可少，但是此種人生究非常態。

還有一層為我們所應該注意的，就是以上所論已入價值問題，人生哲學若論價值則所謂好壞等只有從社會方面估量纔有標準之可言，——價值可以有他自身的絕對性而主觀的標準總是不對。——單看個人方面，則說他好或壞都無意義，這些觀念都是人對人之關係上纔發生的，並且無論什麼事情總要各方面合起來，纔能斷定他的價值，單就一方面總不成人生問題，當然也得由個人及非個人即社會方面觀察，纔知實際。大概可舉一個例：凡結果有益於社會者為善，有害者為惡，無害亦無益者則相銷而等於無。人類繁多而歷史比較很簡短，恐怕就是等於無之人生，自古以來總佔多數罷！

以上各點現在總括一下做個結束：（一）人生哲學分為自然的與超自然

的一系;及個人的與非個人的又一系。從來束西各種派別,總不出這個範圍。(一)人在自然界的地位原極平常,從來以「人」為中心的思想實屬根本錯誤。(三)人生究竟是什麼這個問題今日自然科學有好些可為吾人研究之助,其較為神秘之一部分,自然科學在今日誠然未能解答,然一般哲學所解答者仍然還是問題。(四)我們主張先從自然的哲學入手其最大意義,在「自然」是無我見的所以我們相信自然的人生哲學即相信人生哲學應該是無我見的。(五)我們主張自然的——但非機械論——人生哲學同時是超個人的人生哲學。

林志鈞 十五,十一。

自序

這是我第二次在山東教育廳的講演稿。第一次講教育哲學，是在民國十一年的秋季；因為連年患胃疾，尚未能整理出版。這是民國十二年暑期所講的，因時間不多僅講完上卷，下卷擱置未講；但下卷早已在南京第一中學新開設的高級中學班講述大略，同時幷在東南大學哲學研究會發表了一篇結論。全卷共分六章上下卷各三章。全書的組織約如次表：

章次	內容	研究的階段
第一章	緒論	與杜威五段研究法之比較
第二章	近代人生問題概說	(1)預備 (2)問題之提出 (3)解決方法之種種
第三章	東西哲學對於人生問題解答之異同	(1)提出困難 (2)困難所在 (3)暗示解決之法

第四章 人生之謎

(4)不能解決或不易解決

第五章 人生之歸宿

(5)已得一部分之解決

第六章 結論

(6)我的解決之方法

(4)選擇一種適當的解決法

(5)證實

前三章承宋還吾、尹新甫兩君為我筆記，後三章亦承兩校聽講者陸續將筆記寄閱至深心謝；但我因為現在的見解與情感都不能不生多少變易所以對於他們的筆記幾乎大部分沒有採用這是我十分抱歉的。關於人生哲學的內容解者頗不一其說:有謂人生哲學就是倫理學(Ethics)的，有謂人生哲學與倫理學的範圍完全不同的;我則力主後說其理由已詳於緒論中。本來人生哲學這個名稱在英文為 Philosoply of Life，在德文為 Lebens-philosophie，大抵由著作家於最所惬心的著作而與人生有關係的，喜歡加上這個名稱;正如杜威(Dewey)著平民主義與教育喜歡加上教育哲學概

出此圈，真是所謂未聞大道，我不應當導他們於「孔子這一條路來嗎？」（見所著「東西文化及其哲學」自序）。梁君認孔子的人生哲學足以救可憐的西洋人這是我不承認的；但我確信東方人——無論中國與印度——的人生哲學實遠勝於西洋人的人生哲學大抵西洋人的人生哲學是從自然所以東方人對於人事的研究比西洋人要微細而切實。不過東方人沒有經過西洋人新發明的各種科學的洗鍊究竟設身處地能否免除西洋人所受過的「物質的疲敝」在科學勢力充滿之時能否仍舊拿住東方人的舊文明以謀「精神的恢復」這些問題非經過一種充分的研究似乎是不容易得到結論的。所以中國人對於人生哲學的努力應該比歐美人更進一步。不過我國真正了解人生哲學的內容的未免太少近頃新學制課程標準起草委員會提出人生哲學當作高級中學的公共必修科，亦幾乎無人編製這門的課程標準可見國人對於這種學問的疏忽。至於

我發表此書，也不過是一種嘗試，藉開國人研究的端緒；一方面願將個人的觀察與所信盡情揭櫫期得多方面之商榷固不敢謂有所貢獻年來我國論壇上關於人生問題的探討頗極一時之盛或主玄學的人生觀或主科學的人生觀，或謂人生必有一種共守的道德，或謂人生必有一種共奉的宗教，我以爲都非根本之談。人生自有本來洛克（Locke）以白紙爲喻盧梭（Rousseau）謂人造皆非道家力闢齊物之旨佛法專弘眞如之義都所以明人生之所以爲人生固非人逞一說。概括言之，人生的真相質言之，人生的本來可分作二種。一，不可言說；二方便言說。不可言說謂以人生談人生結果等於不談因爲自家總不能捉住自家的影子這便所謂人生之謎。方便言說謂力屛心物的障蔽以顯出人生的本然這只是遮義而非表義謂只知人生因受心物的障蔽而如是如是，不能實指人生本來如是如是，可知人生哲學的研究是比他種學問的研究完全不同的此稿前三章大抵紹述他人關

於人生哲學上的結論，後三章則自貢其愚見，知多未盡，容他日修正之。中華民國十四年五月石岑記。

人生哲學卷上目次

林序

自序

第壹章 緒論

第一節 人生哲學的定義 ……………………………………（一）

哲學與人生哲學……………人生哲學非哲學全體——人生哲學與哲學的不同點

人生哲學與倫理學……………人生哲學與倫理學的重要分歧點——道家重人生哲學儒家重倫理學……（五）

人生哲學的內容……………………………………………………（八）

第二節 人生哲學的研究法

人生哲學與各科學的關係——人生哲學的定義

第貳章 近代人生問題概說

第一節 人生問題的起原及變遷

人生問題之發生及其原因……………………………………………………………………三五
　　二千年以前的人生思想——康德的名句——人生問題發生的五個原因

人生問題的變遷……………………………………………………………………三九
　　中國道德觀念之持續——西洋人生問題變遷上的程序

第二節 近代人的外部生活

研究的資料……………………………………………………………………一一
　　研究一個民族的人生哲學的重要——內部生活與外部生活的探究

研究的難點……………………………………………………………………一五
　　羣學的八蔽與人生哲學的八蔽——思想習慣上的翳障

研究法之進步……………………………………………………………………二四
　　四種研究法的演進——四種態度的演進——知識演進的階段與研究法

外部生活的說明一 ……………………………………………………………………………………四三
　最近百年間物質文明的發達──世界科學家的三大宏願

外部生活的說明二 ……………………………………………………………………………………四六
　都會的膨脹──都會生活的普通現象一「黃金崇拜」──都會生活的普通現象二「求迅速」──都會生活
　的普通現象三「求刺戟」──都會生活的普通現象四「患病犯罪自殺」

外部生活的說明三 ……………………………………………………………………………………五二
　政治運動和社會運動的增加──近代人集會結社的生活──英國勞動組合與同盟罷工之實際的狀況

外部生活的說明四 ……………………………………………………………………………………五九
　東方人的愛國運動與歐化運動

外部生活的說明五 ……………………………………………………………………………………六一
　中國人的畸形生活──梁任公的妙文

第三節　近代人的內部生活

內部生活的說明一 ……………………………………………………………………………………六四
　懷疑的苦悶

目次　　　　　　　　　　　　　　　　　　　三

人生哲學

內部生活的說明二……………………………………六七
　近代人的四種悲哀——一個生物學者的說明
內部生活的說明三……………………………………七六
　諾爾導(Nordau)的變質論(Degeneration)——病理學與人生哲學
內部生活的說明四……………………………………七九
　東方文化的兩個特質：日本人的忠與中國人的孝——中國人的保守主義與低級的享樂主義
內部生活的說明五……………………………………八一
　中國人的家族觀念

第四節　近代生活上的兩難論法(Dilemma)

第一種兩難論法………………………………………八四
　人類解放的三使徒：盧梭達爾文馬克思——一種機械的宿命觀——自家中毒——複雜構成的兩難論法
第二種兩難論法………………………………………九二
　西方人頂禮東方文化——中國學院分布的三路線：一西伯利亞線二美國線三紅海線——梁漱冥推崇中

（頁數）

四

第叁章 東西哲學對於人生問題解答之異同

第一節 西洋哲學方面之觀察

概說……………………………………………………………………一〇一

觀察西方文化的兩極端派——「邏各斯」(Logos)觀念之提出——「邏各斯」觀念為希臘哲學與基督教的總樞紐

古代哲學之人生觀…………………………………………………一一一

勃洛太哥拉斯(Protagoras)的人生觀——蘇格拉底(Socrates)的人生觀——柏拉圖(Plato)的人生觀——所謂「哲學四大」——犬儒學派(Cynic school)與西列學派(Cyrenaic school)為西洋談人生哲學者之二大柱石——亞里斯多德(Aristotle)的人生觀

中世哲學之人生觀…………………………………………………一一九

中世哲學研究之難——耶穌的人生觀

近世哲學之人生觀…………………………………………………一二六

純理論者與經驗論者的人生觀——康德及康德學派（失勒(Schiller)黑格爾(Hegel)叔本華(Scho-

國文化所生的結論——複雜破壞的兩難論法

目次　五

penhauer）的人生觀——實證論者唯物論者功利論者進化論者的人生觀——宗教的精神與科學的精神之遞嬗

現代哲學之人生觀……………………………………………………………一四八

實用主義者的人生觀——尼采（Nietzsche）的人生觀——柏格森（Bergson）的人生觀——倭伊鏗（Eucken）的人生觀——脫爾斯泰（Tolstoi）的人生觀——現代人生哲學上的四個特徵——科學的精神與藝術的精神之遞嬗——對於第二章所提出的問題之解答

第二節　印度哲學方面之觀察

概說……………………………………………………………………………一七一

印度思想變遷的大勢——婆羅們教的人生思想——順世派的人生思想——耆那派的人生思想——印度哲學的特色

佛法之人生觀上……………………………………………………………一七九

佛法總詮：法輪與法印——四諦八聖道——十六行眞如與三解脫的關係——涅槃四德——因果論與宇宙論——三法印與三性三無性的關係——人生在佛法上的解釋——人無我與法無我

佛法之人生觀中……………………………………………………………二〇一

法性宗的人生觀——法相宗的人生觀——淨土宗的人生觀——禪宗的人生觀——密宗的人生觀——各宗的根本教義及代表經典

佛法之人生觀下 ....二一七

佛法的人生之綜合的說明——對於第二章所提出的問題之解答

第三節 中國哲學方面之觀察

概說 ....二二二

中國哲學的淵源——周易的可疑——老孔陰陽家思想之糅合——坐標直線法與八卦——中國哲學的開祖：老子

道家之人生觀 ....二四〇

老子的人生觀——楊子的人生觀——莊子的人生觀——老楊莊三家的人生觀之比較

儒家之人生觀 ....二七〇

孔子的人生觀——孔子的根本思想：仁孝詩禮——顏子的仁的人生觀——曾子的孝的人生觀——孟子的詩的人生觀——荀子的禮的人生觀——顏曾孟荀之比較——我的「漢宋學淵源記」

墨家之人生觀 ....三一八

漢唐諸哲之人生觀……………………………………………………………………………三四〇

王充的人生觀——清談家的人生觀——李翺的人生觀——中庸老莊佛法三種思想的分歧點——石頭希遷的禪學思想

宋明諸哲之人生觀……………………………………………………………………………三六七

宋明理學與禪學家的關係——宋明理學所根據的禪學的重要部分——理學字義的解釋——朱熹的人生觀——朱熹與康德之比較——王守仁的人生觀——道家儒家釋家及新儒家之心性理氣比較表

清代哲學之人生觀……………………………………………………………………………四二五

戴震的人生觀——中國哲學的兩種特色：倫理觀念與功利觀念——對於第二章所提出的問題之解答

第四節 三方面哲學解答之比較

三方面的文化和哲學的特點……………………………………………………………………四三七

評梁漱冥的三個路向說——論「西方文化爲物質的東方文化爲精神的」之非是——論「西方文化爲科學的東方文化爲玄學的」之非是——我對於東西文化的看法——西洋人生哲學的特點——印度人生哲學的特點——中國人生哲學的特點——東西文化與東西哲學之系統的研究

三方面哲學對於近代人生問題解答之比較⋯⋯⋯⋯四五〇

第二章所提出的問題的要點——中國人的道德思想——印度人的宗教思想——西洋人的科學思想——三種思想之比較研究——藝術思想之提出——藝術與科學道德宗教之關係——世界學術的大轉機

後序⋯⋯⋯⋯四七一

人生哲學

第一章 緒論

第一節 人生哲學的定義

> 哲學與人生哲學

什麼叫哲學這無論古今東西，都沒有一定的成說。「哲學」這個名詞，雖是新近由外國語翻譯出來的，卻是無論何地何時早就醞釀成功一種哲學的思想不過內容和研究法有不同罷了。但不同之中卻有一點是相同的，就是講到哲學大體是就全體言。所謂全體便是包括宇宙萬事萬物所謂「即物窮理」卻並不限於人事。這在東方哲學固早已具這種傾向；若在西方哲學，這種傾向愈加顯明。現在拿西方哲學做例說明這項。西方哲學的概念及其體系的組織雖因時因人而有變遷但大體可括為三部門：一形上論(metaphysics, or theory of reality)；二認識論(epistemology, or theory of knowledge)；三價值論(axiology, or theory of value)。價值論這個名稱是由文德爾班(Windelband)建立的。形上論所討論的大抵為實在非實在(real or unreal)的問題，認識論所討論的大抵為真實或虛偽(true or false)的問題，價值論所討論的大抵為善惡(good or bad)美醜(beautiful or ugly)正邪(right or wrong)等問題。可知哲學的任務並不局於一方面。但各部門的內容，也因時因人而有變遷。形上論含義頗泛，雖同是關於實在的研究，但把實在看作宇宙世界萬有等語義的，則形上論變為一種宇宙論(cosmology)，把實在看做和認識相對立的，則形上論又變為一種本體論(ontology)，如屈爾白(Külpe)鮑爾生(Paulsen)等。可見形上論的解釋是很不一致的。形上論自經許多實證論者及新康德學派的攻擊以後，雖不免大受挫折，但至今由一種科學方法的建設尚隱然為認識論與價值論結合的要素。上論即由形現在的由科學方法所建設的世界觀，無論認識論價值論，都由形上論的傾向而決定。

斯多亞派(Stoicism)時代，認識論不過為論理學一部門，自洛克(Locke)悟性論出，認識論始獨成一科，後經康德(Kant)的闡明，認識論更燦然大備。雖由黑格爾(Hegel)、陸宰(Lotze)等作一度猛烈的批難，但至最近以特殊科學發達的結果，而

認識問題轉成為哲學研究的主科。至談到價值論，則變遷愈速；近百年來，更有急轉直下之勢。價值論所討論的大抵為實踐的問題，人生的問題，所以另成一種輪廓價值論最注重的是倫理學而美學宗教哲學等次之，文德爾斑將價值論分為三項：一、倫理問題、倫理學社會哲學歷史哲學等屬之。二、美的問題、美學藝術哲學等屬之。三、宗教問題、神聖宗教哲學等屬之。所以有許多人拿倫理學和形上論、認識論並列。如鮑爾生的哲學概論，派別分為形上論上的問題、認識論派的問題、倫理學派的問題，未附倫理學派。即還在柏拉圖(Plato)、亦早分哲學為論理學物理學倫理學三派。可見倫理學在價值論中關係之重要。價值論在十九世紀已得一度之發展，而在現代為尤甚且有謂哲學這種學問只不過是一種價值學一種善論的，如德林(Döling)文德爾斑諸人，便持這種論調。其當否固待細論但這也算是哲學趨重人生的一種來源。總上述三部門而觀，可知內容雖都有變遷，而何者宜闡明，何者宜排斥，實未易遽下斷語。且從各種變遷的徑路只發見各種研究的進步所以任何部門，不容易佔據哲學的全體。近有因人生哲學略與價值論相當，便拿人生哲學看作哲學全體的，這種論調又別有來源，而主因則為實用主義(Pragmatism)之誤解他們只知道實用主義注重人生，因此說哲學只是研究人生切要的問題的。却不悟實

用主義只是認識論上一種方法；既說到認識論便與形上論相連試問實用主義何故獨與人生問題發生關係而擯棄其他卽？上誠然有一種不可滅的功績，在哲學方法上更誠然有一種不可湮沒的貢獻但嚴格評之，實用主義的方法是一種生物學的方法生物學並非一切科學的模型，則實用主義的哲學實未易許爲眞正的哲學。可見羅素 (Russell) 一派人的譏彈原非無由這樣看來，實用主義自身旣有缺點又不幸招他人的誤解無怪乎把哲學的全體看作只是一種人生哲學總之人生哲學在哲學全體中當然居一種很重要的地位卽認識論甚而至於形上論又何嘗不出發於人生？認識論係從內面去求，們自身找出認識的起原及確實性與其極限；形上論雖是向外看像自然哲學純然是向自然界探求但牠是想發見自然之根本的原理，結果仍要影響到人生上。所以就哲學全體而言當然處處與人生有關；但說哲學便是人生哲學，實在未免忽視學問上的界說。人生哲學另有牠的領域，另有牠的立脚點，何能與哲學混爲一談？哲學是全體的，人生哲學是部分的。不同哲學是注重原理的人生哲學是注重現實的，

用羅素語

四

二不同有這二重的關鎖則哲學與人生哲學的區別不辯自明了。

人生哲學與倫理學

人生哲學與哲學不同上面已經論過但近又有人把人生哲學看作倫理學的。他們以為「人生哲學」「倫理學」這些名詞都不過是「愛西克司」（Ethics）的異譯其實只是一件東西這點我以為大有分辨須待細細講明。

倫理學這個名詞雖是傳自日譯但日譯仍根據漢義所謂倫理雖不像劉申叔輩那種咬文嚼字的解釋，生。理謂倫字之本義訓為輩，而其為區分之義。倫蓋人與人接觸，凡事物之可區別者始是謂物理、而人心所以能區分人當事物者是謂人之心規則。故學科之以倫理字標目者，皆含有倫理教條之意，舍人倫日用、精言之、曰仁曰義曰禮」，見孟子字義疏證。實言之，曰人於倫日用、無所謂仁、所謂義、所謂禮也。質言書。科但大體以明人倫日用之理為主旨原關發孔門的學說，說：「就人講究倫理用而語於

原闢發孔門的學算是第一個講究倫理的著，皆含有倫理教條

Moral science，在德名為 Ethik, Sittenlehre，在法名為 E'thique，即皆不離人倫日用之意若進一步追求牠們的語原，則在希臘係由 ἦθος 轉化，示品性或性向之意即與 ἔθος 同義，ἔθος 即風俗習慣之意；在拉丁係由 Mores 轉化，Mores 亦即風俗習慣之意。所以倫理學結果只是一種風俗習慣學，德之 Sittenlehre 一名詞，即明示

與上面所說的人倫日用義正相類。由此可知「愛西克司」一語譯爲倫理學，並無十分不妥之處；但把「愛西克司」譯爲人生哲學則意義便太懸殊了。人生哲學的目的，主要的在闡明人生的真相與人類在自然界的位置等等問題不盡屬風俗習慣之談亦不必盡關於人倫日用之要。所以把「愛西克司」譯爲人生哲學，實在離題太遠又人生哲學無異爲一種人生觀的學問，而人生觀是各別的，是出發於個人的「愛西克司」如在原義，則爲一種風俗習慣之學，由此衍爲善惡之學，品性行爲之學道德之學，然西洋關於「愛西克司」所下定義有種種不同、總之，不離人與人之關係者近是。詹姆士（James）說：「如果我們從宇宙間把神和星光燦爛的天一概抹殺僅僅有兩個相愛的心蹲伏在一個岩石上那其間便饒有一個道德的世界」。這就明明說道德的世界是至少由二人以上才會產生的。「愛西克司」如在漢義所謂倫理學者則倫理必起於人與人相接僅一人並無倫理可言所以可說「愛西克司」是羣性的是出發於二人以上的這樣看來，「愛西克司」與人生哲學完全不能併爲一談所以我認爲還是把「愛西克司」譯爲倫理學較當。

風俗習慣之意。

Believe. p. 197.

西洋大都關於「愛西克司」所下之學一義引申而出。

James: Will to

以後凡稱倫理學皆指「愛西克司」。

人生哲學

六

於是倫理學與人生哲學不能不分門研究而倫理學與人生哲學的界說也不能不特別的劃清但其中有一處須說明，即倫理學與人生哲學雖然各有其領域，但二者相關最切。人生哲學的範圍雖大於倫理學，但研究人生哲學，有時須根據倫理學，一大部分因為由倫理學更易考察人生哲學的精髓。由上述各節，可以知道，人生哲學」與「倫理學」區分之重要。胡適之先生近著中國哲學史大綱，首段便論到此處他以為「人生在世應該如何行為」便是人生哲學。他把倫理學看作人生哲學，無怪他下這種定義。他在同書百十七頁上申明「不用倫理學三個字卻稱人生哲學，也只是因為倫理學只可用於儒家的人生哲學而不可用於別家」我以為他所下的定義只是倫理學的定義，因為倫理學是專講行為問題的，所以近人有稱倫理學為「行為論」的。卻並不是人生哲學的定義。他於人生哲學與倫理學的不同之點，未免疏忽。至謂倫理學只可用於儒家，我亦以為不盡然，倫理學也未嘗不可用於墨家，因為墨家是極力提倡世界倫理的，不過道家便不十分注重所謂倫理，而於人生哲學則有驚人的發見。中國的學術本以人生哲學為世界之冠，所以在道儒墨三家都有相當的貢獻而

緒　論

七

於倫理學則各隨其性尙而生差別。所以適之先生此處的說明，亦嫌有不充分之處。倫理學本為規範的科學其目的在於敍述人與人之間行為上應當如何，而肯定人生；至於何謂人生之意義何在，價値何在人生究竟有無歸宿等等問題倫理學實罕所涉及。正猶物理學所研究者，祇限於敍述自然界之現象，而假定物質世界之存在；至於有無物質世界等等問題物理學實罕所涉及。故前者屬於倫理學的範圍，後者屬於人生哲學的範圍。道家闡明生死的本質，所以牠的人生哲學有獨到之處；儒家專談規範，不言生死<small>孔子說道：「未知生，焉知死」。</small>所以牠的倫理學亦有獨到之處，這便是兩家根本不同點。這樣看來可知倫理學完全是講行為規範的一種學問，決不能冒人生哲學之名。由上面推論各點，我們於人生哲學與倫理學的區別，可以瞭然了。

人生哲學的內容

上面已經說過研究人生哲學有時須根據倫理學一大部分今試舉例言之。倫理學上的善惡問題，是一種普泛的問題，這無論在古代現代東洋西洋沒有不注重的；此外如良心問題，在我國的宋明時代西洋的近世紀都成為討論的中心問題；此外如自由意志問題，則從西洋十九世紀直至現代更成為倫

理學上一大暗礁莫不竭盡心血以共謀解決我認爲在這些問題之中以自由意志問題爲人生哲學所必須依據的部分因爲自由意志之有無與我們的人生觀發生絕大影響；此外如良心問題等便與人生哲學關係稍淺。總之倫理學上的問題都不能說和人生哲學沒有直接或間接的關係。

生理學生物學上的問題，如人類與自然的問題、身體與精神的問題、生與死的問題，推而至於知識的問題、因果的問題、心靈的問題等等，都屬於所謂「人生之謎」大有討論與研究之必要。此外關係於社會學、經濟學、政治學宗教學等，尤與人生以莫大的影響。因爲人生不能離開社會而生活，不能離開經濟的要素而生存，不能離開政治或宗教的要素而盡得安身託命之地；所以這些問題，在人生哲學中當然居重要的部分。此外如戀愛的問題、自殺的問題等，更爲研究人生哲學者所宜特別重視。因爲人生是想從人格的確實性、感情的確實性、直觀的確實性捉住人生的根柢，所以這些問題都不容輕輕看過的。現在且將人生哲學的定義畧爲陳說。關於人生問題，一般人分作兩項學問去研究：一爲人生的現實，一爲人生的理想。前者論究人

緒論

九

生的意義與價值，後者論究人類行為的標準。人生哲學雖可以包括二者研究的範圍，却牠仍屬意於前者。不過牠所謂人生的現實不僅注重人生的意義與價值等等問題，牠想更進一步論究人生的真相。因為人生的意義與價值等等問題仍脫不了一種價值的觀念；而追求人生的真相乃能捉住人生的根柢；所以牠所論究的才真正的是人生的現實例如論人生觀大都不出樂天觀(optimism)、厭世觀(pessimism)、淑世觀(meliorism)三種樂天觀祇看到光明的一面以為世界全是樂土全是天堂；厭世觀祇看到黑暗的一面以為世界全是苦海全是地獄淑世觀意在調和二者之偏而又近於一種倫理的見解。這些說法都不免含有一種價值的觀念。因為都是計較人生值得不值得的問題所以人生哲學到這個時候要進一步追問到人生的真相於是人生本來是怎樣的問題始盡我們可以下一個定義如次：

人生哲學是探求「人生的究竟」的一種學問。

這個定義雖看似簡略實則所包最廣而所望最奢因為人生的究竟，任從何方面研

第二節 人生哲學的研究法

> **研究的資料**

杜威著了一篇中國人的思想，原名 "As the Chinese Think", 見 "Asia", January, 1922 開首一段便說：乞斯透頓（Chesterton）英國著作家批評家。有一句被人傳誦的話說一個人的哲學是和這人最有重要關係的東西。他說譬如客棧老闆遇見上門求宿的客人，懂得他的人生哲學實在比懂得他的經濟狀況更為緊要。

it is more important for a landlady to know the philosophy of life of a would-be-lodger than to know his financial status.

因為懂得了客人的經濟狀況不過能夠決定這客人是能花錢的不是，但要是懂得客人的人生哲學那麼這客人是誠懇可靠不是是擺空架子的不是是會賴賬的不是都可以看出來了。故的摩爾根（Morgan）先生 美國大富豪，著名銀行家。從前在華盛頓說過一句話頗引人注意，他說他營銀行業的時候，對於借款

緒 論

二

人的行為性情，比借款人所交付的抵押品看得更重。乞斯透頓和摩爾根的話，可以證明。在戰時我們所稱為不可稱量的東西——剛毅忍耐忠心信實——和一切可以數計可以權度的東西比起來，眞重要得多了。」由他這段話可以知道研究人生哲學的重要與研究的應該注重之點他這篇文字不僅注重研究一個人的人生哲學並注重研究一個民族的人生哲學。我們如果懂得一個民族的人生哲學那就對於那個民族更能澈底了解東方民族所以有東方民族的樣法，西方民族所以有西方民族的樣法，無非是人生哲學能夠了解，那就不僅彼此的情感可以互相交通，並能夠進一步對於彼此的好尙娛樂也可以互相尊重所以我們研究人生哲學不僅應該著眼到民族上面於是更進一部著眼到人類全體現在談到研究人生哲學的資料這實在是一個很寬泛不着邊際的問題。因為任是何種物事沒有不和人生哲學發生關係的大而言之天上各種行星任牠循如何的軌道去行動任牠照依何種重力法則與我們又有甚麼相關？但由愛因斯坦（Einstein）相對論的啓示知

東方雜誌有譯文，今沿用其語。下同。

道空間和時間都是相對的，那麼，我們又何必終日營營較量田產的多寡計算壽命的短長呢？小而言之地上一點微塵任他如何轉來轉去變大變小與我們又有甚麼相關？但我們生命的根源便是身體組織之原基細胞所謂原形質（Plasma）而原形質與無生物之結晶相類似。結晶有一定構造與形態幷有一定的發育結晶生成之際分子自己會向一定的方向去運動由雷曼（Lehmann）的發見知道「液狀結晶體」（Flüssige Krystalle）能營自發的運動而與動物無別；雷氏實驗無生物亦能攝取食物與阿米巴（Amœba）正相類。這就可以證明原形質與無生物成立於同一的基礎但最近更有主張原形質即係由無生物進化而來的。這樣看來我們縱對於地上一點微塵也不必任意踐踏看作和我們的生命漠不相關？那些講厭世的人也不必希求死後還要化爲灰塵由上述二者可知大至天體小至微塵都不能說和人生哲學沒有關係所以我以爲談到人生哲學的資料是一個很寬泛不着邊際的問題不過旣要研究人生哲學又不能無所依據於是祇有取其與人生哲學關係最密切的加以論究和闡明。就中不可不特加注意的便是個人生。

活，因為個人生活最足以表白人生的真相個人生活無論是對的是不對的我們都要認為有特別尊重的價值這便是所謂觀照的人生至於我們對於那種個人生活加以評價便已不免落於第二義的人生所以個人生活是應該特別看重再次之便是家族生活家族生活雖在西洋不甚重視但在中國卻有極重大的意味再次之便是社會生活社會生活也是考察人生的重要部分這無論中西都是如此再次之便是宇宙生活羅素所謂「自由人」(free man)，所謂「宇宙的市民」(citizens of the universe)，便是以宇宙生活為生活的。我們想考察人生觀有時也須從宇宙觀去考察。所以宇宙對於人生所產生的意義也不可忽視。總之這許多種生活都可以用內部生活和外部生活去包括；我們考察那時代的人生哲學便可由那時代的人的內部生活和外部生活去決定。推而至於全人類莫不同然不過考察各種生活有時不能不根據各種記載與夫一時代一時代的發見與發明。於是倫理學心理學生理學生物學社會學經濟學政治學宗教學推而至於一切科學以及各種史傳雜記莫不次第為研究人生哲學者所必須依據的資料。惟於資料之選擇與整理須加以

一四

十二分的審愼；因爲有時「不可稱量的東西」比一切可以數計可以權度的東西，還要重要」而在不可稱量的東西裏面又不容易分別重輕所以關於選擇與整理的工夫愈難下手因此研究法更不易於實施。關於此點且容次項講明。

研究的難點

斯賓塞爾(Spencer)著羣學肆言(The Study of Sociology)極力說明羣學這門學問不容易研究。全書共分十六章自第五章至第十二章，都是說明羣學所以不容易研究之理。而全書的精神亦貫注於這八章之內現據嚴復譯本舉出這八章的名目而略加以解釋。一物蔽(objective difficulties)二智絞(subjective difficulties-intellectual)三情瞀(subjective difficulties-emotional)四，學詖(the educational bias)五國拘(the bias of patriotism)六流梏(the class-bias)七政惑(the political bias)八教辟(the theological bias)：這八章都是說明研究羣學的難點。「物蔽」是說在物之難「智絞」和「情瞀」是說在心之難自餘五章是說心物對待之難。總之，這些三難點，都是研究羣學的人所極易犯的毛病。我以爲這不在研究羣學爲然，卽在研究人生哲學亦莫不如是，并且有時加甚。因爲以羣體之一

緒論

一五

的地位研究羣學，好像自己在一羣的影子裏面想捉着一羣的影子一樣，以人的地位研究人生哲學好像自己想捉住自己的影子一樣，不過能去心物的障蔽，無論在羣學在人生哲學便都有研究的可能。現在且就研究人生哲學所易犯的毛病略爲舉說。先借斯賓塞爾所舉的一個例子來說明。我們晚間遊湖，見月光與湖光成一道光景隨人前後驟然觀之甚可驚訝，不知這種光景隨人而有，若無見者便亦無光更無光景與人相隨。因爲全湖水面受月映發一切平等，不過人目與水對待不同所以有明暗之別。換句話說，人目與月作二線入水成角等者都可見光，不等者便不能見光；不得因未見遂指爲無光，亦不得因已見遂指爲有光。由這個例子推到一切事物，可知我們平日觀人論事，正不知顚倒幾許。彼持樂天觀厭世觀之說者，與此處所言見光不見光者又有何不同。叔本華（Schopenhauer）若不遇着虎列拉的流行病他見光不見光者又有何不同。叔本華若不遇着同樣的病，他在柏林大學的唯心論講義也不必藉此中止；可見「物蔽」這種難點是不易免掉的。現在更借斯賓塞爾所舉的一個例子來說明。如果我們取一張山水圖畫指給一個小孩子

看，說：「這裏有一個人坐在小船上，這是一隻要下山的牛，這是一個小孩子在那裏和一隻狗玩耍。」那末，他所領會的，也就不過是這些小船小牛小狗等等至於山水的情趣自然的奧妙他完全感覺不到。又如聽音樂在習過音樂的人自然於抑揚頓挫繁簡疏密以及一切音節音階的道理很有考究但在俗耳聽之沒有不認山歌村笛為一種愉悅心情的妙品的可見思想簡單的人，決不容易領悟那些繁頤的物理；不僅不領悟而且不相信當他沒有領悟的時候雖年紀已經到了七八十歲但實際仍與幼孩無別。斯賓塞爾這個例子應用到人生哲學上尤其確切我們知道一般人為戀愛問題而自殺的佔自殺的統計的最多數，這在歐美各國尤其顯著。可知戀愛問題與人生相關最切。在不懂得戀愛的人雖然也可以平和過一輩子，却是不配說為戀愛而自殺的人生如何不對；并且他能夠平和過一輩子未必不與認山歌村笛為一種愉悅心情的妙品者相同，結果不僅不領悟而且不相信可見「智玅」這種難點也是不容易免掉的，請言「情替」。斯賓塞爾論「情替」頗詳，但遺漏處尚多。

「情替」所表見於羣學者我以為尚不敵所表見於人生哲學者之甚人生惡苦而

好樂，這是不論何種階級的人，都是相同的但苦樂並沒有分量和性質的不同穆勒(Mill)說：「不滿足的人比滿足的豬要強些，不滿足的蘇格拉底(Socrates)比滿足的癡人要強些。」我以為他這句話，如果就道德上說，便離了他的快樂論的立脚點，如果就快樂上說那更完全錯了。因為苦樂本沒有分量和性質的區別的。羅素在中國乘兩人轎以為抬轎的人苦誰知他們歇肩之後那種優游自得的情態，在歐洲簡直不容易看見因嘆苦樂從分量和性質去計較完全是錯了。這種從種類階級計較苦樂的分量與性質之不同。」的心理何嘗不出於「情瞽」可見「情瞽」這種難點也是不容易免掉的。再依次論「學蔽」「國拘」「流梏」「政惑」「教辟」之表見於人生哲學者「學蔽」的毛病一般的人最易沾染大抵先入為主一懷成見便牢不可破。荀卿非十二子孟子距楊墨，這都是「學蔽」的現象看一部紅樓夢完全拿甄寶玉的見地去批評賈寶玉這是何等可痛心的事。梁任公先生著清代學術概論，一則曰無行之袁枚，再則曰不檢細行之龔自珍，而忽視他們關於人生上的特殊見解，這又是何等可太息的事我們中國人一聽到曹操這個名字恨不得就要食其肉而

變其皮却不知曹操是我們中國一個詩聖我們要談人生哲學,且讓我先抄下他一首詩大家賞識。

短歌行

對酒當歌,人生幾何。譬如朝露,去日苦多。慨當以慷,幽思難忘,何以解憂,惟有杜康。青青子衿,悠悠我心,但爲君故,沉吟至今。呦呦鹿鳴,食野之苹,我有嘉賓,鼓瑟吹笙。明明如月,何時可掇。憂從中來,不可斷絕。越陌度阡,枉用相存,契闊談讌,心念舊恩。月明星稀,烏鵲南飛,繞樹三帀,何枝可依。山不厭高,海不厭深,周公吐哺,天下歸心。

他這首詩的價值何如;他這首詩在我們中國的影響何如,我以爲縱不能說是一般人的人生哲學也當承認牠是一部分的帝王的人生哲學不考察對方的真相却一味漫罵殊非學人的態度。可見「學詖」也是很容易犯的毛病次論「國拘」羅素近著愛國心的功過力言愛國心是後起的而非本能的拼證明某國的愛國心起於某時代某國的愛國心發達於某時代他這篇文字很有一讀的價值祇可惜不容易叫國粹派的人寓目不然那種自己誇耀的心理「用憂變夷」的濫調也許可以減少

好些。「國拘」所以影響於人生哲學的，更有杜威的一段文字論的最精當。他說：「假如我們想改良空氣使國際關係不至有引火的危險，那麼我們第一須先想個法兒，使各民族對於他民族的人生哲學都能夠眞實了解纔好。這在東方民族與西方民族間確實是很困難的。歐洲人與美洲人的心理，本來很有不同的地方，便是英國人和美國人的人生哲學的差別，也就出於尋常意計之外的；但是拿這種差別，和西洋文明與亞洲文明──西洋人的人生哲學與亞洲人的人生哲學──的差別比較起來委實是算不得什麼了。求相互了解與相互尊重是比較的煩難一點的事情，而要兩方面造成猜疑和恐怖，却比較的容易得多呢？……民族誤解，為什麼竟是危險到這步田地而為仇恨，──這種猜疑和恐怖，時機一成熟便不知不覺的變呢？其中的一個原因乃是民族也和個人一樣，時常根據了他們自己的思想情感的習慣去判斷別的民族的思想情感。威爾士（Wells）君近來舉出一個恰好的例證，他說：因為日本民族富於從順及服從性，所以他們把英國、政府的權力看得過於強大，以為英國人民的一切意志和行動，都是政府所能左右的，而英國人呢，却因為他

們的習性恰和日本人相反所以過於看重了日本的民意以爲是足以支配統治階級的。這種心理對於英日同盟的締結很有影響在美日發生衝突時英政府因爲受輿論的壓迫未必能履行英日盟約這一層日本人全沒有顧及而英國人呢他們以爲在十分危急的時候日本的統治階級受嚴格的敏慧的輿論的監督他們的態度總得緩和些因此把英日同盟的危險便也不放在心上了拿了我們自己幹別國人民所幹的行動時的一種動機和目的去推測別國人民的動機和目的因此便引起民族的誤解這種實例實在是舉不勝舉。」見 Dewey's As the Chinese Think 我們由杜威這段議論可知一個民族根據自己的思想情感去判斷別的民族的思想情感或是拿自己行動的一種動機目的去推測別國人民的動機和目的已屬冤不了民族的誤解何況由愛國心發達過度的結果至於成功一種帶有侵略性的軍國主義呢?可見「國拘」也是研究人生哲學的一種障碍。次論「流梏。」何謂「流梏?」便是說在一羣裏面必定含有許多流品富貴的歸在富貴的一流貧賤的歸在貧賤的一流雇人的歸在雇人的一流受雇的歸在受雇的一流做父兄的歸在做父兄的一流做子弟的歸在

做子弟的一流，既已歸入一流之後，便成功那一流的思想習慣，固結不解。譬如做婆的虐待媳婦，但到了媳婦做婆的時候，她又虐待她的媳婦；做主人的輕視奴僕，但到了奴僕做主人的時候，他又輕視他的奴僕，這都是由於自己不覺察入了那一流便受桎梏於那一流的裏面，這就是所謂「流梏」。近來無產階級每每痛恨有產階級的專制，但無產階級得了勢，就馬上成功無產階級的專制，這更是「流梏」的一個好例。斯賓塞爾在「流梏」一章裏面說某夫人著了一部書，名曰生世不諧錄（The Greatest Plague in Life）。內容專是暴露那些做傭奴媼婢的如何狡悍可恨可知他那部書所說的生世完全是主人的生世；倘若在那些做傭奴媼婢的看來，怕也要著一部生世不諧錄，專暴露那些做主人的如何狡悍可恨。可知兩種人的生世雖是描寫兩面的人生，卻都非人生的真相，所以「流梏」也是一種障礙。次論「政惑」。

「政惑」與「國拘」「流梏」理正相類，不過所說的方面不同。國內有幾個政黨自然各黨有各黨的主張，各黨有各黨的立腳點，譬如左黨主張唯物史觀，而右黨卻主張唯心史觀，這兩年我國關於人生觀的論戰，甲派主科學，乙派主玄學，這也未必不帶

幾分「政惑」的色彩所以「政惑」也是研究人生哲學的一個大梗最後論「教辟」宗教在西洋歷史上演成數百年的戰爭這是「教辟」很顯然的即在東洋又何嘗不是各教互相排斥？由科學發達的結果宗教的支配力驟受打擊以爲人類至此種，這又未免矯枉過正，而率亦不脫「教辟」之嫌。須知宗教所關於人生的一學。與人生哲學實互表裏，因爲都是想找到人生的一個歸宿。不過拘泥一宗以排斥他宗，甚且演成流血的慘劇以終身作儀式的傀儡以人體作妖魔的傳舍而盡失信仰的精意，這又是何等愚蠢的事呢？所以「教辟」更是研究人生哲學的一個大梗。

總上所述八項可知各種思想習慣所表見於羣學者無一不表見於人生哲學而且猶不止此；所以研究人生哲學的困難比研究他種學問大有不同。唐肇黃先生近著吾國人思想習慣的幾個弱點一文首項所舉即爲受道德和功利的觀念所束縛語多「鞭辟近裏」。吾國人每每由道德利功利的觀念束縛之故，至於對真正的人生失了正當的評價可知吾國人研究人生哲學第一當注意的便是思想習慣上的障蔽。戴東原有一句話說得好他說：「學者當不以人蔽己不以己自蔽。」可知東方人

研究西方人的思想，一面不要上西方人的當，一面也不要上自己的當，無論是何種樣式的思想，我們都要認爲有存在的價值，便是阿Q正傳（見魯迅著的「吶喊」裏面所表現的阿Q的思想誰也不能保證其必無所以研究人生哲學要當找出那種人生哲學的本來面目方可得到人生的正當評價而於研究資料之選擇與整理也不至陷入上述八種障蔽之中以後請專論人生哲學的研究法。

在論人生哲學的研究法之先不可不一述研究法上的程序研究法普通分爲二類一演繹法・(deductive method)；二歸納法・(inductive method.)前者爲亞里斯多德 (Aristotle) 笛卡兒 (Descartes) 斯賓挪莎 (Spinoza)來布尼疵 (Leibniz) 諸人所主張後者爲培根 (Bacon)、洛克 (Locke) 休謨 (Hume)、穆勒諸人所主張。就性質言前者主總合 (synthesis) 後者主分析 (analysis)；前者由原理推到箇件由一般的原理推到特殊的原理其思索的順序爲前進的故又稱爲前進的方法 (progressive method)；後者由箇件回到原理由特殊的原理回到一般的原理常向後面去找根據，故又稱爲後退的方法 (regressive method)。然自又

〔研究法之進步〕

人生哲學

二四

一方面考察前者由最簡最高的原理出發漸漸論到那些從屬的原理,故又稱為下降的方法(descending method);後者由各種最淺近的事實及原理出發漸漸達到最簡最高的原理,故又稱為上昇的方法(ascending method)。梁任公、劉申叔先生從南北地勢劃分老孔學派,這是演繹法的好例;劉申叔主張老南孔北,見他所作南北諸子學不同論,梁任公倡導尤早,詳見孔子的真面目這是歸納法的好例。見孔子人生哲學大要講演稿。

兩大石柱互相撐持沒有歸納演繹便行不通,沒有演繹歸納也行不通。亞里斯多德說星永遠存在,故其運動亦爲永遠的運動然而唯一的永遠運動爲圓運動,故星爲圓運動而環繞地球,這便是由前提不確實所生的謬誤。如果把前提訂正令前從經驗出發,這些毛病一概免去了。這不是演繹法還要靠歸納法做補助麼?邁爾(Mayer)在爪哇(Java)行醫看見患病者靜脈血呈鮮紅色因而聯想到熱帶地方的人比寒帶地方的人只須稍許酸化,就能維持體溫而靜脈血下澄。假如邁爾當日梁漱冥先生把論語所記的許多事實歸在十三類去定出演繹歸納二者在研究法上好像中國古代思潮近人柳與謀先生撰「論近人講諸子學者之失」一文,殷加指斥,以爲老南孔北之說,出於日本人、任公不察,從而和之,遂形成今日南北對峙之局。實則,自我看來,老南孔北之說,亦自有根據,當不如柳氏所譏之甚。

緒論

二五

僅僅觀察到這些事實裏面，那就一輩子也不能有所發見；所以終須從演繹法的規則而將所觀察的擴張到各方面成功一種勢力說。這不是歸納法還要靠演繹法做補助麼？祇是演繹法比歸納法終須輸一籌因為不拿出一種事實早就不能叫人家信服。而在歸納法縱不能事事去經驗尚可成功一種赫胥黎氏的存疑主義(Agnosticism)。但嚴格論之歸納法所得亦不過出於一種類推或比論(analogy)而所謂歸納法的原理，與其說牠含有必然性(necessity)毋寧說牠帶有蓋然性(probability)，所以又須他種研究法以濟其窮。於是不能不提出所謂直觀法(intuitive method)與辯證法(dialectical method)。直觀法係不假推理而能直接洞察事物的真相之謂。直觀正與洞識(insight)之義相同我們平常理智分別的作用，每每限於局部，而於達觀宇宙的作用不免欠缺。惟有直觀法最能彌補這個缺憾。所以普通用肉眼觀察事物，直觀法却用心眼觀察事物。王陽明說：「天地萬物與人原是一體，其發竅之最精處是人心一點靈明。風雨露雷日月星辰禽獸草木山川土石與人原只一體，故五穀禽獸之類皆可以養人藥石之類皆可以療疾只為同此一氣，故能相

通。」見王陽明答朱本思書。這便是用心眼觀察事物的結果。直觀往往起於頓悟，這在日常生活裏面很容易看見我們遇着一個難題往往數日不解但一頃刻之間心機豁悟即便透澈瑩明。他如大詩人大美術家大科學家這種頓悟的機會更多。在哲學上尤不鮮其例。叔本華(Schopenhauer)說：「哲學的發達便是合理說(Rationalismus)與頓悟說(Illuminismus)的消長」可見頓悟說在哲學上的功用。惟頓悟說與神秘說(Mystizismus)不同。神秘說在意義上雖也有種種不同的解釋但大抵以西洋中世神秘學者如囂俄(Hugo)、褒那溫圖拉(Bonaventura)、愛克哈特(Eckhart)諸人的解釋最為流行。囂俄以為人的知性作用可分為三段階：第一是思惟(Cogitatio)，係以肉眼認識外界;第二是考察(Meditatio)係以心眼洞察內界,第三是瞑想(Contemplatio)，係以第三眼觀察超越界。褒那溫圖拉、愛克哈特等亦主張第三作用,其着重點即在與神冥合。這種神秘說由近世心理學發達的結果,已完全打破,而所謂頓悟說，則在始即由理智分別作用所無能為力而不得不訴於想像,在終即以想像的結果而取證於事實故毫無神秘之可言。如化學上的原子說,物理學上的引力說數學

上的根本原理，莫不出於頓悟，即莫不由於直觀。潘卡勒（Poincaré）以爲直觀係出於精神的性質之肯定柏格森（Bergson）尤極力闡明直觀之本於直接意識，所以直觀法大可以濟演繹歸納之窮。次論辯證法辯證法爲分析與總合之交互使用，雖在希臘時代已早有人注意但組織成功一種顯著的研究法的却是黑格爾。黑格爾以爲凡事都必依三段順序而發達：先有第一狀態的「正」（thesis），必生第二狀態的「反」（antithesis），然後再生第三狀態的「合」（synthesis），而第三狀態的「合」又爲新第一狀態的「正」。如此正反合三者循環演進，永無休止譬如樂天觀的反動爲厭世觀，二者各走極端，於是有淑世觀出而調利；然淑世觀總不免有所偏倚積之既久，又生反動，又生調利，如此循環演進便成功一種「辯證論的人生哲學」由正生反，便有分析反對立便生總合，所以辯證法是分析與總合交互使用的結果。是這種方法不免陷於牽強附會之弊因爲拿事實嵌入這種方式裏面，便有許多不合；若離開事實單論概念，便不無自相矛盾之處，譬如「生」的概念自身決不會產生「死」的概念可見這種方法尚多缺點。陸宰（Lotze）的「論理學」和鐵德倫布爾（Trendelenburg）的「論理研究」批評最詳，可參考。不過

由分析與總合交互使用的結果,對於演繹歸納補助的地方正多,也未可一概抹煞。總上所述四種研究法,可知各有各的功用均未可漫加拒斥。惟演繹法傾向於獨斷,歸納法傾向於懷疑,獨斷與懷疑本是科學演進史上必經的階段然亦是哲學演進史上必經的階段。在哲學史上有所謂獨斷派(Dogmatismus)與懷疑派(Skeptizismus),即與哲學相終始。如西洋希臘初期哲學大牛傾於獨斷;而自詭辯派出即走入懷疑。後來斯多亞派伊壁鳩魯(Epikulus)派哲學上的主張,大都傾於獨斷的頂點;而自皮倫(Pyrron)出又走入懷疑中世紀的哲學為神權所左右,達於獨斷的頂點;而自笛卡兒出,又走入懷疑。笛卡兒之後,在歐洲大陸如斯賓挪莎來布尼疵沃爾夫(Wolf)等,在英如培根、洛克等均不免一種獨斷的態度;而自休謨出又走入懷疑可見獨斷與懷疑無時不與哲學為緣。在獨斷派與懷疑派各走極端之時即有折衷派(Eklektizismus) 或混合派 (Synkretismus) 產生任調和的職務但是效力總是微弱直至康德出,始建立批評派 (Kritizismus) 一個名目而哲學乃有比較確定的基礎所以。在態度上有獨斷派,懷疑派,折衷派,批評派。批評派之演進正猶在方法上有演繹法歸納

法、辯證法、直觀法之演進。態度起於獨斷與懷疑,而方法則起於演繹與歸納,可見態度與方法原不無相互的關係。孟子言性善,荀子言性惡,揚子言性善惡混,告子言性無善無不善這在中國幾乎成了一個不能解決的問題,但在我看來只是各家思想的態度和方法之不同。性善說似獨斷派的議論,近於演繹法;性惡說似懷疑派的議論近於歸納法;性善惡混說似折衷派的議論,近於辯證法;性無善無不善說似批評派的議論近於直觀法。這樣看來態度與方法實在處處有相卽不離的關係。現在請進論人生哲學的研究法。人生哲學的研究法究竟是怎樣的一種程序,這不能不先將人類知識的演進說一說。孔德(Comte)把人類的知識分作三種程序:一神學的階段;二形上學的階段;三實證哲學的階段。我以爲人生哲學研究法上的程序頗不出孔德三階段說所指示。惟孔德乃是按照他自己所處的時代而立言所以僅論到實證哲學的階段而止但到了二十世紀學術上的方向又轉變了。并且孔德所提倡的實證哲學其根本精神專貫注在社會學而所謂心理學不過看作社會學之一部分;但到了二十世紀心理學却成爲一種主要科學了;所以我以爲要增加一種階段,

名曰生命哲學的階段於是可用這種見地先劃作一個簡表

一，神學的階段——演繹的研究法。
二，形上學的階段——辯證的研究法。
三，實證哲學的階段——歸納的研究法。
四，生命哲學的階段——直觀的研究法。

上表所列有兩處須加說明：一，生命哲學確為二十世紀哲學的新傾向。如實用主義的哲學、新理想主義的哲學以及柏格森的直觀哲學、杜里舒(Driesch)的生機哲學，莫不最富於生命派行為派其體派的色彩，而與前此的理性派、抽象派恰立於正反對的地位。他們最鮮明的主張，便是實在的真理的進化；所以從前的哲學是靜的消極的，而他們的哲學完全是動的積極的；從前的哲學是醉倒在理性裏面而與生命為絕緣的，他們的哲學是從理性解放而欲進一步提住生命的根柢的這種活動自由的天地，不僅開闢在哲學界并已擴張到科學界。像赫克爾(Haeckel)、阿斯特瓦德(Ostwald)、洛治(Lodge)、勒布(Loeb)等莫不注意到生命問題。井且他們治科學也

並注意自身批評，像潘卡勒、馬黑（Mach）、羅素等都是，也就和從前的科學界，大不相同了。

所以生命哲學的階段，確是實證哲學以後的產物。各種階段下面所附的各種研究法，是單就那個時代的着重點而說的。譬如神學的時代重演繹而輕歸納，實證哲學的時代重歸納而輕演繹；並非神學時代沒有歸納，實證哲學時代沒有演繹，所以各種研究法的演進，雖然另有一種程序，而此處不妨單就各時代的着重點而立言。本來我們人生的開闢是循着一定的途徑而前進的。費爾巴黑（Feuerbach）有句話說得好，他說：「上帝是我們最初的思想，理性是我們第二步的思想，人類是我們最後的思想」這句話顯然指示我們人生開闢的途徑是由「上帝」的思想走向「理性」的思想，由「理性」的思想走向「人類」的思想與由神學的階段到形上學的階段到生命哲學的階段最順序相符合。中世紀的思想，完全是「上帝」的思想。這種思想的力量在中世紀甚是偉大，以為人是由上帝產生那一切人間的法則，更不必說了。但是達爾文（Darwin）種源論出世以後人人相信人是由各種動物進化而來循優勝劣敗物競天擇的公例，於是對於創世紀的說法頓生疑念，而「上帝」的思想遂大

減殺其勢力這麼一來我們人與自然界的地位也就分辨了其後斯賓塞爾出本達爾文進化論的思想更加擴充輔以孔德的社會學乃從生物的進化推到社會的進化,於是進化論的力量愈益增加而我們人與人的關係也就分辨了。再後柏格森出更本斯賓爾進化論的思想擴而充之,輔以詹姆士的心理學乃從生物的進化推到心理的進化,於是進化論的力量愈不可及,而我們自身的價值也從此分辨了。這樣推論下來進化論由生物學到社會學更到心理學愈推擴而愈精深主張進化論的,由達爾文到斯賓塞爾更到柏格森,人生的途徑乃愈開闢而愈廣遠。

的思想,到這個時候簡直無立足地步;不僅是「上帝」的思想到了此時也無時無刻不生動搖——柏格森便是打破理性的唯一的「理性」的思想。

然則,此時所剩下的完全是「人類」的思想,所以在堅的方面說起來我們人生的開闢是由「上帝」的思想到「理性」的思想到「人類」的思想;在橫的方面說起來,我們人類由了解人與自然的關係到人與人的關係,由人與人的關係到自身的價值現在可以說到了人生開闢的盡頭嚴格說

來，人生哲學要到這個時候才有真正人生哲學可言，而人生哲學的研究法，也要到這個時候才有真正的標準可定。譬如在神學的階段直可從神學上的主張演繹到人生哲學在形上學的階段直可從本體論或宇宙論推見人生哲學；這種人生哲學的研究法究少可採用的價值。在上述四種研究法之中當然以歸納法為最重要。歸納的研究法本無論在何種時代何種階段裏面都不可缺少不過在實證哲學的階段實為更切要所謂生物學的研究法心理學的研究法社會學的研究法經濟學的研究法等等實在對於人生哲學的研究有莫大的貢獻。演繹的研究法不過意在濟歸納的研究法之窮雖可離歸納的研究法而獨立然終須借歸納的研究法以為事後的佐證地在生命哲學的階段實在有必要。至於演繹的研究法、辯證的研究法，在現在更完全是居於補助的地位了。在思想的態度說來，也以懷疑派批評派的態度為可貴尤其是批評派為不可缺少，至於獨斷派、折衷派亦早已無存在的餘地了。這樣兩兩比較可知方法與態度處處對立在我們研究人生哲學的人是不可不特別留意的。

第二章 近代人生問題概說

第一節 人生問題的起原及變遷

人生問題之發生及其發生的原因

人生是怎樣開闢出來的，上面已經論過。但人生成為問題，換句話說，對於人生發生驚訝或疑懼這是二千年以前就有的現象。蘇格拉底常到公共市場見人就盤問人生的意義，有一次他遇見一個人去打官司他便問為甚麼要打官司，那人說是為公理，他再問甚麼叫公理，那人便瞠目不能答；又有一次，有人告他的父親不信國教，他便盤問甚麼叫國教，諸如此類，不斷的向人生發生疑問；以為未經考察過的人生是不值得生活的。釋迦牟尼做太子的時候頭一次出遊看見農人赤體辛勤被日炙背塵土坌身喘呷汗流，又看見牛犂犂端時時捶掣稿頜軛繩勒咽血出下流傷破皮肉，便心動情搖不能自己。以後第二次在城東門遇見老人第三次在城南門遇見病人第四次在城西門遇見死人益發悲傷不能自己。因為眼見眾生的生活都是無常便不能不對人生發生疑懼。莊周對於生死總

算是最能達觀的，但他的妻子死後終不能無慨然於懷。莊子曰：是其始死也，我獨何能無慨然。見「至樂篇」彼在當時又何嘗不對人生發生一種疑懼？總上三方面——西洋、印度、中國——觀之，可知人生成為問題是二千年以前就有的現象。康德嘗有一句話，他說：「我們最值得驚嘆的，便是天空的星辰和心內的良心的命令。」以康德那樣富於哲學的思想的人，尚且不免對於天體和良心的存在發出一種驚嘆之語，何況在智識未進步的古代呢？解決這種不可思議的問題的便是天文學與倫理學天文學研究關於外界的一種不可思議的天體，倫理學研究關於內界的一種不可思議的良心，這是一種何等有趣味的研究；但人生問題的研究實兼二者而有之，因為宇宙觀和人生觀本來不容易拆開，天文學可算是討究宇宙觀的，倫理學也必有一部分論到人生觀。要兩面合看，繞能找出人生的真相。所以蘇格拉底釋迦牟尼莊然則人生問題的研究豈不是一種更有趣味的研究麼？周諸人所經歷的現象，或者更值得我們驚嘆。現在比就人生問題發生的原因略為畧說。本來討究人生問題，不能不溯及人類的原始，因為在原始時代的人類，我們不能決其必無人生問題可言；不過那時代的人類縱有人生問題可言，然以意識陷於

三六

昏睡狀態即有亦不顯。自人智稍稍啓發，便漸漸感觸到衣食住之外，尙有可欣慕或是可疑懼的一境，而人生問題即於此發端；自後知識更進，那可欣慕或是可疑懼的一境便感觸愈切，而知識乃成爲憂患之媒。可見人生問題發生的原因以知識之發達爲最顯著。因爲知識發達之後，便無時無地不成爲問題，所以講究養生的人總想做到一個「無懷氏之民葛天氏之民」。詩經也贊嘆道：「隰有萇楚猗儺其枝夭之沃沃樂子之無知！」這些思想也許帶有別種意味，却正可見知識發達爲人生問題發生的主因。次之，便是衰老病死的痛苦。因爲知識旣已發達，便對於衰老病死的現象，常易感觸到人生之無常。所以身體虛弱與多病早夭的人，每每流於厭世思想。反之身體強壯與年高壽永的人，每多富於進取思想。可見衰老病死也是人生問題發生的一個重要原因。再次之，便是天災人禍的襲擊，如一九二三年日本大地震罹災市民百十三萬，死亡者十六萬，財產損失七十億。這不是亘古未有的天災麽？又如一九一四年至一九一八年的歐洲大戰利用科學的能力，常於數分鐘內演成殺人千里流血成河的慘劇，計五年之中爲戰爭而死的在千萬以上，因戰爭所惹起的災阨

以至陷於死亡的近二千五百萬,因災害與營養不良以至於衰弱不振的亦在千數百萬,這不是亘古未有的人禍麼?當這種陋迻的人試想他對於人生的感想如何,所謂「有生之樂」到那時候恐怕甚麼也沒有了。所以·天·災·人·禍·也·是·人·生·問·題·發·生·的·原·因·之·一·再·次·之·便·是·社·會·待·遇·的·不·平·。如在殷實之家不僅揮金如土還要藉金錢作惡,又能藉金錢護惡,在貧苦的人不僅衣食不完便自家性命也不知結果在那一條險道又如生長貴族之家縱知識上如何淺陋,總不願與平民為伍,生長平民之家縱情愛上如何濃厚,總不能與貴族締婚;這些事實都是人生問題的導火線。所以·社·會·待·遇·的·不·平·也·是·人·生·問·題·發·生·的·一·個·原·因·。再次之便是政治理想的變遷,如黑格爾以為國家對於個人個人從屬國家,乃是個人的第一本務,國家既為絕對的實在,則個人以國家之一員始為客觀的存在而產生真理與道德。_{Dewey's German Philos-}在這種政治理想之下的人生是怎樣?又如羅素以為個人應有的範圍_{ophy and Politics pp. 28-29}被威權侵犯的時候,反對威權的人,無論怎樣遭社會上的冷眼,但他們總算是替社會做了一番事業。_{Russell's Political Ideals, chapter 4}在這種政治理想之下的人生又是怎樣?可見政治·

理想的變遷又是人生問題發生的一個原因以上所舉五項，都是關係最大的。此外如國際關係之變遷交通機關之發達、科學之進步等等都不能說和人生問題沒有直接或間接的關係所以談到人生問題發生的原因與談到人生問題研究的資料，是一樣的寬泛不著邊際，姑且擇其重要的舉述而已。

人生問題的變遷

人生問題是伴著知識發達而生變遷的，上面已稍稍論及，不過牠也伴著感情和意志的發達而起變化。大抵在古代或中世紀在知、情、意三方面都不過粗具端倪，而比較注重的乃在於情意的方面。如在古代所謂人生問題就完全著重在人情的管束上面但人情的管束，不能不靠道德做護符，這無論在中國在西洋大都是一致的。譬如希臘所倡的四元德，〔智慧、勇氣、節制、中和〕。中國所倡的三達德，知、仁、及五德〔仁、義、禮、智、信〕、六德〔知、仁、聖、義、忠、和〕。四德〔元、亨、利、貞〕。九德〔寬而栗、柔而立、愿而恭、亂而敬、擾而毅、直而溫、簡而廉、剛而塞、彊而義〕。勇，等莫不是想用道德來管束人情的那時代的人生觀念以為畢生能夠實踐各種德目所詔示便算達到圓滿的人生，後來到了中世紀這種觀念便漸漸變了；不過這種觀念之變是就西洋而言若在中國是仍然沿用道德說的，幷且永久不生變化西洋

三九

自基督教與人生問題便轉向一個新方向，雖然也顧到人情的管束上面，却是一般人的眼中特別看重人生的歸宿以爲人生要得到一個歸宿然後靈魂有所慰藉因此宗教的精神特別發達。如脫離苦海超昇天國的信念，在基督教中幾成爲一種首要的道德；基督教雖以愛、信、望三主德管束人情却是牠的主眼，仍以信賴全知全能的神爲至高善。所以那時代的人生觀念以服從神的命令得達到超自然的彼岸爲人生絕大的幸福。就古代和中世紀而觀所謂人生問題都像着重在情意的方面。過嚴格說來所謂情意的方面究不無缺憾因爲古代便爲父權說所浸淫中世紀又爲神權說所左右父權與神權交相施展所謂人權簡直無形中消滅盡了人權不得倘何情意的方面可言。倘何人生問題可言。直到近世紀才稍有眉目自盧梭（Rousseau）天賦人權說、達爾文人猿同祖說昌明以後，一方面人權得了一重絕大的保障一方面父權與神權受了一種重大的打擊，於是人生問題更換了一副新面目與向目的道德說宗教說完全異趣。最初一步便想嚴格的找出生命的實質而欲找出生命的實質，不得不求助於科學；所以科學的發達是人生問題裏面一個

絕大樞紐遠如史來登的細胞學說之發見，近如薛佛(Schäfer)的生命人造說之宣傅大可以喚醒一般神秘論者的迷夢；又自生理學解剖學日見進步而生命構成之基本的要素所謂生命的實質者，莫不昭然若揭，更無可以「自騙自」之處。赫胥黎(Huxley)最鍾愛的兒子死了，他的朋友金司萊(Kinsley)用靈魂不朽的話去安慰他，赫胥黎以為沒有充分證據的東西都不值得信仰都不能使我安慰。可想見一般人用靈魂不朽去自騙自的，都由於沒有用嚴格的條件去考察生命的實質不過這樣冷枯的對待人生不僅常常帶有行尸走肉之感叫我們不能往下生活，並且用這種嚴格的方法終於不能解決人生的奇秘，結果必至發見人生許多的缺憾而不得不走於自殺一途。如弗羅伯爾(Flaubert)由極度自然主義的思想一轉而成虛無的思想，因為自然主義極度發展的結果，必至於無理想、無感情、無道德乃至一切皆陷於毀滅虛無之境。弗羅伯爾有一段最悲痛的話他說：「在現代想尊崇舊的信仰是辦不到了，但想建立新的信仰也一樣的辦不到；我用盡方法想找到一個比較可以存在的觀念，但結果終於失敗」。他這段話何等酸楚痛苦人生到了這種境地試

問怎樣往下生活。於是哲學界科學界又起了一種大反動，以爲這種苦肉計的方法，終於不能找出人生的眞相。生命固宜用嚴格的條件考察牠的實質，但生命仍須借別種方法去表現牠的本來面目；於是向日以爲僅用科學足以完其職責者，至是終不得不借助於藝術。這便是現代藝術特別發達之由也是藝術的人生所以特別見重於現代之由。於是可括上述各端而列成次表：

古代——以道德爲中心——人情的管束——人倫本位
中世——以宗敎爲中心——人生的歸宿——靈魂本位
近世——以科學爲中心——生命的實質——肉體本位
現代——以藝術爲中心——生命的表現——生活本位

由上表所述，可知人生問題之變遷上的程序。古代中世都注重情意的方面，近世則注重知的方面若在現代乃在謀知情意之調和發達。所以現代的人生問題不是枝節節的靈魂問題，肉體問題，乃是生活全體的問題。討論生活問題最眞切的無過於藝術。尼采 (Nietzsche) 以爲藝術卽是生活眞正的藝術沒有不是拿最高的生活

做背景的藝術和道德宗教科學都有相即不離的關係，而已進步的道德宗教和科學又必以藝術為骨子否則便成功一種呆板的道德、迷信的宗教殺人的科學這樣看來，藝術的人生可算是一種最高貴的人生了。關於這點且容後面詳細論述。

第二節 近代人的外部生活

一 外部生活的說明

欲談人生問題要到近代才有真正的人生問題可言上面已經說過。

所以近代人的外部生活和內部生活須有一番考察方能得到人生的真相。本來外部生活和內部生活的區分不過為說明之便，尤其是近代人的生活從內外兩方面去觀察更易探得生活的真髓實則外部與內部並無界判可言生活本來是整個的，是渾然一體的，若勉強拆開又如何說得上生活。此義既已辨明，便知此處分別論述的本意現在且就近代人的外部生活分條說明而先從西洋人的外部生活加以觀察西洋人外部生活的特徵，便是物質文明之發達自孔德實證論達爾文種源論出世以後物質方面的進步比其他精神方面社會方面的進步更有一日

千里之勢;可以說從希臘時代到十八世紀之末,這二三千年間的物質的進步,抵不上最近百年間的物質的進步。這種進步的原因雖是很複雜,但由自然科學發達的結果所產生的諸種的發明,要算是一個主要的原因。就中交通機關和製造機械的發明尤其是近代物質文明的主腦。任是自然力如何偉大但人力總可以設法征服一部分征服陸上的有電信電話汽車電車自動車之類,征服水上的有汽船、水上飛機、水上腳踏車海底隧道以及一切水上電信電話之類征服空間的有飛行機飛行船飛行電車之類,這都是就交通機關而言;至關於一切製造機械征服炎熱的有電扇冰箱冷室之類征服寒冷的有暖爐電爐溫室之類,凡視力所不及的有顯微鏡望遠鏡、X光線之屬以救濟之;聽力所不及的有蓄音機擴音器無線傳音器 (Broadcast) 之屬以救濟之其他一切日用飲食幾乎沒有不可以由製造機械以分其勞力或增進其效力的。物質文明之發達可以想見。一八六九年蘇彝士運河和一八九五年奇尼爾運河長至六十餘哩乃至九十哩深至三十餘呎乃至五十呎不可謂非物質文明的產物;其後更深的如一九〇〇年尼爾威託拿威格運河,最廣的如一九一

四年巴拿馬運河，莫不相繼而起；最近如薩哈拉(Sahara)大沙漠之闢爲運河，茲德海(Zuider Zee)之填充田地，更莫不令人嘆物質文明之偉大若就各種建築而言，則所以發揮物質文明者，更遠非前此所能夢見。德國式的建築以花樣翻新著稱，美國式的建築以層級高聳著稱。從前所艷稱的上古七奇，中古七奇，到近代幾乎毫不成爲問題。可想見近代物質的進步之速。近代所號稱七奇另是一個方向，而建築並不在其列；所謂近代七奇，便是無線電信、電話、飛行機鐳錠、防腐劑與抗毒素、分光、X光線七種足見這時代的自然科學者比從前另是一番氣象。到近日來所謂世界科學家更立三大宏願：一控制日光二控制海潮；三控制火山熱力。無論此種宏願是否得達，而物質文明之日進無已自可預斷。近代人的外部生活消磨於物質文明之中的，幾於無處不爾既受了這樣急激的大變化，自然人生觀也不能不受一種重大的打擊所以近代人對於物質的生活之努力，比古代中世那種悠游自得的時代要勝過十倍。乃至

四五

近代人生問題概說

〔一塊及的尖塔、二巴比倫之架空園、三希羅士島的鐙明臺、四卡力馬大戰穴〕中古七奇
〔一羅馬的聖彼得大殿、二亞利嘉尼的愛普廬神巨像、五依士坦丁的糾犀達像、大哈利嘉尼的加利君王陵、七飛突拿所造的帶士利沙利啤斯的斜塔〕國萬里長城、四英吉利沙利啤斯的石址婁亞寺院、五中國南京磁塔、六

百倍。因為智識的發達足以促進物質的文明，而物質的文明又足以誘導智識的發達，互為因果，所以近百年間物質的進步超過二三千年間物質的進步。這是近代人外部生活最著明的第一點。

外部生活的說明二

物質文明既已逐漸發達，於是一般人的生活狀態漸近於人工的而遠於自然的，積之既久，遂漸漸的厭棄鄉村生活而欣慕都市生活因此都會日益膨脹而鄉村日益縮小。又由上面所述交通機關和製造機械發明的結果，而工商業日益發達都會成了產業的中心，於是都會遂為各方視線所共同集射之點。一方面從經濟狀態言之，因貧富間大相懸隔，土地盡為地主所併，農民不甘心局促於田舍，不得已棄鋤鍬而集中於都會，一方面從活動能力言之，在鄉村不容易自由發展特具之能力，而在智識已啓不甘為習慣所束縛的人，此種發展慾特別旺盛，因此相率麕集於都會，出於一種積極的意味。尚有一種原因，便是近代各國特重中央集權，因此首府日益繁華便是小都會也不難佔據一個重要的位置。這都是都會膨脹的出來。都會膨脹的結果為人口的激增，這由歐美各國

最近的統計便可以知道其最顯著的便是英國首府倫敦的人口還比蘇格蘭全體的人口增多英國各都會的人口約佔全人口的什分之八這是一件何等可注意的事！美國當一八九〇年的國勢調查之際，在人口三萬以上的都會中所住居的人口，不過佔全人口的什分之一而由最近的國勢調查觀之，卽已達全人口的半數。可想見都會人口增加之猛烈。現在爲考察各大都會人口增加的趨勢起見特列出一種數字如左：

市名	一八〇〇年	一八三〇年	一八五〇年	一八七〇年	一八九〇年	一九二〇年
倫敦	九五九、三一〇	一、六五五、五八二	二、三六二、二三一	三、二六一、三九六	四、二三二、六八五	七、二五三、二三四(一九一九年)
紐約	七九、二一六	二〇二、二八九	六九六、一一五	一、四七八、一〇三	二、五〇七、四一四	五、七六六、〇八三
巴黎	五四七、八〇八	七五五、八六二	一、〇五三、二六二	一、八五一、七九二	二、四四七、九五七	二、八四六、九八六
芝加哥	—	二九、九六三(一八四〇年)	二九、九六三	二九八、九七七	一、〇九九、八五〇	二、七〇一、七〇五
伯林	一九七、一二三	二四三、一六三	四二三、一五四	八二五、九三七	一、五七八、七九四	三、八〇一、二三五

由上表所列，各國都會人口的逐年增加，形勢極爲顯然。過倫敦在十七世紀的時候，不僅有五十萬的人口、現在

已經達到七百萬以上的人口，增加到十餘倍。又全歐洲在十九世紀初頭、都會人口滿十萬的、不過僅有十四處、而在十九世紀之末、已經達到一百四十處、恰好增加到一倍。都會膨脹的影響自然是產業的進步而一切文化的發達要亦為不可掩的事實。

不過都會愈膨脹、鄉村便愈縮小、而一切豐富的日光、清潔的空氣新鮮的食品便不免因都會膨脹的緣故而不容易自由取得。比利時詩人魏爾哈冷（Verhaeren）寫了一篇觸手的都會 Les Villes Tentaculaires 說近代由都會膨脹的結果，漸漸把許多清潔的鄉村都弄髒了，像製造場鐵道等等，把那些很美麗的田園腐蝕幾遍好像動物的觸手一般。由他這段話可想見都會所給與我們的壞影響況且既已加入都會，不管都會生活物質的欣慕便隨之而起，而生活程度卽不能不提高；但生活程度雖已提高、而物質欣慕之情卻不因之而減少，於是生活上不得不感受種種困難或痛苦。當生活程度不能不出之以競爭，而黃金崇拜的心理權力屈服的事實遂隨競爭以俱進，結果只求達到物質上的滿足，其他皆在所不計，這可算都會生活中一種最普遍的現象。既已加入都會生活而為物質上的競爭，自然日處於繁劇匆忙之中，無片刻之安暇。但在這時代的人不在

取得「安暇」，轉在取得「迅速」以爲文明之先進後進，卽由迅速之度而決定；凡事物之效力卽以迅速之度而判其大小廉物不日物廉而日迅速良藥亦日迅速因爲愈迅速則效力愈易呈現。於是迅速中復求迅速至用飛行機投遞；出版求迅速多用法國式裝訂發行。近來歐美各國且由電話機數的多寡說文明的進步紐約以一都市而達八五四八九〇機數比他國總機數多至數倍乃至數十倍芝加哥亦以一都市而達五五四一一四機數這又何嘗不是求迅速的結果。可見求迅速又是都會生活中一種普通的現象。既已加入都會生活而日處於繁劇匆忙之中便無時不受刺戟。車聲馬聲機械聲之雜沓電燈白熱燈之強烈這是當然免不掉的一種刺戟；而在激烈的生存競爭之中由惡戰苦鬭的結果身體上不免常感着疲勞或倦怠非有一種與奮劑不足以振刷固有的精神於是生出一種求刺戟的心。而種種刺戟物睡眠劑與奮劑麻醉劑等等都莫不應之而起。刺戟物最流行的便是煙酒近代歐洲各國每年煙酒費激增就是這個緣故。由諾爾導(Nordau)所擧述，

法蘭西煙草消費額，在一八四一年每個人不過為〇・八鎊的比例，但到了一八九一年，每個人便達到一・九鎊的比例不到半世紀遂增加了一倍。據一九〇四年最確實的調查，世界各國煙草的產出額與消費額，以美國為最大產出額達六六〇六一〇〇〇磅，消費額達四四〇〇〇〇〇〇〇磅每個人的消費量達五・四〇磅，每個人的納稅額達一・六〇圓若到現在更不知增加至何數量。至論到酒因為想求高度的刺戟之故且要求 absinthe 那樣強烈的飲類。這種酒其有一種特質服後易起一種奇異的幻覺，所以爲各國所嚴禁；但嗜酒的人非此不足以遂其求刺戟的心願正猶近年美國禁酒而嗜酒的人遂用酒精以爲替代，且喜酒精刺戟力强與嗜 absinthe 的人出於同一的心理以上是就煙酒說。煙酒而外，如鴉片、hashish 催眠劑之屬也逐漸增加了。其他凡足以增進刺戟的食品或飲類，莫不同時激增於是貪求刺戟而神經益麻醉因神經麻醉而貪求刺戟之心益切互爲因果不知不覺日陷於病的狀態之中尤其是在物質享樂的都會裏面，諸非反易感著平淡寡味於是有求一種不自然的人爲的刺戟當作一種快樂的，幾乎可以說拿一種苦痛當作一

種娛樂。譬如使費許多金錢和時間，特地去看悲劇，掬一把傷心淚以為絕大快事這不是拿苦痛當作一種娛樂麼？可想見近代人貪求刺戟的熱狂。至於那些貪求肉感的刺戟官能的刺戟的，更不消說了。可見求刺戟又是都會生活中一種普通的現象。都會生活的繁劇匆忙，既已如上所述，而生活的壓迫物質的欣求又緊逼於是不得不競起於黃塵萬丈之中以與各方面決鬥；但以過度疲勞過度刺戟過度壓迫、過度悲傷的結果，而患病者、精神不具者、犯罪者、自殺者等等遂同時增加。這由各國都會的統計，便可以知道本來患病者、精神不具者、犯罪者、自殺者等等同有許多由於遺傳的原因但環境的原因關係更大。尤其是處於都會的環境之中，這種險象愈易呈露。生長於都會的人大抵早熟早老，體質易流於衰弱，所以都會的死亡率比全人口的平均要增加到四分之一。近代有所謂「都會病」其原因固多由於生存競爭的激烈，而神經所受各種強度刺戟的影響要亦為有力的原因。神經上既受了重大的打擊所以各種病都乘之而起。正猶終日勞動過度入晚遂百病叢生四肢無力五官失靈所謂「世紀末」(Fin de Siècle)，正是這種情況。「世紀末」是說十九世

紀之末以過度活動的結果而呈一種特殊的現象，到了這個時候，甚麼毛病都防止不住；都會也正是如此。可見患病者精神不具者犯罪者自殺者等等的增加又是都會生活中一種普通的現象。總之都會膨脹以後好影響固屬不少但一般人的生活，總難免成功一種機械的生活、肉感的生活、不安定的生活、不自然的生活事實如此，何可諱言這是近代人外部生活最著明的第二點。

外部生活的說明三

物質文明既已發達，都會生活又已開展，自然種種舊習慣舊信條不容易維繫人心，而據有某種優越地位者尤不容易聽其太相懸隔令人勿相侵犯。因爲智識已啓人權天賦之義已明，不僅從前種種牢籠政策，到這時候都不適用便是不用牢籠政策，也難叫他人信從，更難使他人心服。所以近代的政治運動和社會運動都特別的猛進。政治運動和社會運動本來沒有多大的區別，因爲都是被壓迫階級對於壓迫階級的反抗或鬥爭。馬克思(Marx)和安格思(Engels)在共產黨宣言裏說:「所有過去社會的歷史都是階級鬥爭的歷史」可想見他們所說的階級鬥爭意義是很廣泛的。不過我這裏所說的政治運動和社會運動，是就運

動的方面不同而言政治運動是無權階級對於有權階級的一切解放運動，社會運動是無產階級對於有產階級的一切解放運動前者爲政治的平民主義的運動後者爲產業的平民主義的運動所以寧以分別說明爲便。所謂政治運動大約可分作二項說：一政治改良二政治革命政治改良復可分作二項說：一行政改良二憲法改良；此爲近代國家所常有的一種運動不必具舉。其最足使吾人注意者，卽爲政治革命政治革命最顯著的，無過於法蘭西大革命的原因雖不一而足但反抗當時僧侶、貴族之專政要爲一主要的原因。所以這種革命運動完全是無權階級對於有權階級的一種反抗運動其後有所謂七月革命亦與一七八九年的大革命性質相同，結果把貴族院議員的世襲權利廢止貴族的特權從此遂不復見。所以這種階級鬪爭可說是關於權利的階級鬪爭但不幸法國當時這種階級鬪爭完全成功一種第三階級對第一第二階級的鬪爭。自十四世紀至十八世紀之間隨新大陸之發見與一般貿易之隆盛而工商業特別發達，於是成功一種以工商業者及紳閥爲中心之第三階級。在法蘭西大革命和七月革命的時候這種第三階級雖然也

五三

藉著第四階級（即一般勞動者）的援助而成功革命事業，但他們却居指導的地位、主人的地位所以這兩次的革命運動無異爲第三階級──商紳階級──的革命運動當法蘭西大革命發端，有所謂國民議會者即由第三階級人民組織當時曾作一度人權宣言；但所謂人權，無異爲公民權即第三階級的權利並未普及到一般平民。其後七月革命雖廢止貴族特權，而選舉權之財產制限依然存在所謂議員的資格須以直接稅五百佛郞爲條件，這樣，政治上之權利豈非仍集中於第三階級所以當時這種階級鬬爭完全成功一種第三階級對第一第二階級的鬬爭自一八三七年至一八四八年之間，英國有所謂 chartist 的運動，一名普通選舉運動。勃然興起。如科柏特 (Cobbet) 鄂康諾 (O'Connor) 諸人即爲此種運動的主倡者彼等在政治上主張實行普通選舉，在社會上則主張建設共產社會其勇往的精神雖十年如一日後雖於一八四八年卒由第三階級的壓迫而失敗，但卽在此年中而法蘭西的二月革命又起，與 Chartist 的運動可謂具同一的精神因爲都是無產階級對於有產階級的反抗運動自二月革命告成而一切政治運動與社會運動始判然爲二種不同的形式。

二月革命完全為一種第四階級對第三階級的革命，與法蘭西大革命和七月革命的性質大不相同可以說法蘭西大革命和七月革命的革命運動二月革命是一種下等社會(proletariat)的革命運動前者為純然政治的革命運動後者為政治的兼社會的革命運動自此以後一切的政治運動和社會運動幾乎佔了近代人生活的全部政治運動不必盡為第三階級所特有的一種運動即第四階級亦莫不群策群力以共圖政治之日上軌道因此近代憲政之進步與共和國之增加為近代政治史上一種特別的紀錄至論到社會運動更有一日千里之勢自桑西門(Saint Simon)、費爾涅(Fourier)倭文(Owen)三大空想家散布社會思想的種子以後於是法國的普魯登(Proudhen)、卡培(Cabet)，德國的威特靈(Weitling)，俄國的巴枯寧(Bakunin)等，莫不被其影響而爭為此種思想的宣傳至馬克思安格思二人出，更把此種思想放大至若干倍此二人者，不僅求之於思想的宣傳幷欲見之於事實的運動因圖萬國勞動者之團結全一八六四年之際此種萬國勞動者同盟居然成立因有所謂「第一國際」(First International)。自第一國

際成立後勢且延及於德、英、比、瑞、意、西諸國之間當時「第一國際」這個名詞，在英看作一種勞動組合，在德看作社會民主黨，在南歐看作無政府主義，各派分途並進情勢日益緊張，但不幸因內部的分裂與外面的壓迫之故而卒歸消滅其後各國社會主義運動繼續興起復於一八八九年之頃得開成萬國社會黨大會一次，是爲「第二國際」(Second International)。惟當時各國社會黨以在議會能得多數同黨議員出席爲運動的主力因有所謂議會政策。自此種傾向發生後而前此革命的精神遂漸失且有進一步與紳閥政黨握手的企圖，於是內部的組織又生變化。其時有所謂軟派硬派卽修正派與正統派所謂正統卽表明馬克思一派原有的面目大抵此派對於安協的態度如所謂議會政策者必出於反對而主張直接的行動於是有應這種目的而起的一種運動，爲法國的工團主義(Syndicalism)的運動。此種主義可謂對於馬克思派之右端修正派而起的一種左端修正派。自後社會主義的派別雖日益發展而運動的傾向則莫不日趨於硬化。由一九一四年的歐洲大戰而有非戰派與主戰派的分裂由一九一七年的俄國革命而有過激黨(Bolshevik)的產生過

激黨以「勞動階級之獨裁政治」為標幟而樹立所謂蘇俄政府（勞農政府）從攫取國家政權斷行勞動階級獨裁之點觀之雖與工團主義有別，而自以純粹勞動者為本位之點觀之實與工團主義毫無不同之處。若在英國，則盛倡所謂基爾特社會主義（Guild Socialism）此為國家社會主義（中央集權的社會主義）與工團主義之折衷，然亦可云英國式的工團主義其在德國復有所謂斯巴達克派（Spartacists）的運動與過激黨幾具同一的態度。又在美國，雖分社會黨為二派而有所謂國民的社會黨與共產黨但共產黨至今已成為一種過激黨；彼之革命的勞動團體所謂 I.W.W.（The Industrial Workers of the World）者本為一種美國式的工團主義，但至今亦成為美國式的過激黨。其他瑞典、意太利諸國莫不由社會黨取得選舉之最大多數，而日趨於硬化的傾向。總上各派觀之，可知各國的社會運動無論其為工團主義化或為過激黨化但在硬化一點言之，並無多大差別。於是各國社會黨共謀所謂「第三國際」（Third International）之實現。自此以後曾作數度之國際的會合，結果乃有在莫斯科所組織的國際共產黨之成立從實質言之此種國際共產黨實

為過激黨之國際的團結；所以第三國際比所謂第一國際第二國際，規模又大有不同。惟對此第三國際復有懷異議者，因而更有第四第五國際之出現。總之近代的社會運動已隨人類的自覺而日進不已，又自物質文明進步和都會生活發達的結果，所以造成這種社會運動的原因者亦日益增多，於是近代人的生活幾無日不消磨於開會結社呼號奔走之中。現在試就勞動組合與同盟罷工之實際的狀況觀之，便可知道近代參加社會運動者之有加無已。單就英國言英國全勞動組合員數在一八九九年不過為一八六〇九三人，而在一九〇七年即增加到二四二五一五三人；十年後為一九一六年即驟增至四三九六九六人至同盟罷工當一九〇三年，罷工數為三八七起，直接參加罷工之勞動者數為九三五一五人；十年後為一九一二年，罷工數即驟增至八五七起，直接參加罷工之勞動者數，即驟增至一二三三〇一六人。這都是就英國一國而言。英國以外如德如法更莫不呈激烈的變化。可以知道近代人對於社會運動之熱狂合上所述政治運動和社會運動雖歸著點不必一致，而其為平民主義的運動則一。這是近代人外部生活最顯著的第三點。

外部生活的說明四

以上三項——物質文明之發達都會之膨脹、政治運動和社會運動之猛進——都是就西洋人的外部生活而言現在請換一個方位考察東方人的外部生活。大抵上述三項，無論在日本在中國都莫不粗具規模。尤其是在日本當明治維新以後，無論何方面莫不翻然改觀。就物質文明言，日本雖然尚在幼稚時期但在東洋卻是比較有希望的；至都會的膨脹，無論在日本在中國固同有此傾向；至就政治運動和社會運動而論亦莫不具雛形總之，東方人的近代生活可以說都是朝着這三條路向而進。日本自經過日俄戰爭以後因外患稍紓所以能專心壹意整理內治若在中國，便大相反。中國人的近代生活，完全為外患所轉移恐怕將來在中國歷史上要劃為一種特別的時代。本來所謂外患那一國沒有，那一時代沒有不過在近代人的眼中外患的意義不是從前那種小規模的窺伺或覬覦乃是大規模的吞併或征服。一國與一國相侵伐，本來不算甚麼稀奇的事但在近代，除征服一國之外再想進一步征服一洲更想進一步征服世界。歐洲之二大陸——亞細亞、阿非利加——之征服事實上已無可避免。一九一四年的歐洲大戰雖出於所謂

大斯拉夫主義與大日耳曼主義之接觸，但以凱撒（Kaiser）的霸氣橫溢，在當時未嘗不作征服世界之想。現今有所謂東方二大問題：一為近東的巴爾幹，一為遠東的中國；一九一四年的歐洲大戰不過為對於近東問題之解決，至遠東問題之解決則尚在準備中。中國以數千年文明的古國，至今不免為他人競爭的目的物，這是一種何等可痛心的事。但大勢所迫已不容不猛自覺悟以圖存。中國惟其負有數千年文明古國的資格故自尊心甚強而保守性即因之牢固不破，但經屢次之挫敗已痛自反省，而一變向來鄙視外夷的態度。惟彼帝國主義者絕不因此而稍減其侵略之野心，且更挾其經濟的勢力以為進一步的侵略。於是我國人創鉅痛深不得已出於一種愛國運動。所謂愛國運動大約可分作兩種說：一為消極的愛國運動，即排外運動；一為積極的愛國運動，即歐化運動；此兩種運動在近數十年中幾乎佔了我國人生活的中心。入民國以後此兩種運動的形式更翻然改觀，徒以內憂未已，故不能有何種顯著的進步。在東方人的愛國運動之中其收效最大者，莫過於甘地（Gandhi）的不合作運動；當時有所謂愛國運動之三大問題——卡里弗（Caliph 即回回教主

穆罕默德之相續者）位置恢復的問題、洛拉特法案（Rowlatt Act）的問題、班賈普（Punjab）大虐殺的問題——者，可算是印度國民反對英國政府的三大武器以此三大問題爲口實而採用甘地所主張的不合作的手段——一辭謝名譽職及一切官階二辭謝政府一切有報酬的位置；三拒絕關於巡警及軍事上的任命四拒絕納稅——居然能使英政府驚惶失措居然能使全印度積不相能的二億五千萬之印度教徒與七千萬之回回教徒作種種共同的防禦戰，可想見愛國運動有時亦爲一種極有效用且極有價值的動作。近來朝鮮亦不乏志士以效死於愛國運動者雖其效甚微，但其影響實甚大總之，東方人的近代生活要不能不以愛國運動爲其標幟，而在我國人尤莫不日惟亡國是懼。所以愛國運動又爲近代人的外部生活最著明的一點。

外部生活的說明五

此後請單就中國人外部生活上的特徵，試加論列。中國一面受外患的壓迫，一面又受內憂的擾亂，所以开成一個百孔千瘡的局面。加以人口衆多，國民生計不易調節，地方寥廓國民智識尤不易普及，於是各隨其際遇所遭，

致生種種懸隔際遇適者蔚為上智,際遇不適者淪為下愚,於是各方面僅得遂其不自然的生活而成功。一種畸形社會因此社會上怪象百出,在他國所不常經見的,而在我國率以為常,毫無足怪。尤其在鼎革以前國民一面受專制的壓迫,一面又受列強的玩弄因此在社會間所產生的畸形生活尤足予他人以半開化民族的口實。但入民國以後方向又為之一變,而為一種新畸形生活的運動。從前的畸形生活,尚有許多是由勞作而得的;因為在積威之下,不免陷入畸形現在不然現在個人的富力不過勞作的結果,乃適為他人的方便,故不易昇進自己的地位或發展。的畸形生活是由不勞作而得的;因為大家認為在共和之下可以由不勞作而得昇進所以無業游民的增加與民國年度的增加成正比例。彼無業游民既純恃其奔競鑽營之巧拙以為生,故今日雖空拳赤手,明日或不難暴富或暴貴。於是羣趨於僥倖一途而軍閥與官僚政客之增加亦莫不由是這便是畸形社會之所由成會憶昔年

梁任公先生在國風報上撰有僥倖與秩序一文,所以描寫吾國畸形社會之原於僥

倖者，無不淋漓盡致，讀之更可以澈悟畸形生活發達的原因。（略）現將該文摘述如下：（倖居我上而聰明才力歷練必不如我，夷考其實，或反不如我者，而欲其敬服之心焉，決不可得也，與夫所由生其分之所欲立之地位也。夫命與運則焉，決不可得也。求其數者，故此最顰蹙近人之由生也。求其數者，故亦於言，人人恆立於非所由生也。命運常能制我，而我能制運者，非我所執馭也。為之風，所以人則常畏人所畏，人所得，惟倚賴勢為利，是以於是而知受兵知教育一育人之任，而所以諗者，後之，一人而身同為之一人而身同為，不治寧惟一人之身同時治兵。今之國，學焉而司教亦視操刀固然，愚不可怪也。未亦學承之有何以加舉於國人共幾所能之身，也。自無所謂千紀，人由生也。男女紛竹，故莫不學而彼人加何此學而可以博耳，奕職荒嬉千情而事無所謂苦耳，故無所學所由而地位皆鑽營奔競，不有限。之不特能之不特能，終不能忠職應守其法所而求別者傾軋之所由，及其蘧為也。傾軋而惡根性深入於所由生也。）

身行己也，當前適意而已，此涼薄狠毒之風所由生也。稍自好者，稍有技能者，必忠於職務者，終已不能自存於社會，則亦惟賴然以自放其業，相與皇惶，不知安身立命之由。潔其身，能者既未由用其長，馴善者既未由自保，其用盡心血所得，儻來之人餽也。賢者既未由自放其業，相與皇惶，不知安身立命之由。彼寡廉鮮恥，營營奔競，嫉妒傾軋者，不自流，其用盡心血所得，儻來之人餽也。舉國中無一不肖，無賤，無貧富，不同此心理，常泛舟中流之象，卽便是畸形社會的寫眞。而此種畸陷不寧之象入民國以來則尤甚，所以畸形生活的運動又爲我國人近代生活最著明的一點。

第三節　近代人的內部生活

內部生活的說明一

上面已經就近代人的外部生活擧述大略，現在請一論近代人的內部生活仍先從西洋方面加以觀察近代人內部生活的變化正和外部生活相應，與古代中世相比較大有天壤之別。上面已經論過人生問題的起原由於知識的發達而在近代知識的發達殆已達於最高點無論在自然科學與精神科學的任何方面知識上之進步皆莫不一日千里。上面所述物質文明的發達都會的膨

六四

脹、及政治運動和社會運動的猛進，尤莫非知識進步後的產物。但知識發生之處，即懷疑發生之處；知識愈發達則懷疑之念愈深懷疑之念愈深知識乃愈發達互為因果。故知識發達無已時懷疑亦無已時近代人的特質，即為懷疑的精神。懷疑的精神最初不過為學術上的懷疑然後次第延及於宗教上的懷疑、道德上的懷疑、法律上的懷疑，乃至一切生活無往而不陷於懷疑之境。懷疑的結果，即為信仰的破壞。於是人人的心中一切懷疑的烈焰所充塞，舉不知有所謂信仰學術上的信仰，乃至一切生活無時不在風雨飄搖之中，於是內心的不安日甚一日，遂不知不覺醞釀而成一種劇度的苦悶。本來思想這種東西自從希臘達雷士（Thales）以來不知生了多少變化直到黑格爾時，人心所受思想的影響亦不知經幾許之懷疑與苦悶；但變化之激烈與懷疑苦悶之達於劇度實以近代為最顯著。故近代人之懷疑與苦悶，實佔古今思想史上一個重要紀錄。笛卡兒輩叫我們常常拿住一種懷疑的態度去對付各種事實固然是一種很可珍重的教訓但近代人的內部生活由新事實之

發生與新問題之不斷的湧起，便不受笛卡兒輩的暗示，也不能不走入懷疑一途。於是由懷疑而欲求解決，因求解決而懷疑之事乃愈多。法國芮農（Renan）有一句話形容得最好他說：「我們的內心總是不安的，便是真理發見了，而我們更想作一種進一步的新研究。」"That unrest of mind which, even when truth is found, sends us forth on a fresh search for it" 可見這類的懷疑永無解決之望。懷疑既不得澈底的解決於是苦悶亦成為一種慢性的苦悶而近代人的內部生活遂完全走入不健全的黑暗的一方面。梅特林克（Maeterlinck）謂人生問題有兩種最不容易解決一是「死」的問題二是「愛」的問題，梅特林克的作品幾乎完全是向著這兩種問題用力的結果承認「死」與「愛」具有一種神秘力遂成功他的一種神秘的宿命論。我們為著死與愛的問題之解決，不知演成了許多運命的悲劇試問這種問題遺留到知識發達的今日究竟得著圓滿的解決麼？這真不能不使我們永遠陷於懷疑或苦悶之境了。鄧南遮（D'Annunzio）在他的名著死的勝利（Il Trionfo della Morte）裏面描寫主人公佐佐（Giorgio）如何為懷疑所苦裏面有一段說：「當他（指佐佐）看見一個死屍的時候，他必定叫喊著：「死者！你多麼幸

福啊！死了之後，甚麼懷疑也沒有了啊！」可見、懷疑的苦悶，佔了近代人的內部生活一個主要傾向。由上面所述各端一面由懷疑而使一切信仰盡行打破，致不得不陷入於苦悶；一面由懷疑而使一切問題永無解決之望，致終久不能自拔於苦悶，於是懷疑與苦悶遂結一個不解緣，由懷疑而苦悶，由苦悶而愈進於懷疑，好像沉溺在水中的時候，更竭力搖住那些水藻，結果沉溺愈深，這是近代人的內部生活最著明的一點。

內部生活的說明二

近代人的內部生活，既已為懷疑的苦悶所瀰漫，於是人人每悒悒不能自安，起視前途，覺盡呈暗澹悲哀之色彩，因相率而趨於厭世一途。日人廚川白村著近代文學十講內有一段敍述近代的悲哀極爲詳盡現在不妨摘要舉述。廚川氏分近代人的悲哀爲四種第一是幻影消滅 (disillusionment) 的悲哀，亦可謂絕望的悲哀。大抵在從前浪漫的時代所懷抱的那些空想所期望的那些烏托邦，一到近代由自然科學發達的結果，把人生的事實和那些事實裏面所含孕的一切赤裸裸的真相盡行暴露無有隱藏，乃知道從前所做的原來是一場春夢，

從前所想望的都不過是些鏡花水月，從前所描寫的怎樣的美怎樣的自由，現在纔發見是一種可驚的醜可怕的壓迫和束縛。好像莫泊三(Maupassant)在一生(Une Vie)這部小說裏面所描寫的那個女主人公。她原來是一個妙齡的純潔女子，在未出閣的時候，心中切望一位理想的郎君，以爲可以共同培漑養護熱烈的愛苗因此涉想到結婚一事是何等神聖而甜蜜的一種美舉。誰知一到結婚之後乃發見男子是一個淺薄醜陋的肉慾者登時萬念俱灰百感交集傷心之極，乃悟到世間之無趣人事之無聊。這是幻影消滅的悲哀一個好例。又像弗羅伯爾在勃懷麗夫人(Madame Bovary)這部作品裏面所描寫的愛瑪(Emma)。愛瑪本是一個民間好女兒，也曾在尼姑庵裏受過一些浪漫的教育，甚麼聖者和中世騎士的美談當時聽了心中也著實歡喜平素又喜歡看保羅(Paul et Virginie)的愛情小說和斯科特(Scott)的浪漫小說因此把戀愛看作再神聖再幸福也沒有的事，於是心中起了一種特別的幻想。有了這樣「熱烈的情愛」的女兒，一朝被鄰近的醫生勃懷麗(Charles Bovary)愛上了，遂做了他的妻子。誰知不到多久工夫便發見勃懷麗是一個極平凡

的呆漢，每日和他只是過的一些極單調的生活，其麼浪漫的趣味也沒有，於是從前的幻想都成泡影當這樣孤芳獨賞最難熬受的時節偏偏有種種誘惑來攪擾心情，於是纖纖弱質終成了他人的情婦并從此日陷於墮落的淵藪而沉於人類的悲境。

這又是幻影消滅之悲哀一個好例總之，在浪漫時代爲一般人所捧塲的安琪兒到這時候才發見原來都是一些母夜义試問這種絕望的悲哀誰復更能忍受？再進一步說人爲萬物之靈這是幾千年傳下來的一句古話，現在經自然科學的考查知道宇宙間無論是有機物無機物都要受自然法則的支配，就令替人類把法螺吹得極大，結果也不過表明人類是許多太陽系中的一個太陽系裏面的一個行星所謂地球者之中的一個生物，那就所謂萬物之靈，其靈性也有限；况且是否賦有靈性不和一切禽獸草木受同一的待遇這是毫沒有把握的，由達爾文、赫胥黎一派的進化說之所示知道人類完全是由生存競爭優勝劣敗的結果而來，這樣看來，人類不過是一切禽獸草木更兇惡的一種劊子手，那裏有甚麼靈性！因此可知所謂神呀，信仰呀，理想呀，都不過是些好聽的名詞容易引人入勝的名詞；老實說這都不過是「南柯一

夢」所以幻影消滅的悲哀是近代的悲哀裏面最顯著的一種。第二，是由懷疑的傾向所產生的悲哀這種悲哀也許比前一種來得暗澹。本來懷疑就是一種不安定的狀態，尤其對於人類的感情上常予以一種絕大的不快上面所述的懷疑的倘不過出於一種希望的懷疑或則藉懷疑打破固定的信仰，或則藉懷疑以促進新問題之提出所以這種懷疑雖是不免陷於劇度的苦悶，卻仍不能不說這種懷疑是出於希望的心理若至懷疑已達於悲哀或厭世之域更復有何希望可言已達於悲哀或厭世的懷疑差不多甚麼否認世間的人心緒還要惡劣；因為到這時候甚麼生氣甚麼活力都沒有了，可以說簡直早沒有解決這種懷疑的勇氣了髭髯在學校裏面正當試驗完畢之時能及第不能及第不安乃一聲報道早落孫山試問此時的心境能及第不能及第心中已復忐忑不安乃一聲報道早落孫山，這是第二種的悲哀。第三，由個人的主我的傾向所產生的悲哀這是因為近代人特別尊重個人的意志主我的情感以致常易引起與外圍衝突的悲劇易卜生（Ibsen）在社會劇裏面所描寫的人物便是陷入於這種悲哀的一例以近代人的徹底的銳

進的理智之眼來看近代的社會自然容易發見許多的缺陷或矛盾，既已發見之後，又安能阿順曲從，勢不得不出於積極的反抗或激烈的破壞否則便須事事取讓步的妥協的態度或為鄉愿式偽善家式的生活試問在權威上旣已解放知識上旣已敢發的近代人誰復甘心落於此種卑賤的心理於是自覺的生活與順應的生活我的傾向與喪我的傾向澈底的態度與妥協的態度等等，無時無刻不交戰於近代人的腦中。在個性終久不得發揮而外圍的勢力又復着進逼之際，於是一面痛恨外圍的毒菌之囂張，一面更感傷孤獨的暗影之淒慘。尤其在個性堅卓的人這種自覺特別銳敏，結果亦自不得不陷於悲哀或厭世一途。德國小說家霍卜特曼（Hauptmann）曾在他的作品寂寞的人們（Einsame Menschen）裏面描寫約翰涅斯（Johannes Vockerat）的二重生活的悲哀。約翰涅斯當初曾說過一句話，他說：「我是對於我自己尚負有某種義務的，」他說了這句話之後終有感於自身對於自己的母親和妻子之家庭生活與對於精神上的戀人安那（Anna）之戀愛生活之不能兩立，遂投水而死這便是二重生活的悲哀懼

"Du Kannst doch nicht leugnen, dass ich gewisse Verpflichtungen gegen mich selber habe."

七一

近代人生問題概說

卜特曼又在他的作品沉鐘(Die Versunkene Glocke)裏面描寫一種更沉痛的二重生活。一爲山上的生活，卽譬說自由和戀愛與藝術的世界，一爲山麓的生活卽譬說基督教的束縛的世界而主人公亥因理希(Heinrich)以妻子在山麓之故終日徘徊於山上生活與山麓生活之間而不得解決卒以苦悶過度而亦歸於破滅。這又是二重生活的悲哀。總之這種二重生活的悲哀，都是由個人的主我的傾向所產生的悲哀但與第三種的悲哀。這是第三種第四，也是由個人的主我的傾向所產生的性質完全不同。第三種立於積極的個人主義之見地。此則立於消極的個人主義之見地。在積極的個人主義之見地常想出個人的力量去打破環境或者進一步創造環境雖是目的沒有達到但這種精神却是抵死不休的；在消極的個人主義之見地，乃是深感到個人的力量之薄弱髣髴宇宙間另有一種不可思議的力量支配。我們任你怎樣會翻筋斗總跳不出牠們的法寶，結果不得不承認一種宿命論於是一般人全走入頹廢的傾向尤其是那些神經銳敏的詩人此種頹廢的氣分特別濃厚幾乎認此世間的苦痛決非個人的力量所能解除，於是僅求瞬間的人爲的剌

戟以減除此種痛苦，像頹廢派（decadent）的行徑。甚麼目的甚麼理想都沒有，只設法如何渡過此日正是「做一日和尚撞一日鐘」的設想。倘有一種人覺得像現世這種乾燥無味的功利的生活，毫無留戀的價值不特不宜留戀而且宜設法忘卻忘卻之法只有別闢一種理想的天地，如高隱於所謂「象牙之塔，獨淸」的設想。這種消極的個人主義的悲哀是爲第四種悲哀。以上所述的四種悲哀確乎是近代人所患的一種不易醫治的痼疾。何有一個生物學者所說明的近代的悲哀便是日本的丘淺次郎。他曾著有人類的將來一篇論文，頗引起一般學者的注意。丘淺次郎認定文明的進步雖然是一種可喜的現象但文明進步的背後卻伴着一種極大的悲哀。他因爲天文學家能夠預測某月某日某時有日蝕某年某月有某種彗星出現總算對於將來能夠推定幾分那末生物學家對於人類的將來就難道完全不能推定嗎？因此他拿生物學上及地質學上的成例做基礎以定人類將來的命運他以爲人類比別種動物佔優勝的便是腦利手腦能夠運用言語手能夠使用機械，這就是人類戰勝其他動物、文明人戰勝野蠻人的唯一的武器。腦可以助手

的使用，手亦可以助腦的運用；於是腦與手漸漸的進步達到今日這樣優勝的地位。但動物界有一種可驚的先例，便是某種動物到了占絕對優勝的時候，卽不免於滅亡。這就因為某種動物種屬的自身裏面伏了自滅的原因，一到內因與外敵利合，卽召滅亡之禍。這種例子隨時也不難舉出凡事有一利就有一害，我們發見某種性質是某人的長處，但也就是某人的短處。章太炎先生有一篇「俱分進化論」，可與此處相發明。所以超過了一定的程度，或是筋力太强了，或是爪牙太利了，反是生存競爭的一個缺憾。因為筋力和爪牙都不是單獨發達的，凡戴角的頭骨配牙的顎骨運用頭骨顎骨的筋肉養這筋肉的血管培養這血管的資養料都有聯帶的關係，所以筋力和爪牙越發達這動物的擔負越重，結果反不利於競爭況且由備具某種性質以戰勝其他種屬而獲得絕對優勢地位的動物後來總不免要用這性質，自家互相競爭，以筋力占優勝的種屬後來在自家種屬裏，就用筋力相爭；以爪牙占優勝的種屬後來在自家種屬裏就用爪牙相爭，結果非達到滅亡不止又身體變化到專適於某種一定的生活法勢必弄到越不適於他種生活法，於是越弄到身體發育不完全，而招滅種之禍在地質學

上各時代占優勢地位的各種動物，後來忽然滅亡了，都是由於自家種屬裏種了可亡的原因。人類正恐不能逃出這個公例。人類雖是出腦和手的發達得戰勝其他動物占了絕對的優勢地位但因腦和手的動作進步，就弄到今後貧富太相懸隔生計越發困難，身體退化神經衰弱不平懷疑的心念越深私慾越重勢必至不能逃出各優勝動物所已陷的悲運。丘淺次郎這種觀測我們很不容易加以非難，因為一九一四年的歐洲大戰爭確乎是腦和手發達的結果，而且正是用腦和手的優勝武器在自家種屬裏相爭這樣看來人類的將來究竟怎樣恐怕誰也不能保證。丘淺次郎又在煩悶與自由一書上撰了一篇現代文明之批評也是從生物學的研究說明人類之退化大有一讀之價值。總之，丘淺次郎所說的雖是出於一個生物學者的見解但一般人所提出的證據，便是近代人確乎是日日走向退化的一條軌道上眼睛比從前退化所以帶眼鏡的人日多了，腦力比從前退化所以患不眠症的人又日多了，況乎近代有所謂都會病學校病以及各種新起的怪病險症所有一切壞的徵候更是層出不窮所以有一部分人對於人類的前途抱悲觀，因此不知不覺的沉溺於厭世

的悲境。這又是悲哀之一種。這又可以說是近代人所患的一種不易醫治的痼疾總

上所述各端可知悲哀與厭世成爲近代人的特別標幟，西人用「世紀的痼疾」（Le Mal du Siècle）一個名稱表明這種標幟，很有可以細玩的價値。世紀的痼疾本是說從十九世紀之初到十九世紀之末所潛伏於歐洲各國人之內心的一種懷疑厭世的傾向，但這種傾向實以最近代爲最顯。

內部生活的說明三

上面已經把近代人內部生活的特徵說明了。一面因內部生活的不安，一面又因外部生活的壓迫，於是近代人無論在體質方面感情方面道德方面莫不呈劇烈的變化尤其是那些思想家，這種變化愈加激烈。所以有一部分學者說近代的思想家有許多是高等變質者（dégénérés supérieurs）因爲他們的神經作用，全呈病的狀態可以說是介於常人與狂人之間的一種病的狀態譬如尼采，莫泊桑三這些人就是這一類，可知這種觀察亦不爲無見。其中有一個代表這種觀察而發爲驚人的議論的，便是著名病理學家諾爾導。諾爾導著述頗富從種種方面批評近代文明，頗爲一般人所注目其最膾炙人口的，便是他的變質論（Degeneration)。全書皆從病理學的見地說明近代變質者之病的特徵現在請介紹這部書裏面一段中心文字。諾氏認爲從「世紀末」之疲勞所生的變質者共有七種第一肉體上與常人相異的特徵即顏面或頭蓋的左右發育不平均，或耳形不完全或兩目斜視或門齒臼齒不整，凡此種種皆屬身體上的不具者。但既爲身體上的不同時即爲精神上的不具者如常識之缺乏、道德觀念之薄弱善惡之無差別等皆是於是身體上的原因同時即爲精神上的原因。第二情緒變動的特徵即遇事容易動感情：容易笑容易哭容易發怒容易發嘆便是看到一種極平凡的詩文或繪畫或是聽到一種極平凡的音樂都很容易受到激烈的感動而在本人且常以這種感覺的銳敏自誇謂爲一般庸俗所不解第三意志薄弱的特徵。即由環境的壓迫而或流於銷沉，或陷於恐怖或甘於暴棄。第四，嗜寂靜的特徵因腦力缺乏意志薄弱之故常貪安逸而惡銳進，故不能集注全神以盡判斷推理之能事只得爲散漫的、斷片的、無秩序的腦力減退故不能集注全神以盡判斷推理之能事只得爲散漫的、斷片的、無秩序的以及茫然漠然的幻想第六懷疑的特徵，由懷疑走入虛無(nihilism)的思想第七神

秘狂（mystical delirium）的特徵，由神秘狂走入宗教的信仰以上七種，是變質者之病的特徵。諾爾導又舉歇私特里亞（Hysteria）患者之病的特徵約有三種：第一易受暗示的特徵，即遇事工摹仿，在極不足介意的事物，而彼等一度受入印像即自行仿效。尤其對於文藝作家所暗示的新傾向更特別的易加仿效，常自比擬於作中人物，凡作中人物的態度以至服裝莫不盡成他們模仿的好資料。有一次法國一個時髦的女優著了黃色的服裝，一般人所喝采只一夜之間，巴黎的社交界盡變成黃色的服裝他們容易受暗示正和流行服裝沒有兩樣。第二自我中心的特徵，遇事以「自我」為標識，其最淺陋的，卽在一言一動之間，亦必設法示異於人以引起一般人的注目。第三黨同伐異的特徵，便是常喜標榜主義以圖取得最大多數的贊同譬如文藝本屬純粹的個人活動，但近代人常想藉文藝以為號召，以上三種是歇私特里亞患者之病的特徵總之，近代人由內部生活的不安與外部生活的壓迫已呈種種病的特徵，於是體質方面感情方面道德方面莫不與古代中世生一極大的懸隔所以研究近代各種事物幾乎沒有不可以從病理學的方向去決定的近來日人永井

潛著醫學與哲學想從醫學上的見地解決哲學上的問題；換句話說，想從病理學上的見地解決宇宙觀和人生觀的問題。他這種企圖我們不能不認爲其有特別的解。意人羅姆布洛索(Lombroso)且謂近代的變質者爲促進人類一般的文明進步之活力所以像諾爾導一流人從病理學去觀察近代人的生活，當然要認爲有一種獨具的眼光。惟近代人內部生活的全體是否盡依病理學所指示，這似乎尚有愼重考慮之必要啊！

內部生活的說明四

上面已經把西方人的內部生活說明大略了，現在請換一個方向觀察東方人的內部生活。大抵日本人自明治維新以後一面沿用中國的舊禮教，一面參酌歐美的新倫理，於是日本人的內部生活上面所述的幾種悲哀，在的便是由天皇尊重的心理演成生活上一種特別的色彩。日本人並沒有甚麼銳敏的感覺；即有，亦屬最近代之事。所以自殺者的增加以最近代爲最顯著。至於中國人的內部生活，似乎可以說變化極少。在好的一方面說中國人是一種最古的民族髦齔年歲較大的人遇事總持重些不肯輕擧妄動；在壞的一

方面說，中國人是一種粘液質與奮力弱而維持力又弱，非受一種極大的刺戟，不容易發生反抗，即反抗亦不容易維持，所以有老大之稱。雖至最近代由歐化輸入的結果，有少數人因自覺心的發達而發見人生的路向的，但極大部分尙爲固有的信條所維繫決不容易發生大的變化。孟德斯鳩(Montesquieu)在「法意」上說：「東方之國，有支那禮俗，亘古不遷者也。其男女之防範最嚴，以及其禮俗，皆自幼提而知者也。守其教授之所親爲禮，內則是已。文學之士，其言語儀容，雍容閒雅，此可一一接而不通名，不通問，國外之言語儀容不相出入。凡如是之以嚴師，故終身不改。此禮俗之所以不遷也。」本嚴譯第十九卷第十三章。

人尙爲古代的道德說所支配，尤其是儒家的道德說，尙隱然支配一般人的內心，所謂宗教科學藝術這幾個階段在中國並未曾做過「新踏瑪」(Syntagma)。Syntagma 是希臘語，近來倭伊鏗變最愛使用，卽以一完全的理想支配人生的全部之意。所以說中國人的內部生活變化極少。惟其變化少，故上面所述的幾種悲哀和所謂變質者與歇私特里亞患者之病的特徵都不容易發生；並且旣已一切受制裁於古代的道德說，也無發生的可能。這在好的方面說，中國人完全在固定觀念(fixed ideas)中討生活，而精神上的見解，轉無從發抒；根器孟德斯鳩之故，其受感於外物

> 內部生活
> 的說明五

活大不相同便是和日本人的內部生活相比較也有些微的區別。

面有幾個能逃出保守主義與低級的享樂主義的範圍？這不僅和西方人的內部生

義當然無哲學的背景可說當然只能達到低級的享樂主義。試問在現在中國人裏

這也由於中國本來是一個專制古國原不許人有精神上的見解所以那種享樂主

樂主義乃是說以物質的享樂爲唯一的目標，而物質享樂的後面並無哲學的背景。

部分人便流於保守主義，而在他一部分人則流於低級的所謂低級的享樂所謂低級的享

中國人尚有一種特殊事實形成生活上特異的色彩的便是家族制

度之尊重這不僅西方人所夢想不到便是日本人亦萬萬望塵莫及。

幾道說：「支那固宗法之社會，而漸入於軍國者綜而觀之宗法居其七而軍國居其

三。」見所譯甄克思（Jenks）「社會通詮」頁十九。又在社會通詮的譯序上說：「由唐虞以訖於周中間二千

餘年，皆封建之時代，而所謂宗法亦於此時最備其聖人宗法社會之聖人也其制度

典籍宗法社會之制度典籍也……乃由秦以至於今又二千餘歲矣君此土者不一家，其中之一治一亂常自若獨至於今籍其政法審其風俗與其秀桀之民所言議思惟者則猶然一宗法之民而已矣」據甄克思的解釋宗法社會有三個特徵一男統，這時候始注重族姓二婚制，這時候始嚴夫婦之別；三家法，這時候始奉父為一家之統治者。徵諸中國的歷史這種宗法社會的痕迹實在沒有一頁不給我們一個充分的佐證。惟其如此所以「中國人所日夜努力的凡「父以傳子兄以勗弟師以訓徒」的，便是做成一個家族制度的保護者或犧牲者而光宗耀祖的觀念買田宅長子孫的計劃遂盤踞於全中國人的腦中。孔子是宗法社會的產物，其學說又復助宗法社會張其烈焰後世君主更利用孔子的學說以恣一人的私慾於是中國人永無脫出宗法社會的機會。孔子說「吾志在春秋行在孝經」這句話不管是不是孔子的自白但孔子確認孝為人生的根本要素。有子說：「孝弟也者其為仁之本歟」？足見孔門之推崇孝弟；換句話說足見孔門之推重家族。由孝弟觀念之擴充而「大家

族制。」遂爲一般人所重視，「無後」遂爲一般人所鄙棄，因此家族制度益見尊嚴，家族制度既立於是一般人永遠只圖做到一家族的孝子順孫而止永遠不容易超出家族的範圍，便是超出家族的範圍也當由家族的觀念出發或是由家族的觀念擴充。孟德斯鳩說：「支那立法爲政者之所圖，有正鵠焉曰四封寧謐，民物相安而已；彼謂求寧謐而相安矣，則其術無他必嚴等衰必設分位故其教必諦於最早而始於最近共有之家庭。是故支那孝之爲義不自事親而止也。蓋資於事親而百行作始於惟孝敬其所生，而一切有近於所生表其年德者，將皆爲孝敬之所存。則長年也主人也官長也君上也且從此而有報施之義焉；以其子之孝不可以不慈而長年之於稚幼主人之於奴婢君上之於臣民皆對待而起義凡此之謂倫理凡此之謂禮經倫理禮經而支那之所以立國者胥在此。」見嚴譯「法意」第十九卷第十九章。由他這段話可想見中國人的生活沒有不是從家族的唯一觀念引伸而出的現在要談到人生問題便可知中國人離開家族觀念實在沒有甚麼人生問題可言不是圖揚名顯親便是想長依膝下；不是爲後人種福便是爲前人爭榮。這種觀念互數千年而無變化這便

八三

是中國一般人的內部生活雖最近受歐化的影響，所以求內心之慰安者不無多少變更，但最大部份尚不能逸出家族觀念的範圍，這又是和西方人的內部生活大相懸隔之點。

第四節　近代生活上的兩難論法

第一種兩難論法

統觀近代人的外部生活和內部生活，可以知道近代人的特徵是古代中世所萬萬想望不到，抑且萬萬不敢作此想望的，所以談到人生問題，非到近代，決無真正的人生可言。所謂近代人的特徵，尤以最近百年間為最顯著。如果從世紀劃分便是十九世紀以後以十九世紀之中葉為界，在十九世紀上半期泰半受自然科學的影響，在十九世紀下半期泰半受法蘭西革命的影響。一般人的生活本來這種整然的區分未必盡符事實；但在十九世紀之中影響最大的，要不能不承認這兩種事實並且不能不承認一表現於上半期，一表現於下半期。我嘗以為歐洲從十九世紀以後方才走向人類解放一條路子；在十九世紀以前雖思想上不

乏啟導的人但事實上絕少效果可見。所謂人類解放，大抵可分作三方面說：一精神方面二物質方面三社會方面。精神方面的代表要首推盧梭因爲自由平等的精神，自從盧梭倡導以後繚瀰漫到世界。法蘭西大革命受這種思想的影響自不消說便是以後美洲各國的獨立希臘的獨立比利時的獨立以及所謂七月革命二月革命等沒有不是直接或間接受這種思想的暗示的。所以關於精神方面的解放不能不推盧梭爲主要的代表者物質方面的代表要首推達爾文自從達爾文的種源論出世以後宗教上的信仰漸漸的不敵科學上的信仰。因爲科學的對象是物質宗教的對象是精神物質可以處處找證據的材料，而精神卻是不容易顯出他的同調赫胥黎克里福（W. K. Clifford）等只間證據不尙傳說因此科學的宇宙觀完全戰勝了宗敎的宇宙觀從此以後學術界幾乎完全是自然科學的領域。自然科學可分作二大類一物質的科學二生命的科學。物質科學由原子的性質和功用說明物質的根原曰原子，生命的科學由細胞的性質和功用說明生命的根原曰細胞。由原子的性質和功用說明物質科學，由細胞的性質和功用說明生命科學，遂成爲自然科學上的二大鐵則。原子和細胞，皆爲一種可觀察可實驗的物質，毫不

受傳說的操持這種學術上的大革命，皆由達爾文有以啟之之學者至稱一八五九年以後為達爾文時代。所以關於物質方面的解放不能不推達爾文為主要的代表者。社會方面的代表要首推馬克思自從馬克思科學的社會主義宣揚以後世界的勞動潮流遂一發而不可遏。上面已經論及所謂「第一國際」即由馬克思發端直至現在的「第三國際」聲勢益見浩大今日歐美的社會主義雖千差萬別但其中最有勢力的社會主義所根據的學理要不能越出馬克思一步；無怪近代學者稱馬克思為社會主義之父。馬克思的階級鬥爭說永遠為後世造一種「不平則鳴」之因所以關於社會方面的解放不能不推馬克思為主要的代表者。由是以談，盧梭達爾文馬克思三人雖所致力不同而所以促成人類之解放則一可以說都是受這三人的思賜。但由近代人的生活觀之似乎處處含着一種極濃厚的悲觀的色彩，甚或帶一種極暗澹的厭世的情調。不是由自由平等的絕唱所生的反響便是由自然科學的背景所種的惡因；不是由腦與手的過度使用所得來的痼疾便是由人口過剩利

- 供給不足所傳來的惡耗，數者必居其一，有其一即足以陷人類於悲境。這樣，人類縱得解放而解放後轉促人類早日即於絕滅，是盧梭達爾文馬克思諸人昔所奉為功首者今或反成罪魁以上所述的幾種原因雖似出於一二人的杞憂或瞽說，但事實上也未嘗不可以找出一些證據。如所謂自由平等或謂事實上終久不可得不過留為歷史上一種好聽的名詞而已；因為像上面所述的幻影消滅的悲哀，個人主義的悲哀等，都是試探自由平等而率歸失敗的絕好證據。可見自由平等云云純屬粉飾耳目之具。或謂自由與平等縱可完全達到，但自由必不平等，真正的自由必不自由。或謂自由平等畢竟不能聯為一詞；因為真正的平等必。退化而服從性乃是同心協力的根本要素。本來團體生活的型式可別為二種一平等型二階級型。這就動物的團體生活觀之，便可以了然。蟻與蜜蜂的團體生活屬於前者，國體內各個體、一切平等。所謂蟻王蜂王、不過就生殖專門的職工說、並不含有階級的意味。猿猴類的團體生活屬於後者。從化石學、解剖學、生理學之所示，人類的團體生活，在原始時代，固與猿猴類的團體生活無甚差別，亦屬於階級型。這無論在圖騰社會為然，便在宗法社會更進而至於國

家社會，亦不脫階級型的痕迹。惟團體生活愈擴大則小團體間自然淘汰的機會愈少，自然淘汰的機會愈少則服從性愈退化；服從性愈退化則同心協力的精神愈弱減。結果與服從性相反的自由平等的性質雖乘機而發達，但同心協力的精神却是無法使其擴張。現在世間一切「甚囂塵上」的政治問題、經濟問題、勞動問題、思想問題等，那一種不是由同心協力的精神之弱減而來。所以自由平等的性質之發達結果反給與人類以一種不治之症。這都是由自由平等的絕唱所生的反響。又如所謂自然科學一切自然界的現象歸之於物質與運動謂宇宙與人生都不過是物質的盲動人類解釋自身，也除物理的、化學的方法之外別無可以解釋之處；尤其是邁爾 (Robert Mayer) 一派的「勢力不滅說」宣傳以後人類益發感受自然界之機械的法則之偉大雖一言一動不敢謂有自由意志之存在，於是人人抱一種機械的宿命觀。像上面所述的幻影消滅的悲哀與懷疑的悲哀等都是這種宿命觀的產物。充機械的宿命說之所至人間不必有愉樂與哀慟，因爲依自然科學的解釋，笑不過是一種筋肉的運動與手足口鼻的運動相同哭不過是一種劇度的分泌，

與汗液尿液的分泌相同，並沒有甚麼情緒可言又人類的身體亦不必強生差別，因爲照依某科學家所指示蚯蚓的生殖器和拿破崙的頭蓋骨正不容易評斷價值的高低。人人知不能逃出機械的宿命說之支配，因而全走入消極一途且旣已確認人生與一切物質無別，這塊然的軀殼行卽變成槁木死灰，因此生活的前途益充滿陰霾愁慘的空氣而絕望自殺的險象遂無形增加。這都是由自然科學的背景所種的惡因。至於所謂腦與手的過度使用與夫人口過剩或供給不足所給與人類的悲哀，便比上述二項更是無法解除。近代文明的進步雖原因於腦與手的使用；但近代文明的缺陷其原因亦正相同；這便所謂自家中毒譬如由腦與手的使用。而使近代社會的組織日益發達卽由腦與手的過度使用。而使今後的社會陷於貧富懸隔的狀態據上面所述，腦運用言語手使用機械自言語發達而產生知識階級自機械發達而產生貧富階級這是一種很顯著的事實，如果腦與手過度使用將各種階級愈益擴張。因此所給與人類的痛苦，永無法解免。至於人口過剩利供給不足，這是倡導於馬爾薩斯（Malthus）的人見懸隔不特永無打破之望而且使佔優勢的階級愈益醫張。因此所給與人類的痛

口論。馬爾薩斯謂增加的人口常超過由死亡而減少的人口,而維持人類生命的食物却不能比例於人口之增加。換句話說人口是等比級數即幾何級數的增加食物是等差級數即算術級數的增加。所以人口每二十五年即增加一倍而食物却不能與之並增因此自然界發生種種悲慘人類社會的貧困及一切罪惡都無法制止,結果只有促人類日走於絕滅一途。馬爾薩斯這種推測無論其與事實是否完全符合,但所以暗示人類前途之不幸,致羣趨於悲觀厭世則有餘。雖近頃有所謂新馬爾薩斯派如山額夫人(Mrs. Margaret Sanger)的生產制限說之提倡,與夫克魯泡特金(Kropotkin)的由科學方法增進食物之說之提倡,但殊未足與人類以確實的保證。近代人深慮都市的人口膨脹致社會日趨於惡化而思所以預防之策,結果種種嘗試無一不遭失敗而都市的流毒轉深。人口過剩預防之不易容許吾人樂觀亦正猶是。所以近代人的生活,無論從何方面觀察,沒有不是走的悲觀厭世的一條路子況乎上面所述的幾種主要思想竟有絕對不能相容者,如自由平等的思想便與機械的宿命觀不相容,腦與手的發達便與社會主義的思想不相容而提倡之者唯各

視其力之所至不顧彼此適相衝突結果使近代人的生活益陷於悲觀厭世的深淵。

今試就近代文明自身的缺點而作一種兩難論法以見論世觀化之不易兩難論法一名兩刀論法具有四種論式姑取其第三式所謂「複雜構成的兩難論法」（Complex Constructive Dilemma）者而示其論式與事例如左：

論式

若甲為乙則丙為丁；又若戊為己，則庚為辛。
然甲為乙或戊為己，二者必居其一。（第一前提）
故丙為丁或庚為辛。（斷案）

事例

若求文明則人類解放，但結果至陷人類於悲觀厭世，明則悲觀厭世可以減少，但結果又限人類於野蠻。
現在要問求文明不求文明二者必居其一。
故結果非人類即於絕滅即人類流於野蠻。

九一

西洋有句諺語「沒有老婆不樂，有了老婆便苦」這更是複雜構成的兩難論法的絕好事例。現在要問求文明不求文明正利問要老婆不要老婆沒有兩樣，但結果非不樂卽苦。近代的人生問題因這一層障蔽所以終久陷於無法解決的狀態這是第一種兩難論法。

第二種兩難論法

第一種兩難論法，可以說是單就西方而言，現在請就東西兩方面的文化而試加論列。我們東方人常感觸自身種種方面的不進步而羨慕西方人之一日千里，因起一種仿效或崇拜的心理最近數十年間的歐化運動，未嘗不是這種心理的表現。但西方人自經十九世紀之末自然科學的試驗與夫一九一四年歐洲大戰的打擊以後，對於東方的文化也未嘗不存一種崇拜甚且仿效的心理。其最大的表示，便是最近對於中國文化之熱烈的追求自從一九二〇年美國教育學家杜威來華講學以後，於是英國哲學家羅素德國哲學家杜里舒及科學家愛因斯坦、美國教育史家孟祿（Monroe）、社會學家狄雷（Dealey）、古生物學家葛拉普（Grabau）昆蟲學家吳偉士（Woodworth）、植物學家卡德（Coulter）人類學家奧斯

朋(Osborn)等，皆莫不聯袂來華，他們雖然是應講學之召而來，但骨子裏未嘗不存幾分考察中國文化的心理，甚或此種心理是他們來華的主要動機。如德國哲學家倭伊鏗即曾有此種表示，徒以年老未遂所願。至於泰戈爾(Tagore)係同屬東方人，對於中國文化之熱烈的愛慕更不必說，所以他初到上海便說：「我此番到中國並非是旅行家的態度爲瞻仰風景而來；也並非是一個傳教者帶著什麼福音只不過是爲求道而來罷了！好像是一個進香的人，來對中國的古文化行敬禮所持的僅是敬愛兩字」。見泰戈爾演說詞。由他這段話也有幾分可以推測一般學者高興到中國來的心理。最近歐美各國對於東方學術之提倡與夫各種中國學院之設立，更足以表示其崇拜中國文化之熱狂。就中最重視中國文化者爲德國，其次爲法國，其次爲俄奧英美波瑞諸國。當歐洲大戰告終一般道德哲學家幾失憑依乃爭爲中國道家儒家學說之宣傳。尤其是巴黎的中國學院成立以後各國爭闢漢學講座於各著名大學，而中國學術遂在西洋學術中佔一最高之位置。所謂中國學院現正分三路進行：一西伯利亞線；由法京巴黎經比京不魯塞爾、德京柏林、波京瓦薩、俄京莫斯科及中國滿洲里而達北京。沿路線先設漢學講座於巴黎大學、柏林大學、維也納

大學、羅馬大學、比京大學、瑞士大學、住立克國家大學、捷克國家大學、羅馬尼亞大學以

典國王家大學、丹麥京國家大學、挪威京國家大學、匈牙利京城大學、希臘雅典大學以

及波蘭京自由大學、達北京。

莫斯科京大學等處。

二，美國線；由巴黎至倫敦紐約、芝加哥、舊金山、檀香山經日本而

大學、芝加哥大學、百克類大學、加印度哥倫布之佛教大學等處。講座於哈佛大學、哥倫比亞

及舊京大學、耶耳大學、遲羅京之邦哥大學等處。設漢學講座於君士坦丁大學、埃及

檀香山大學、印度哥倫布之佛教大學等處。

三，紅海線；沿路線先設漢學講座於暹羅安南而達廣希

為終點，由西而東，使不至受中外政潮之影響可見其對於中國文化之尊重但歐美

諸國，所以突然提倡中國文化最近最切的原因便是歐洲大戰的打擊以為西方百

餘年來提倡積極的哲學進取的哲學不遺餘力，結果致陷人民遇事趨於極端希望

奢而滿足，故不得不出於相爭，因相爭而殘殺此必然之勢，故非換一個方向竭力

提倡中國文化不可。彼輩心目中之中國文化，便是道家的善勝不爭與儒家的仁義

禮讓。所以巴黎大主教某君說：「到這時候，才覺得中國儒家貴中的倫理及道家主

柔的道德為可持久。」他們主張中國文化的動機，可以說僅注重在「弭爭」一點，

這或者也出於中國文化另具一種精深博大的精神一時不容易領會。直至最近梁

漱溟先生發表他的東西文化及其哲學更把中國文化推崇達於極地，尤其對於孔

九四

家哲學讚嘆不置，幾乎要拿孔家哲學代表全中國文化所以他說「我又看着西洋人可憐他們當此物質的疲敝要想得精神的恢復而他們所謂精神又不過是希伯來那點東西左衝右突不出此圈真是所謂未聞大道我不應當導他們於孔子這一條路來嗎」自序。因此推論「世界未來文化就是中國文化之復興，有似希臘文化在近世的復興那樣。」一九一頁。這是出於全盤的主張中國文化之動機總之，中國文化在現代確乎有不少的人把他看作一種渡世的慈航。但中國文化究竟能否滿足一般人的希望這是毫沒有把握的。如果照梁君的解釋所謂中國文化不能不拿孔家哲學做代表那末，孔家哲學究在中國是否行之而無弊？梁君謂「中國由孔子所遺糟粕形式呆板教條以成之文化維繫數千年以訖於今，加賜於吾人固已大，請問所賜爲何物？如因其維繫之久而指爲所賜甚大則須知一種學說適應於世間不能以推行的久暫爲評價

之意。言下有如果拿出孔子原來的態度，則中國可以無問題，世界從此亦無問題之意思。我以爲在此處有幾重疑障：一謂孔子所遺糟粕形式呆板教條以成之文化，維繫數十年以訖於今，加賜於吾人固已大

第五章完全發揮這個意思。

頁一百四十五。

的唯一標準。因為愈能錮民心智者則反動愈緩，愈能啟發心思者則變化愈速，基督教之在中世紀亦已維繫六七百年之久試問可否即以此定為評價的標準？清代厲行科舉制以便其愚民之私亦延長至三百年之久試問可否即以此定為評價的標準？如僅求推行之久遠不顧民智之蔽塞，則世間何貴有文明？更何貴有進步？由孔子所遺糟粕形式呆板教條以成之文化確乎予我國人以一種極強度的保守的性質和階級的習慣，致不易自拔於蒙昧的狀態而招牛馬開化民族之譏。則所謂加賜於吾人者，並不在其學說的推行，而轉在推行後的流弊。三謂拿出孔子原來的態度則中國可以無問題。世界從此亦無問題。這不過是一種希望與一般相信共產主義無政府主義以及其他各種政制之能推行無弊者，同屬一種希望非經一度試驗不能定其價值亦不能使人相信以上所說都是假定梁君的主張合理而施以討論然已不能保證其無弊，況乎孔子所給與我們的成績已有二千年來的史蹟具在梁君說：

「數千年以來使吾人不能從種種在上的威權解放出來而得自由個性不得申展，社會性亦不得發達這是我們人生上一個最大的不及西洋之處。」頁百五二。試問數千

年來個性不得申展，社會性亦不得發達，不是受了孔子的影響又是誰的影響？孔子為宗法社會的產物，其所主張一切又復足以助宗法張其烈焰，於是習俗儀文法典宗教舉不能脫宗法的束縛，處此束縛之下安望個性之能申展更安望社會性之能發達。嚴幾道說：「當爲宗法社會之時，其必取所以治家者以治其國，理所必至、勢有固然。民處其時、雖有聖人、要皆圖於所習，故其心知有宗法而不知有他級之社會。且爲至纖至悉之禮制、於以磅礴瀰綸、數千年其治常若一成而不可變也者、何則，其體幹至完、而官用相需爲經、擊註挂」見所譯「法意」卷十一九頁十九。

天演愈深而已則愈形其退化這樣看來中國文化中之儒家號稱富有陽剛乾動的精神的尚復如此其他更有何說所以中國文化的產品只有老大不進步與奮力弱而維持力又弱、保守性強而排他性更強這樣推論的結果，可知中國文化的成績殊未足予吾人以滿足之處。而彼歐美諸國方汲汲探求中國文化以圖人生之解決這豈不又是一種極矛盾的現象麼今試更就東西文化之接觸而作第二種兩難論法，請取兩難論法中之第四式所謂「複雜破壞的兩難論法」（Complex Destructive Dilemma）者而示其論式與事例如左：

【論式】

若甲為乙則丙為丁？又若戊為己則庚為辛。（第一前提）

然丙非丁，或庚非辛二者必居其一。（第二前提）

故甲非乙或戊非己。（斷案）

|事例|

東方人向西方求文化以解決人生，但西方文化的結果至於悲哀厭世；西方人向東方求文化以求解決人生但東方文化的結果至於老大不進步……。

現在想不淪於悲哀厭世亦不甘於老大不進步……。

故不求西方文化，亦不求東方文化。

這種論法至少要承認含有幾分合理性但事實上是否可以不求西方文化，或不求東方文化，或禁兩方文化之接觸，這是不待討論而可得一個答案的。然則人生的前途直無一處可以樂觀事勢所趨安能為諱這是第二種兩難論法。

上面所述的二種兩難論法第一種為複雜構成的兩難論法第二種為複雜破壞的兩難論法，雖似出於論理上的遊戲，然不能不說含有豐富的理由。這樣人生問題

似乎很少有解決的可能性但東西哲學所以指示人生之途向啓導人生之歸趨的不一而足然則欲求人生之解決似不能不仍就東西哲學加一番縝密的研究由東西哲學研究之結果或者對於上述的二種兩難論法不難設法施以解除。則人生的解決固未可遽加否認現在請進一步考察東西哲學對於人生問題之解答。

第三章 東西哲學對於人生問題解答之異同

第一節 西洋哲學方面之觀察

概說

自來談哲學的，十有九要談到人生的根本問題，所以關於人生問題之解決，不能不向東西兩方面的哲學去尋求。第二章所述的近代人生問題可以說是人生問題裏面的難題，也可以說是人生哲學的中心點。因為人類總脫不了物質的慾求，任你把人類說得如何冕堂皇而人類總是要吃飯的、穿衣的，并且要吃好的、穿好的，其他一切慾望都是如此。又人類總是走向知識一條路上去的，任你說中國人如何注重情意的生活而後一代的人的知識總要比前一代的人要增加；從前只知道造驟車現代便會造火車；從前只知道置郵傳現在便會通電信，若說中國人只安於造驟車、置郵傳，而不想得到造火車通電信的知識，恐怕誰也不肯作此種自誑語。人類有所謂已開化的、半開化的、未開化的，這都不過是知識的比較，而半開化、未開化的人類總要走向開化的地點的。所以近代人疲命於知識，我們也不能一

味謾罵又人類總是希望解放的，所謂自由平等雖屬於近代的新學說，而人類縱不受此種新學說的鼓吹也自然會緩緩的走向自由平等一條大道因為倡這種新學說的，便是人類自身。可見近代人要求解放亦屬一種正當的要求。凡上所述都是人生的必由之路。然又不容易走通之路。近代的人生已走到「此路不通」的地點，這時候只有回頭向哲學家尋求去路之一法此章所論述的，便是種種不同的路由單這些不同的路由單湊集起來，換上一個名稱便是東西的人生哲學現在為敍述之便分東西的人生哲學為三方面：一西洋方面；二印度方面三中國方面。請先從西洋方面加以觀察。大抵觀察西方文化的，有兩極端派：一主希臘文化，一主希伯來文化。主希臘文化的，謂希臘的精神實開關西洋二千年以來文明的局面，無論何種科學哲學美術文藝沒有不是由希臘開發的。他們所以主希臘文化的理由，便是因為西方文化注重「征服自然」而希臘的精神卻是以自然的研究為中心的；又因為西方文化注重「向前要求」而希臘的精神卻是以「向前要求」為主眼的，前者如日人北聆吉金子馬治之流後者便如我國梁漱冥先生我以為這兩種觀察都有

是處，但都有不是處。謂西方文化注重征服自然，其遠源卽存於希臘之自然的研究，這是無從非難的；但欲從希臘一直往下推謂西洋全朝着「征服自然」一條路向，那便錯了。因為中世紀的文化並不如是。無怪日本人作西洋哲學史，每每除去中世紀哲學一部分而僅以敘述希臘哲學及近世哲學為能事，這不成了一部斷爛的哲學史嗎？謂西方文化注重向前要求，惟有中世紀的文化乃翻身向前要求，其後文藝復興仍繼續希臘文化屬於向前要求，其現世主義活動主義淑世觀樂天觀等等，這是無從非難的；但說希臘文化是向前後入於所謂「第三條路向，」且疑遠與印度有關係，見梁著「東西文化」及其哲學頁五十六。那便又發生問題了。因為中世紀的文化正是進一步的向前要求所採的是來世主義，除現世幸福之外并進一步求來世幸福何能說牠翻身向後？主謂與印度有關係，更屬駭異之談。因為卽使印度是走所謂「第三條路向」——向後要求——而希伯來思。思想之傾向未來，完全與印度不同。如果照梁君的解釋印度思想是走第三條路向則印度思想為「無生，」而希伯來思想却是「永生」所以聯二者併為一談，

子馬治所著「東西文明之比較」及
北呤吉所著「東西文化之融合」

一〇三

東西哲學對於人生問題解答之異同

未免過於牽強附會。這是主希臘文化者之失。主希伯來文化的，謂希伯來的精神實維繫歐洲千餘年以來之人心，這是沒有不承認的；但他們因重視希伯來文化的結果，至謂近代自然科學之勃興，出於當時教士的繁瑣哲學之力，或謂近代科學之起原，全出於耶教天國說之暗示；前者如屠孝實先生後者如馮友蘭先生這兩種觀察又未免過於看重希伯來思想謂中世紀文化足以保存希臘羅馬故物以授之條頓民族，這是一種既成的事實但中世紀文化如何能產生近代科學據屠君說：「神學家往往借重哲學為說明之具，哲學之思想遂於不知不識之間流傳北方，條頓民族至是始知運思求學之方法。」見所著「論希伯來思想書」屠君遂由此推定近代科學之勃興乃由當時的繁瑣哲學有以植其基屠君這種觀察，雖無從非議，但於近代科學所以勃興之故，實嫌說明不充分；余則以為近代人之愛重科學雖間接受神學家之影響而直接固原於歐洲人之尊尚理性其所以尊尚理性之故自不能不探源於希臘思想至謂為知求知之義，不能求有當於人事；不知為知求知，其所以求有當於人事之心益切，歐洲人所以看重科學，不過這個道理一時不容易講明。參看拙著「我的生活態度」見「李石岑講演集」。

其重要關鍵實在於此。至馮君之天國暗示說，雖別其匠心，而與事實尤相遠。馮君以爲「耶教所說上帝有人格而全智全能因此暗示西洋近代進步主義遂有一根本觀念以爲人可以知道及管理可知的 (intelligible) 及可治的 (manageable) 天然界。天國所暗示。他們以爲在將來可以有個完善的境界在其中人可以不勞而獲，這也是耶教所說天國所暗示。他們本來受耶教之影響很深，不過他們見上帝專制太厲害人既沒有自由可以回到天城所以只可自己出力建立人國。但人如欲開拓人國，對於天然須有智識及權力。惟其如此，所以需要科學。照馮君的說法，近代科學之起原完全「從歐洲中世紀蛻化而來」他這種觀察亦自有獨到處，因爲以人法天，本是人類的通性；況且培根建立「人國」(Kingdom of man) 說，適在耶教風行之後，固不能謂與耶教天國說無關係；所以馮君這種解釋，可爲獨具匠心。不過近代科學之勃興，與謂出於耶教之暗示，寧謂出於耶教之反動；一般人說歐洲近代的文明基於反抗希伯來思想，便是這個道理，至科學之起原顯係出於希臘思想；在希臘思想的前期後期，俱有科學發達的痕迹可尋，如培根的思想卽直接受影響於亞里

見所著「人生觀」頁四十六。

一〇五

東西哲學對於人生問題解答之異同

斯多德，不過把亞里斯多德的思想修正或擴大換句話說，對於希臘思想的一部分加以修正或擴大而已。故近代科學之起原，仍不能不推本於希臘思想，若徒憑想像以擬「人國」於「天城」未免與事實太不符合。這是主希伯來文化者之失所以觀察西方文化要把全體合看，若執着一部分便發生錯誤，關係非小我以為觀察西方文化總宜多量的採用客觀法不可橫以主觀自亂其真偽；便是上面所說的東方人研究西方人的思想，一面不要上西方人的當一面也不要上自己的當，西方文化發源於希臘，這個大前提當然是對的，但何以會產生希伯來思想？何以希伯來思想產生之後又會重提出希臘思想？而在希臘思想盛行之時，更何以希伯來思想會與希臘思想並駕齊驅？這些關鍵不講解明白便一切觀察都無是處。我以為這裏面有個重要處要首先講明。便是希臘哲學與基督教。希臘哲學是最不容易研究的，希臘哲學不論究明白去講西洋哲學猶之乎講中國哲學置先秦諸子哲學於不議不論之列。希臘哲學與基督教為古代文化與中世文化之樞紐其間有無必然的關係，似乎不能不加一番審慎的考察。希臘哲學雖以自然的解釋為始基，但希臘人所看的自

然，與一般人所看的自然不同。哲學史家柏涅特(Burnet, Jno.)說：「自然」(φύσις)這個字本來含有源始的基本的及永續的等意味的，所以希臘人如果說到自然便都帶有「永遠的根本原理」的意味，也須從這種動機去研究方可了解。一般人以爲一說到自然，便是我們目擊的世界全體，或是和精神不同的所謂物質的存在之總和，其實這些意味在希臘當時的人並未曾想到。想到物質和精神的區別，最初的一個人實在是柏拉圖，柏拉圖所講的自然便是就生滅世界或現象世界說。所以只知道希臘哲學注重自然的研究，而不細心考察自然的義蘊是不容易得着西洋哲學的真面目的。正猶孔子言命一般人也只是隨和講說其實命的解釋正不似一般人的解釋那樣簡單至少命要有幾種極明白的界說，因爲這是他向各級羣衆說法的重要工具。希臘人遇到什麼事物，總要歸到一個根源去說明他這種思想在最古的希臘人常常喜歡用「佐士」(Δίκη)一個字去代表。「敵愾」本來在希臘神話裏面是一個女神是常常在「佐士」(Zeus)神的旁邊報復不義的一個正義的女神哲學者便以爲自然界也要由這樣的一個「敵愾」去支配方能

保全世界的秩序。這種思想，早已發端於米利都學派（Milesian School）的亞諾芝曼德（Anaximander），但明白主張的便是赫拉克里特士（Heraclitus）。赫拉克里特士以「爭為萬物之父」爭故需要「正義」，故需要「敵愾」換句話說，變化為萬物之真相，但變化之中有一定之關係或法則，注重這種關係或法則便是「敵愾」的精神；赫拉克里特士特提出「邏各斯」（希臘語為 λόγος 英、德、法概為 Logos）一箇字代表這種精神，可以窺見他的學說的中心。「邏各斯」本來是言語或理性之意，或為由言語所表出各種理性的活動，例如思想、教說、學術之類。故西洋各種學科其西名多以「羅支」（logy）結響「羅支」即「邏輯」（Logic）「邏輯」即「邏各斯」一根之轉。「邏各斯」在希臘哲學及基督教神學中為特殊之用語。在希臘哲學史中首先使用的便是赫拉克里特士，其後引用此語作哲學之中心觀念的便是斯多亞哲學。自然界中雖然是流轉不定，却都循一定的理法，不出所謂「永遠的根本原理」這便是「邏各斯」的作用，由是有所謂秩序與調和與美，人類的體軀由靈的指導而生活，自然界亦由一世界之靈的指導而存在，此世界之靈又名神的

一〇八

原理，亦名神的理性，究其實皆就「邏各斯」而說。所以「邏各斯」觀念，便是希臘思想的中心要素。這不僅達雷士以來一般很老的希臘哲學家是如此，便是柏拉圖也就脫不了這種觀念的誘導，其後至斯多亞派更至斐倫（Philon）而「邏各斯」觀念的發展乃有一日千里之勢。斐倫著作頗富，大抵受了柏拉圖及斯多亞派的影響；他以爲神是世界的創造者爲一切生命及活動的原因，但神與世界的中間不能不有一媒介者，此媒介者通呼爲「神的力」（dunamis）力雖有種種，而首要者卽爲「邏各斯」；又「邏各斯」係由神產生爲神之長子通呼爲第二神，於是希臘思想與希伯來思想，換句話說抽象的概念與人格的存在之觀念乃連而爲一斐倫的思想對於基督教神學遂與以莫大之影響。在聖約翰（St. John）福音書序詞中已見其端其最顯著的便是朱士丁那（Justinus）及其他基督教護教家他們以基督爲永遠的神之子　邏各斯」之實現，不僅關於世界創造，卽最高完全眞理之認識，亦舍基督莫屬。這種見解至奧利振（Origenes）遂達於頂點總之「邏各斯」觀念在希臘哲學與基督教中爲一絕大樞紐在希臘哲學傾向於純理論，在基督教則傾向於主意

說，雖一般哲學者對於「邏各斯」的解釋不必盡同，而其視「邏各斯」為重要觀念則一，即近代大哲黑格爾亦不能不奉為哲學的中心要素。

殷幾道云：精而微之，則吾生最貴之一物亦名「邏各斯」，此如佛氏所舉之阿德門、基督教所碼之靈魂、老子所謂道、孟子所謂性，皆此物也，故「邏各斯」名義最為奧衍。（見所譯「穆勒名學」引論。）由此可知，希臘思想與希伯來思想之銜接及希伯來思想產生之由來從一方面說來，希臘思想因得希伯來思想而益相發明，所以克勒門茲 (Clemens of Alexandria) 說「希臘人的哲學乃由接木於基督教之「邏各斯」而益發榮滋長，且見果實，有如一野生之樹；」"Stromateis" VI, 15. 從他一方面說來，希伯來思想完全從希臘思想獨立而走於極端，所以後來竟完全走入神秘一途，而啓他人之譏議與反抗，這便是文藝復興之所由產生與希臘思想之所以重行提出自此以後希臘思想之中心要素所謂「邏各斯」觀念者，乃分途發展：一方面抱著希臘的精神而專注於外面的研究，一方面仍抱著希伯來的精神而專注於內面的研究；換句話說一方面注重著肉的研究，一方面注重情意的研究所謂靈的研究不過對於中世紀宗教的權威之反動，而靈的研究終不敵肉的研究之盛此近代科學之所以特別發達。像唯物論、進化論實驗論

等皆對於中世記宗教的威權，打破不遺餘力。惟靈的研究固自不廢，且有時藉肉的研究之方法以證明靈的研究之可能。此所以希臘思想盛行之時，而希伯來思想亦得與之並駕齊驅以上各種關鍵，既經講明，從此觀察西方文化，自無畸重畸輕之弊。可知專著眼希臘文化者，固未為得而專著眼希伯來文化者，亦豈無失以上是概說西方文化源流此後分說各時代關於人生的要義。

古代哲學之人生觀

西方文化源流，既如上述，則西洋人的人生哲學，便自不難推見現在請述古代哲學關於人生的解釋。所謂古代哲學即指希臘哲學而言；希臘哲學關係之重要，盡人皆知則欲說明希臘哲學之人生觀，決非短幅可盡今請擇其最要者述其大概吾人欲論列希臘哲學之人生觀開初的一人便不能不想到勃洛太哥拉斯(Protagoras)因為勃洛太哥拉斯是首先對於人生貢獻一種解釋的洛太哥拉斯為詭辯學派(Sophits)〔Sophits應譯作「哲人」或「智者」今從俗譯、取便認識。〕之代表者其學說的影響足以使思想界發生一新局面現在略述其關於人生方面之見解。

勃洛太哥拉斯

談到希臘哲學的人生哲學，我祇崇拜兩個人第一個是勃洛太

哥拉斯,第二個是亞里斯多德。我並覺得勃洛太哥拉斯比亞里斯多德的魄力更大,其影響也比亞里斯多德更廣。我們知道希臘人一向注重自然的研究專好講些形上的思辯和傳襲的道德;自從勃洛太哥拉斯產生以後,情形為之一變,勃洛太哥拉斯不僅對於自然現象取懷疑的態度,便對於習慣法律宗教等一切社會現象亦莫不取懷疑的態度。勃洛太哥拉斯一面破壞前此客觀的世界一面建設自身主觀的世界而人事的研究遂在學術上開闢一個新領域是即所謂「人生論時期」。勃洛太哥拉斯主義的標幟,是「人為萬物的標準」(Man is the measure of all things)。我們由他這種標幟可以想見他當時打破一切舊的偶像的魄力與夫誘進一切新的見解的勇氣。現在熱烈倡道的實用主義何嘗不是由受了勃洛太哥拉斯的暗示而來,實用主義否認倫理學上有所謂善惡邪正的標準而以為一切皆出於人為;勃洛太哥拉斯的根本精神,即在於是。所以勃洛太哥拉斯的人生哲學,其出發點即在「唯我主義」我存則宇宙存,我壞則宇宙毀。勃洛太哥拉斯所以有這種主張即受赫拉克里特士學說的啓發這便是希臘初期的人生哲學之由來與勃洛太哥拉斯

同時而從他方面闡發人生的要義者為蘇格拉底。

蘇格拉底 蘇格拉底雖被一般人奉為人生哲學之開祖，但其創造力實遠不如勃洛太哥拉斯之偉大。不過人生哲學從蘇格拉底以後更有一種比較嚴重的組織，蘇格拉底學說的標幟便是「知識即道德」。但他對於知識的看法和勃洛太哥拉斯的看法完全不同。他以為我們是無知者，無知即能求到真知，所以他每每用對話法使他人自己覺悟是無知者，然後乘機促進他人探求真理之心，使他人知道真理是普遍的，是客觀的；惟其真理是普遍的客觀的，所以不能以個人的苦樂或主觀的見解來說明。所以我們大家須尊重共同的真理。若依照勃洛太哥拉斯的說法以人為萬物的標準，那豈不是抹殺客觀的真理嗎？所以蘇格拉底以為「人」都是富有普遍性合理性的人，決非如勃洛太哥拉斯所說為富有個性的人，這便是蘇格拉底對於「人」的看法和勃洛太哥拉斯大不相同之處。以上都是由知識推論的結果。蘇格拉底關於知識的見解，既已講明，再進論其關於道德的見解。蘇格拉底哲學的特色，便是哲學即倫理學哲學中即含有倫理學的要素，換句話說，知識中即含有道德的

要素。所以他說人生的目的，就在選擇幷且實行普遍的善，而去其個人的善；此普遍的善，卽知識的要素，亦卽道德的要素。惟在此處可以發見蘇格拉底學說上一大弱點卽蘇格拉底一面主張服從客觀的真理，一面卻看重主觀的選擇和實行不免自陷於矛盾。如果仍以主觀的選擇和實行爲重，是蘇格拉底的主張立於反對勃洛太哥拉斯之地位，實則自身卽不脫勃洛太哥拉斯之窠臼。蘇格拉底的生死觀主張靈魂離肉體而存在靈魂爲主肉體爲從其見解卽從其知識論而來。因此遂開展柏拉圖的觀念論。

柏拉圖 柏拉圖號爲希臘一大哲學家實則組織力雖較强，而創造力實極微弱。柏拉圖的觀念論不過爲蘇格拉底的知識論之擴大而已。蘇格拉底重普遍主義客觀主義，柏拉圖卽將普遍主義客觀主義推演達於極端。本來哲學上除了普遍 (universal)、特殊 (particular) 主觀 (subjective) 客觀 (objective) 四者之關係，更無所謂哲學問題卽無所謂宇宙與人生的問題吾友吳致覺先生稱之爲「哲學四大」以圖明之如次：

惟普遍與客觀、普遍與主觀為舊的哲學問題之中心；特殊與客觀、特殊與主觀為新的哲學問題之中心。主張普遍而客觀的，全是一種妄想；因為所謂普遍的事物，實際上是一種概念。然則普遍而客觀的事物完全不能存在普遍的事物雖是概念，概念是主觀的。然則普遍而客觀的事物雖是概念，仍是普遍的屬於主觀的特殊的，但就概念的作用（論理的法式）說，仍是普遍的。不過照此說法所謂普遍的事物也非真實存在。然則哲學上普遍與客觀、普遍與主觀的問題根本不易成立而不得不趨向特殊與客觀、特殊與主觀的問題了。若柏拉圖之哲學乃在闡明普遍之可能與真實及普遍與客觀的關係，而於普遍與主觀的關係即已語焉不詳，至特殊與主觀客觀的關係更置而不論。由此可知其人生哲學對於人生之意義與價值縱有所說明，而與人生實相距甚遠。彼謂人生不過為觀念（Idea）之一幻影，人生之究極的目的，惟在返於理性的生活以加入美的觀念界，則其對於人生的看法，與蘇格拉底的看法正不過為二五與一十之別。無怪一般人稱柏拉圖為完全的蘇格拉底派，因為自蘇格拉底死後繼

承蘇格拉底學說者本有四派：一爲米加拉學派（Megarian school），二爲柏拉圖學派（Platonian school），三爲犬儒學派（Cynic school），四爲西列學派（Cyrenaic school）前二派爲哲學派，後二派爲倫理學派四派中除柏拉圖派之外餘皆對於蘇格拉底派之見解有所批評故一般人稱之爲不完全的蘇格拉底派中所謂犬儒學派西列學派者其影響甚大：前者倡禁欲說爲斯多亞派之先驅；後者倡快樂說爲伊璧鳩魯派之先驅二派之影響遂由希臘末葉而達於近代，爲古來談人生哲學者之二大柱石。

亞里斯多德 勃洛大哥拉斯以後比較的規模濶大者爲亞里斯多德，他在哲學上的影響幾乎比任何哲學家大不過他所受的根本暗示似乎總不能不推蘇柏二氏惟集諸說之大成而組織成爲一種系統的主張者實亞里斯多德所以成其爲偉大之處。亞里斯多德以爲人生之究極的目的，在於獲得至善。所謂善的活動卽調和的活動，調和的活動卽爲人性本具之能性之現實萬物之目的皆爲潛在的可能性之現實化人性亦何莫不然。這在一

方面言之，人性具有植物性、動物性及理性，換句話說，人性具有獸性及神性道德以兼用獸性神性而存在動物無道德以缺神性故神亦無道德以缺獸性故因此道德為人性所特有所謂人性本具之能性之現實者，即不僅發揮獸性，亦不僅置重神性，乃兩性之調和的發展更就他方面言之人性中所特具者為理性理性乃對於諸性能完全居於指導之地位結果產生調和的活動此調和的活動即合理的活動這便叫至善這便是人生努力的目標。

亞里斯多德的主張與柏拉圖完全相反。柏拉圖重普遍的世界、客觀的世界，亞里斯多德則重特殊的世界主觀的世界；前者謂觀念世界離經驗世界而獨立後者謂觀念世界即內存於經驗世界之中故前者以達到觀念的善為人生的究竟後者則以達到現實的善為人生的究竟前者以「知」為達到觀念的善之方法後者則以「行」為達到現實的善之方法這是兩家的根本不同之處。批評家史列格爾 (Schlegel) 說得好「人生後非為柏拉圖學徒，即為亞里斯多德學徒」我們從西洋哲學史看來，尤其從英德二國的哲學史看來確乎免不了這種情形走向柏拉圖這條路上

的，便會產生康德、黑格爾一流的哲學走向亞里斯多德這條路上的，便會產生赫胥黎斯賓塞一流的哲學如果從人生哲學方面去觀察前者屬於玄學的人生觀後者屬於科學的人生觀。由此可以知道柏拉圖和亞里斯多德在希臘哲學上之位置不過嚴格而論柏拉圖與亞里斯多德之學說出於蘇格拉底，蘇格拉底的「知識卽道德」論便從勃洛大哥拉斯思想的反對方向而來，而勃洛大哥拉斯的思想又出於赫拉克里特士的啟發所以希臘哲學在我看來，全是赫拉克里特士所造成的局面。赫拉克里特士開其源，勃洛大哥拉斯承其流，亞里斯多德集其大成，明乎此方可了解希臘人生哲學的真相。

以上關於希臘哲學之概略。希臘哲學的人生觀，約可括爲二派：一派是靜的人生觀、主知的人生觀、普遍性的人生觀客觀性的人生觀禁欲說的人生觀；一派是動的人生觀主行的人生觀特殊性的人生觀主觀性的人生觀快樂說的人生觀。這兩派的人生觀，遂隨時代變遷而分途演進；由中世紀的實在論(Realism)與唯名論(Nominalism)，進而至近世的純理論(Rationalism)與經驗論(Empiricism)其關於人

生的解釋，雖千差萬別，而要不能不推源於希臘哲學二派的人生觀。這就可想見希臘哲學關係之重要。

中世哲學之人生觀

希臘哲學不容易研究，上面已經說過；但中世哲學有時比希臘哲學更難於鑽研。因為中世哲學從一方面看來不過為神學的下婢；而從他方面看來，則又為倫理學的根源。如對於耶穌的觀念從一方面看來，直否認歷史上有所謂耶穌的人物之存在，并斷定十字架為生殖器之象徵；近來不信耶穌是歷史有 J. M. Robertson、在美國有 Benj. Smith、在德國有 Arthur Drews 和 Albert Kalthoff，在法國有 Paul Louis Couchoud。日人幸德秋水近著有「基督抹殺論」中國有譯本，可參閱。上的人物的，在英國有方面看來，則謂耶穌為有史以來具有獨一無二之人格者如此紛糾複雜的問題，很不容易得到一個正確的答案。所以中世哲學的研究有時比希臘哲學更難所謂中世哲學，當然以耶穌的哲學為正宗雖自耶穌死後至九世紀之始有所謂「教父哲學」自九世紀至十五世紀，有所謂「經院哲學」都屬中世哲學的重要學派但對於人生哲學的影響實甚小或幾等於零現在祇有置而不論就是研究耶穌哲學也祇能單就其哲學本身加以考察至於種種豫言奇蹟和他人對於耶穌所加的種種

懷疑，也祇好置之不顧了。耶穌哲學的根本觀念爲愛，與孔子哲學的根本觀念爲仁，佛陀哲學的根本觀念爲慈悲大體言之實在沒有多大區別。不過進一步研究三方面哲學的精神又大有不同之處。耶穌哲學純然是一種宗教的哲學，孔子哲學純然是一種倫理的哲學，佛陀哲學乃宗教而兼哲學的哲學。（歐陽竟無先生謂「佛法非宗教亦非哲學」亦自具卓解，見民鐸雜誌卷三。）現在單就耶穌哲學加以觀察。耶穌所昌言的「愛」完全以「信」爲條件。信卽信仰全知全能的神信仰與懷疑相對待，懷疑的結果便產生知識，故信仰又與知識相對待從前的人生卽以爲知識卽道德所以從勃洛太哥拉斯到柏拉圖，都特別看重知識便是亞里斯多德也主張由正確的知識養成道德的習慣，可知希臘哲學總偏重在知識方面但到了耶穌的時候，便完全變了。耶穌的人生思想，完全從信仰出發。信仰超乎知識之上，或與知識立於相反的地位，信仰上可有全知全能的神，若在知識上便不容易自圓其說。（章太炎先生在「無神論」一文中論此甚精、略舉其說如次：「全知全能不善乎，抑欲人之爲善乎，抑欲人之爲不善乎，則佛家所謂薩婆若矣。今試問彼敎曰耶和瓦創造而成，耶和瓦旣全能矣，必能造一純善無缺之人，而惡性亦無自起。所造惡性既起、抑非耶故不得不歸咎若於天

善之心相剌謬也。若違此天寬非耶和瓦所造、則此天寬之根、本與耶和瓦對立、而耶和瓦所以不能為是耶和瓦所造、則此天寬時已留一不善之根、以為惑誘世人之用、是則與欲人不得為云絕對無二矣。若云此天寬遠背命令、耶和瓦既全能、何不造一不倫者、耶和瓦自由之說所以破斥也。若不能違背命令之人、此塞自由之說、又人心之善惡者、耶和瓦既全知、則亦無云耶和瓦所造天寬以遠背命令之人、而必造此能違背命令之人、此陷於不倫哥、耶和瓦既全知、則亦無庸偵探、是故全知全能之說、又彼教所以破也。章氏叢書別錄三

信仰哲學的中心、便一切破綻都不容易看出。凡耶穌所認為人生思想之極致、即以對於神之愛為始基。由對於神之愛而有對於人之愛因為我們在上帝面前都是平等。上帝是我們的父親、我們是上帝的兒子、本來都是一家骨肉、那有人我之別？這是博愛思想的出來。耶穌便拿這種思想做基礎、建設一種新社會、所有人類應履行的義務與乎一切道德的價值、都由是發生。來如說「有人給你一」。又如說「要愛你們的仇敵、要轉過那逼迫你們的禱告」（均見馬太傳第五章）等皆是。 近代社會主義的運動（如脫爾斯泰等）和共產主義的運動、（如一部分基督教徒）便不能不一部分歸到這種影響。其次為耶穌對於人類的運命所與一種之解釋、他以為人類本來是無罪的、惟白達背神的命令以後、遂永遠陷於罪惡的淵藪、然又無力可以自贖、結果必須仰賴他力方始得救所以人類第一要認清自己是無能力者、待救者、弱者、賤者、如果能早自反省、便是獲救的朕兆。

也便是幸福的源泉。耶穌拿住這種運命說，做他的人生哲學的開端他登山第一訓便說：

心裏貧窮的人是有福的，因為天國就是他們的。哀慟的人是有福的，因為他們必得安慰。溫柔的人是有福的，因為他們必承受世界。慕正義如饑渴的人是有福的，因為他們必得飽足。憐恤人的人是有福的，因為他們必蒙憐恤。清心的人是有福的，因為他們必得見上帝。使人和睦的人是有福的，因為他們必稱為上帝的兒子。為正義受逼迫的人是有福的，因為天國是他們的。（馬太傳第五章。Matthew）

由他這段教訓可以知道他如何看重來世的生活，而輕視現世的生活人類的運命既已陷於罪惡的淵藪則舍犧牲現世以求超生來世更無其他的善法所以耶穌竟對約翰說：

倘若你一隻手陷你墮入罪惡，你就把這隻手砍下，你缺了肢體進入永生強過有兩隻手往地獄去裝入那不滅的火裏倘若你一隻腳陷你墮入罪惡，你就把這腳砍下，你跛足進入永生強過有兩隻腳被丟在地獄裏倘若你一隻眼睛陷

你陷入罪惡，你就去掉牠，你祇有一隻眼睛進入上帝的國，強過有兩隻眼睛被丟在地獄裏。馬可(mark)傳第九章。

耶穌的來世主義已經講述得很宣明了。現在更提出一段重要的教訓，以窺見他的人生哲學上的根本主張：

所以我告訴你們，不要為生命憂慮喫甚麼，喝甚麼，為身體憂慮穿甚麼；生命不勝於飲食嗎？身體不勝於衣裳嗎？你們看那天上的飛鳥也不種也不收也不蓄積在倉裏，你們的天父尚且養活牠，你們不比飛鳥貴重得多嗎？你們那一個能用思慮，使壽數多加一刻呢？又何必為衣裳憂慮呢？你想野地裏的百合花怎麼長起來，他也不勞苦，也不紡織，然而我告訴你們，就是蘇羅們(Solomon)極榮華的時候，他所穿戴的，還不如這花一朵呢？你們小信的人哪！野地裏的草今天雖還活著，明天就丟在爐裏，但上帝還給他這樣的妝飾，何況你們呢？所以不要憂慮說喫甚麼喝甚麼穿甚麼，這都是外邦人所求的，你們需用的這一切東西你們的天父是知道的，你們祇要先求他的天國和他的正義這些東西都要

加給你們了。所以不要為明天憂慮，因為明天自有明天的憂慮，一天的難處一天當就彀了。第馬六太章傳。

我們讀他這段教訓，可想見他如何讚美帝力，小視人力。這雖不免伏有斷絕人類希望的弱點，然亦含有延長人類希望的優點。因為他的來世主義，正是誘導我們進入永生的方法。耶穌預先提出一個上帝，然後提出一個天國，然後提出一種來世主義，最後乃講到他的人生哲學這個次序，凡是研究耶穌哲學的人，都應該知道的。總之，離了信仰則耶穌哲學直無研究下手之處。而既已立於信仰之上則博愛與正義之二概念在人生哲學中當然據有重要之位置。其尤在人生哲學中據有最高之位置者，則為靈魂之慰藉使人生獲一歸宿之所。所以任現世如何陷入苦痛，如何走入悲慘，而由超生天國一念不難化苦痛為歡樂化悲慘為幸福質直的說，常人所看到的人生，乃是把人生當作目的，而耶穌所看到的人生，乃是把人生當作手段；常人的人生觀念，是現實的人生而耶穌的人生觀念，是永生的人生所以現世人生的幸不幸，在耶穌看來，都不成甚麼問題。

耶穌的人生觀，如從今日科學的眼光視之當然可議之處甚多，但在耶穌所處的時勢言之耶穌的見解正自不易非難。(可參看屠孝實先生答梁漱溟先生論希伯來思想書。)惟耶穌死後有所謂教父哲學經院哲學者從一方面言雖從事於耶穌教義之闡發而從他方面言則所以破壞耶穌教義者實無往不用其極流弊所屆至有所謂「教會萬能主義」釀成他日種種慘劇和一切欺世盜名之舉，而耶穌的真精神乃不復見這是研究中世哲學的人所不可不特別留意的。

耶穌教義在當時固為維繫人心的一種重要工具因為牠著眼在一般民眾著眼在無能力者犯罪者賤者弱者所以影響特別的大即在今日言之耶穌教義固有其獨到的精神，如博愛與正義之欣求，永生之期望，皆為其精義入神所未可一筆抹殺者，正不必因近代新文化發達之故，而曲辭以壞其原有之面目，反為耶穌哲學之玷，這是今日的耶穌教徒所不可不特別留意的。

耶穌的人生哲學即從其來世主義和天國的思想而來，已如上述。但這種天國的思想即完全受希臘中心思想所謂「邏各斯」觀念的誘導。(參看本節 懺「邏各斯」觀說頁一〇八。)

人生哲學

念在希臘醞釀成為一種希伯來思想，而在中世紀則醞釀成為一種希伯的來思想，因此遂畀歐洲文化之二大潮流近世哲學初期的經驗論與純理論，一面由希臘哲學種其因，一面更由二大思潮促其實現，因此遂產生歐洲哲學的花期。

近世哲學之人生觀

近世哲學本一般哲學史家的區分，約佔有六七百年之久，而其內容又異常複雜，所以很不容易講明。現在為便宜起見分作三期敘述：一純理論與經驗論的人生觀；二康德及康德學派的人生觀；三唯物論實證論功利論進化論的人生觀。

一，純理論與經驗論的人生觀

欲討論純理論與經驗論的人生觀，必先於純理論與經驗論之哲學的根據論究明白。這兩派在西洋哲學史中都擁有極重要的地位，幾乎可以說佔領西洋哲學史的全部。純理論的代表者當推笛卡兒、斯賓挪莎、來布尼疵諸人經驗論的代表者當推洛克巴克萊休謨諸人現在先將兩派哲學上的主張及其發展的途徑敘述大略，然後依次論到牠們的人生觀。

兩派的主張對於認識的起源都有重要的貢獻純理論說我們的認識所以能夠

正確，就由於我們本來具有一種理性（Reason），如果沒有這種理性，只憑藉感覺去認識便不能得到這種正確經驗論說我們的知識，那一種不是由經驗（Experience）得來的結果，所以經驗就是認識的根源，倘若憑著所謂理性那末所得的不過是一種空想而已。換句話說：前者的主張，注重先天的（a priori）知識，我們可以叫牠做先天論（Apriorism）；後者的主張，注重後天的（a posteriori）的知識，我們可以叫牠做後天論（Aposteriorism）。前者因注重理性之故所以說認識有普遍性必然性；後者因注重經驗之故，所以說認識惟有特殊性與蓋然性。前者的主張近於獨斷的，後者的主張近於懷疑的。如從方法上觀察，前者因注重先天的知識之故屬於演繹法，後者因注重後天的知識之故屬於歸納法。這是兩派的主張根本不同之點。

純理論起於大陸，是為大陸派；經驗論起於英國，是為英國派。現在先就純理論發展的大略言之。純理論初起於法之笛卡兒，笛卡兒哲學之根本思想為肯定「我」之實在而我之實在乃由其「我思故我在」（Cogito ergo sum）一個命題而來。笛卡兒由我之實在證明神之實在，更由神之實在證明物之實在。笛卡兒名此實在為實

體（substantiae）於是以神爲第一義之實體（無限的實體）我與物爲第二義之實體（有限的實體）。而實體之認識由其性質的不同笛卡兒因名此實體之性質爲屬性（attributa）於是我（精神）之屬性爲思惟物之屬性爲延長這是笛卡兒實體論之大略。其後斯賓挪莎卽本笛卡兒實體論之思想而產生他的汎神論惟與笛卡兒有一根本相異之點卽笛卡兒有第一實體第二實體之別，而斯賓挪莎惟視神爲實體因此視神爲萬物的原因所以斯賓挪莎以實體之名。斯賓挪莎汎神論之大略。後來到了來布尼疵，他的汎神論有兩個特色第一是「實體卽神」(sabstantia sive Deus)，第二是「神卽自然」(Deus sive Natura)，這是斯賓挪莎汎神論之大略。後來到了來布尼疵，他的實體論又變爲單子論，但大部分仍不脫笛卡兒思想的影響惟笛卡兒把實體看作是不變動的，他不然，他把實體看作是一種活動力看作是變的，看作是多的，就是說活動力的單元是無限的。他把單子分爲三個階級：最低階級之單子爲裸單子（Monades nues）第二階級之單子爲靈魂（âmes）第三階級之單子爲精神（esprits）單子的不同卽由其表象有明暗的不同，而一切單子皆有由一表

象移於他表象之動向。這是來布尼疵單子論之大略。現在把他們的實體論的思想，簡單圖說如次。

笛卡兒

斯賓挪莎

來布尼疵

他們的實體論的思想雖有不同，然其使用演繹法以論定人生思想則一。大抵他們的人生思想都屬於樂天的，這几是偏重純理論的主張的，都不免有這種傾向。*此處尚須詳細說明，容他日爲文論之。* 笛卡兒以爲人類具有精神與物質二者相結合的要素。他這種思想即從其物我二元說而來。因此他說下等動物不過是一種自動機械，因爲牠只具有延長的屬性。若人類便不然，人類乃兼具延長和思惟二屬性者，所以人類不僅具有物質活動并具有精神活動，此精神活動得支配一切物質活動。惟精神活動必以神所賦與之理性爲根據，而吾人之意志又必從理性之所命，所以笛卡兒對於人生的

看法，結果是樂天的。斯賓挪莎拋棄笛卡兒二元的說法，而一切歸之於汎神的一元，謂物與我都不過是神的發現，神是本體的，物與我都是現象的，換句話說我們的身體與精神都是現象的。所以就個人言之，在現象上雖有生滅，而在本體上則無生滅，因爲都依存於神的本質之故。所以斯賓挪莎對於人生的看法，也是樂天的。至於來布尼疵的單子說更完全是一種樂天的看法。他以爲宇宙是豫定調利的現實的世界即爲神所選擇的最良的世界，而神與物我之不同，都不過爲單子的表象明瞭之度有不同而已，但都不能逃出豫定調利之外。所以來布尼疵對於人生的看法比笛卡兒斯賓挪莎的看法，另是一番局面。總之，他們都是以本有觀念（Innate ideas）爲出發點，笛卡兒的本有觀念爲我，斯賓挪莎的本有觀念爲神，來布尼疵的本有觀念爲一切，所以他們的人生思想都不會有多大的變化。

現在再就經驗論方面觀之。經驗論的主張與純理論完全立於正反對之地位，因之，其人生思想亦大生差別，經驗論的思想雖發於倍根，但集大成者實爲洛克。洛克否認純理論者所謂本有觀念之存在，以爲吾心譬如白紙，由經驗之印象始生觀念

而成立知識，在經驗之先并無何種本有觀念。而在經驗則有內的經驗（反省）與外的經驗（感覺）之不同，由兩種經驗遂產生千差萬別之觀念這是洛克經驗論之大略其後到了巴克萊比洛克的思想更作進一步的研究因為洛克雖限制認識之範圍於兩種經驗所產生之觀念之中排實體於認識之範圍外但尚認有實體之存在，至巴克萊則并實體而放棄之。換句話說：洛克雖謂物質之實體不能認識但尚認有物質的實體，至巴克萊則排斥物質的實體，只認有知覺物體之精神的實體。克萊經驗論之大略。其後到了休謨更作一種澈底的主張，比巴克萊更是百尺竿頭再進一步。因為巴克萊雖否認物質的實體，但尚認有精神的實體，至休謨則并精神的實體而否認之。休謨以為凡實體的觀念，畢竟不過為印象之結合之日益強固者；又由聯想律之關係思其一必連類而及其餘於是主觀的感情盡移於物質遂覺有實體之存在。如見几若有實體存在，實則不過為形與色及其他種種印象之結合，而由吾心所生觀念之聯合以盡移於几遂見几存在究其實不過為習慣上之想像物而已這是休謨經驗論之大略。現在把他們的經驗論的思想簡單圖說如次：

他們的經驗論的思想雖有不同,然其使用歸納法以論定人生思想則一。他們都特別看重事實以打破固有的成見為研究人生的法門。如倍根謂研究人生思想須打破四種偶像:一洞窟之偶像(Idola specus)即防止由個人性癖及偶然的境遇而來之偏見;二劇場之偶像(Idola theatri)即防止由盲從古人傳說及流行思想而來之偏見;三市場之偶像(Idola fori)即防止由交際而來之偏見;四種族之偶像(Idola tribus),即防止由人類本性而來之偏見,由這種見解,可想見倍根如何打破固有的成見而看重當前的事實。洛克亦何莫不然,洛克惟其看重事實故謂人心如白紙一

切都由經驗而決定。因此關於死生問題置而不談。洛克謂人生思想，大抵由時與地與人之不同而生差別，但其間亦不無普遍的觀念之存在如善惡的觀念是。（洛克尚是認二元的普遍觀念是尚不脫笛卡兒的影響之明證）這種態度到巴克萊便完全變了。巴克萊以為一種觀念縱可以代表他種觀念但普遍觀念實無其物因此遂倡極端的唯名論。巴克萊尚看重觀念其態度仍不十分鮮明。（巴克萊後來忽然拖出一個上帝來，是自身又陷於矛盾之中。）其後到了休謨，乃並觀念而嚴加區別，以為觀念不過為印象之再現或模寫，而印象乃為究竟的一物所謂自我，所謂人格，所謂靈魂舉不外印象所產物。可以說無印象即無人生休謨即本此經驗論的見解應用到人生哲學上以為知識基於印象，而行為則起於感情凡吾人一切行為皆由快不快的要素相結合所生之結果。因此遂完成一種功利主義的人生觀快樂主義的人生觀。

由上面所述兩方面的情形，可以看出純理論者與經驗論者關於人生思想上的重要區別。大抵純理論者注重普遍的人生而經驗論者則注重個別的人生純理論。

者注重客觀的人生，而經驗論者則注重主觀的人生；純理論者的人生思想，係從內界出發而經驗論者的人生思想係從外界出發因此純理論者討論人生問題，係由神學問題、宇宙論問題、本體論問題轉到人生問題。經驗論者不然，乃由自然科學問題進論到人生問題。要而論之，前者由演繹的方法討論人生，後者由歸納的方法。討論人生這是兩派的重要分歧點。

二，康德及康德學派的人生觀　康德哲學乃爲純理論與經驗論之總調和。康德以爲我們的知識不完全是先天的要素也不完全是後天的要素。因爲僅有後天的要素，不過像建築家僅僅得了一些材料而不知牠們的用處所以非先有一種設計不行；若僅有先天的要素也不過像建築家僅有一種設計所以又非有材料不行。不過所謂知識的材料，只能採自經驗界換句話說我們的知識只能知道現象不能知道本體像康德所說的「物如」(ding an sich)——本體的世界知識是管不到的。以上所說的是康德知識哲學的大略。康德的三個世界之中——主觀的現象的 (phenomenal) 和本體的 (nou-menal)

德的人生哲學，便從此處得了一個啟發以為人生哲學決不能立於知識哲學的基礎之上，從前的人生思想其所誤全在此處，因為知識既管不到本體界，而我們的人生思想又不能與本體界斷絕姻緣所以講到人生哲學非另立一個基礎不可。康德遂竭全副精神闡明本體界在人生哲學上之重要。康德有三部名著，即「純粹理性批判」(Kritik der reinen Vernunft, 1781)「實踐理性批判」(Kritik der Praktischen Vernunft, 1788)「判斷力批判」(Kritik der Urtheilskraft, 1790)。這是人人都知道的，但最足以傳達康德的根本主張的實在是實踐理性批判一書，因為他把實踐理性看得比純粹理性重要，而且僅由實踐理性纔能達到本體界纔能連本體與人生為一氣，康德人生哲學上的特徵是在闡明道德律的嚴肅由道德人格的尊嚴知道人生在宇宙間的地位。康德謂普遍的道德律之成立不由於經驗的事實而由於意志之先天的形式；因為宇宙間一切自然現象都脫不了因果的關係，惟有建立道德律之意志所謂理性的意志者便不受因果律的支配牠是不受任何條件及任何前提而能自己建立道德上的絕對命令并且自己去服從的所以道德律不是由機械的因果的自然現象而產生乃是出超越自然現象之本體界而產生。

東西哲學對於人生問題解答之異同

一三五

道德律既由本體界而產生，復由吾人的意志而成立，因此意志與本體全相呼應。如果壹任意志去行動便一人的法則同時可以為萬人的法則，這便是道德律之第一形式。人類均須自律的服從道德所以人格與一切物品不同，物品以交換而得價值，所以我們要把人類當作目的看待不可把他當作手段看待這便是道德律之第二形式。社會乃由自具價值之人格相結合而成之團體，我們即為其團體之一員便當努力使團體成立這便是道德律之第三形式第二形式由第一形式產生第三形式又由第一第二形式產生究其極皆立於意志之上即皆立於實踐理性之上。康德更由道德律的嚴肅保證意志自由、靈魂不滅與神的存在，我們由他這種道德律可以看出他本務觀念之重，由他尊重實踐理性與本體觀念，可以知道他特別闡發人格之尊嚴，正與孟子養吾浩然之氣充塞天地之間同一精神，則人生在宇宙間之地位與其價值，自非常可擬。所以康德的人生思想另是一個系統與前此立於知識哲學的基礎之上者大有區別，這是康德人生哲學的大客。

其次論康德學派。康德學派關於人生思想的闡發頗不一致現在只就影響最大

者簡要述之可得三人：一失勒(Schiller)；二黑格爾；三叔本華。

失勒 康德以後哲學界的領域逐漸擴大但總脫不了康德三部名著的影響就中最顯著的如失勒的哲學受判斷力批判的影響黑格爾的哲學受純粹理性批判的影響叔本華的哲學受實踐理性批判的影響這是任何人無從非難的。失勒本來是一個詩人但在人生哲學上的貢獻可不小可以說浪漫派的人生大半是受了失勒的啓發。失勒以美的生活爲人生最高之目的而人生最高之狀態爲美魂(der Schönen Seele)所謂美魂卽感性的衝動之純化因爲康德和菲希特一流的嚴肅主義每每把道德的衝動壓迫感性的衝動，失勒便起而反對以謀感性衝動之伸展因此他的人生哲學的標幟卽爲「美的人本主義」(der Arthetische Humanismus)這是失勒人生論的大略。

黑格爾 繼失勒而起給予吾人一種新人生觀的便是黑格爾，黑格爾的哲學雖在近代——尤其是現代——頗招一般人的反對但在當時實在據有莫大的勢力。

德國人受他的感化的固不必說便是德國以外的歐洲人也莫不異常信仰。最近一

九一四年的歐洲大戰，其遠源何嘗不由於黑格爾的國家哲學？〔關於此點，余已有說明。〕黑格爾的人生哲學雖不發生何種勢力但他的國家哲學却早已代人生哲學而暗施其權威所以一般人的流行心理沒有不視服務國家為人生的第一天職。黑格爾受柏拉圖學說之影響，由理性絕對而主張國家萬能謂國家為各個人的目的，而各個人不過為國家的手段吾人僅由國家纔能達到至高善，纔能達到理想的人生所以黑格爾的國家哲學簡直就是一種人生哲學換句話說，黑格爾的人生哲學是把國家做中心觀念的，所以他說國家是人倫發現的最高階段這句話可以說是他的人生哲學的結論黑格爾的哲學系統非常博大可惜此處不便詳述，但卽此已可見他的人生論之一斑。

叔本華 黑格爾注全力於知識哲學，叔本華便注全力於意志哲學二者適立於正反對之地位若單就人生哲學言則叔本華的人生哲學不僅黑格爾有所不及便是康德亦不能不却步。叔本華以康德真正之承繼者自任因為他很看重物如與現象之區別，不過康德謂物如為不可知，而叔本華則謂物如固可類推而得。叔本華卽

由自身體認到一切萬物，因為自身可分為內外二部，外部即肉體，內部即以衝動、本能努力、欲求等而發現之意志凡吾人肉體之發育皆由意志為之先驅意志欲攫物則手指增長意志欲食物則胃囊擴大推而至於牛欲拒敵則角生虎欲捕敵則爪利，更推而至於植物欲取得光與熱則向上生長水欲取得水平位置則四方泛濫可知宇宙一切現象皆不過為意志之發現而意志本身即物如其顯而易見者則吾身為意志之發現而意志乃為吾之真我這樣看來宇宙本體都不過是一種意志，叔本華名此為「生活意志」（Wille zum Leben）。他的人生哲學便從此出發。他以為意志為一種盲目的努力，此努力，即欲求，欲求即起於缺乏之感所以無缺乏之感之處即無欲求，無欲求之狀態即為意志之消滅。但世界的本質既為盲目的意志，則缺乏之感雖可。一時免去，而無如他種欲求又生，是缺乏之感實無永遠免去之可能。而缺乏之感。卽苦痛的變名所以世界是一種永遠的苦痛的世界。脫的方法而有一時的解脫法與永久的解脫法之不同。何謂一時的解脫法即截去個性專以理想（Idee）自娛然此為常人所難能僅藝術和哲學的天才纔能達到何

謂永久的解脫法，卽完全否定生活意志，一面對個性不起執著以發展同情（Mitleid）一面更對生活不生貪戀以斷絕意根，如此則解脫可期，而痛苦可免。這是叔本華人生哲學的結論。叔本華的思想也許受了印度思想的啟發，所以他的人生哲學帶有很濃厚的厭世的色彩。

以上為康德及康德學派的人生觀雖主張不必盡同，然大體固猶是偏於純理論的。思想如在中世紀，則偏於實在論的思想，如在希臘，則偏於柏拉圖派的思想經過這個時期以後，歐洲的思想界繞產生一個新時期。這雖在康德以前所謂啟蒙哲學的時代已見端倪但由康德一派哲學的風行，而牠們的反動更大。所謂反動便是實證論、唯物論功利論進化論的哲學之勃興。

三，實證論唯物論功利論進化論的人生觀 自十八世紀之末至十九世紀之初，完全是黑格爾的知識哲學與叔本華的意志哲學相對峙的時代。直至十九世紀中葉纔發生一種大變動。但變動的方向不必相同，而其反對傳統思想則一現在分說於左：

實證論（Positivism）

霍夫丁（Höffding）說：「十九世紀精神生活的特色，便是兩種精神的傾向：一種是浪漫主義，一種是實證論。」（見所著「近世哲學史」第九編開端。）他所說的浪漫主義便指從菲希特（Fichte）到叔本華一輩的唯心論者，他所說的實證論便包括孔德哲學及穆勒達爾文斯賓塞爾一派的功利論進化論以及黑格爾學派分裂後之唯物論。可見實證論的範圍是很廣泛的實證論的含義因此亦頗不一致。德國實證論的思想既與英國實證論的思想復與法國異致。不過對於傳統思想的反抗却是沒有分別的實證論的特別標幟便是「事實的法則」之存重。重事實重論法則便是實證論的法則。此近代科學之所以特別發達因為科學的功用首在闡明物質的因果關係，若在人事則闡明人事的因果關係，所謂機械主義惟其看重事實的支配實證論惟其看重事實。故於現實的人生問題非常注意，至於自然法則有何意義有何價值等等問題，竟不談他們這種排斥形而上學的思辨之精神正是他們對於人生哲學別具識解之

經驗論重

唯物論（Materialism） 唯物論雖可列入廣義之實證論，然其精神究有不同近代唯物論之勃興實由於黑格爾學派之分裂。黑格爾學派可分爲三黨：一左黨；二右黨；三中央黨。左黨的在宗敎方面有斯特老司（Strauss）費爾巴黑諸人，在社會和政治方面有馬克思、拉薩爾（Lassalle）諸人，他們便是唯物論的中堅分子。右黨和中央黨都沒有甚麽可敍述的地方。斯特老司的基督傳（Leben Jesus）便是黑格爾學派分裂的開端，對於傳統思想攻擊不遺餘力。費爾巴黑的思想比斯特老司更傾於唯物論的傾向，所以他說「食物便成血液血液便成心臟及腦髓思想及精神物質因此食物便是人文及思想的基礎」他這種主張遂開馬克思唯物史觀的端緒。馬克思的唯物論在人生哲學上開闢一個新領土，這是一般人都承認的；但同時比馬克思的思想更作進一步的研究的尙大有人在就中最顯著的便是一八五四年赴格丁根（Göttingen）自然科學大會（Natural Science Congress）的一般唯物論者就中尤

以佛格特（Vogt）、俟雷斯珂（Moleschott）、畢希諾（Buchuer）三人爲最有聲色。他們對於人生的看法與對於一切物質的看法毫無異致他們以爲心的現象都可還元到腦髓之生理的機能所以佛格特說「思想之於腦髓猶膽汁之於膽囊尿之於腎臟」俟雷斯珂也把宇宙間一切現象歸到物質的運動以爲無物質卽無力，無有機體無精神現象，所以他的結論是「無燐卽無思想」由他們這種赤裸裸的主張，可以知道他們完全否認有所謂「人生之奇秘」「人生之謎」這便是唯物論的人生觀之特點。

功利論（Utilitarianism） 功利論雖屬實證論之一種，然亦有分別敍述的價值。因爲功利論在人生哲學上具有絕大的權威，其影響且及於現代。功利論爲英國倫理學上一個重要的學派其淵源甚遠，在希臘詭辯論者之哥爾期亞（Gorgias）卽已啟其端緒其後至西列學派伊壁鳩魯學派，益復張大其說；至英國功利論之開祖論者不一其辭有推爲昆布蘭（Cumberland）者有推爲塔克（Tucker）帕勒（Palay）者，實則嚴格而論，具有一種學術的組織者不能不首推邊沁（Bentham）。由邊沁而穆勒父（James Mill）子（John Stuart Mill）而薛知微（Sidgwick）功利論的主張遂

益表著於世。功利論在人生哲學上的特別標幟，便是以快樂為人生最高的目的。不過所謂快樂非僅圖個人的快樂，乃更圖他人的快樂，卽圖獲得快樂的最大量所以功利論的口號，便是「最大多數的最大幸福」但利己之外何故復求利他，關於這種說明，便是許多功利論者的主張所以不同之處。邊沁歸之於經驗，謂由經驗可以獲知最大幸福。詹姆士穆勒歸之於聯想，謂由聯想的法則可視他人的快樂與自己的快樂同。約翰穆勒則謂快樂上有性質的區別，薛知微則謂快樂上有直覺的基礎，各執一說以相非，不過他們的根本主張所謂謀最大多數的最大幸福却是一致。由此可知功利論者的人生思想，與實證論者的人生思想正多暗合之處。因為實證論者謂人生卽屬一種物理現象，故人生不能逃普遍的法則之支配，功利論者則謂人生雖屬精神現象，然亦正如物理現象不能逃普遍的法則之支配。人類利己之外復求所以利他，非受普遍的法則之支配而何？所以功利論的人生觀亦可以說是實證論的人生觀之一種。

進化論（Evolutionism） 進化論亦由反抗傳統思想而起，亦屬實證論之一種，因為牠最重觀察實驗，并且反對「最後之因」利實證論排斥形而上學的思辨正同進

化論的主要代表者不容說是達爾文、拉馬克(Lamarck)、赫胥黎、斯賓塞爾一班人，他們可以說都是新人生哲學的建設者，達爾文的種源論便叫我們對於人種由來的觀念發生一個大革命此外如拉馬克的動物哲學赫胥黎的存疑主義，斯賓塞爾的倫理學原理都對於人生問題貢獻一種大膽的議論關於人生的意義與價值，對於從前的說法起了一個大翻案就中主張最激烈的便是赫胥黎他把人生的歸宿和靈魂不朽這些問題都加以嚴格的攻擊認爲沒有充分的證據的東西都不值得信仰達爾文晚年也持這種態度所以他們的主張都是和宗教立於正反對的地位赫胥黎的存疑主義便以基督教爲攻擊的目標達爾文的種源論更打破千餘年前創世紀的舊說所以他們的思想在人生哲學上都建了廓清擁陷的殊勳自從他們的進化論發表以後個人的地位人與人的關係人與自然的關係都有一種澈底的解釋所以人生存競爭優勝劣敗以及生物學上應有的事實幾乎沒有不可以適用到人生的例取於自然界，由斯賓塞爾推演到人事界而我們的人生觀遂一變而爲進化論的人生觀生物學的人生觀這是十九世紀末葉新人生

以上關於實證論唯物論功利論進化論的人生觀，已述其大略。我們可以得到兩種感想：一，自從中世哲學以後，基督教的勢力並未大減，且隱然扶植於一般思想家之中。便是近代初期哲學所謂純理論者的思想，總不免要拿住「神」做他的哲學的中心觀念或最後觀念，即經驗論者亦未敢否認神的觀念，尤其是巴克萊，他並把神的觀念看得十分重要後來到了康德，由康德而菲希特而謝林(Schelling)而詩來爾馬哈(Schleiermacher)而黑格爾而叔本華幾乎沒有不拿住神當作根本的假定，雖然他們對於神的解釋有不同，或對於神的價值之估定有不同，或為解決最後之困難而造有神，或為聯玄學與神學為一氣而造有神二，自從實證論、唯物論功利論進化論產生以後基督教的勢力便根本動搖。本來在近世初期經過加里略(Galileo)培根、牛頓一輩人提倡科學之後基督教已經失了最大的優勢。而自實證論昌明基督教遂一蹶不振實證論首倡者孔德便極力排斥神的觀念。此外像拉斯(Lass)、黎爾(Reihl)、馬黑諸人更把感覺看得極重完全不承認有超感覺的東西還有一些

實證論者雖然態度稍爲和緩但對於神的觀念卻大概是排斥的至於唯物論者他們的態度更來得激烈所謂無神論者便是由他們裏面產生的像近世初期的拉美脫理(La Mettrie)、何爾巴哈(Holbach)這些人一面是唯物論者一面又是無神論者。若在十九世紀中葉發生的唯物論者像斯特老司、費爾巴黑這班人他們完全把基督看作是想像的東西一八五四年在格丁根的那一場筆戰便是爲反對聖書上人類創造說而起。可見唯物論更是把「反對神的存在推翻基督教」做目標的功利論者的根本精神，在闡發人我的關係、自利利他之結合，雖然老早有所謂神學的功利說，但到了邊沁便極端排斥神學的觀念，其後詹姆士穆勒也對於神的愛發生懷疑，這都是受了時代思潮的影響，至論到進化論者，他們便專拿基督教當作攻擊的對象，他們一面消極的攻擊基督教，一面更積極的建設生物學的世界觀和人生觀所以他們的影響特別的大總之十九世紀中葉以來，基督教的勢力幾全失墜，這完全是科學發達的影響。
由上所述兩種感想而加以考察可知近世哲學的人生觀其影響最大的，沒有不受科學的支配由是中世紀宗教的精神完全爲最近世紀科學的

東西哲學對於人生問題解答之異同

一四七

精神所壓迫，所以單就人生哲學而言，人生思想的變遷乃由道德而宗教，由宗教而科學與孔德所定的人類知識發達的順序，微有不同。

現代哲學也和近世哲學相同，他們討論的範圍非常廣闊，單就人生哲學而言如果要作一種較詳細的紀述，就非出一部專書不可所以只能選擇其中對於人生問題貢獻最大的稍加論列；至於在哲學上位置雖高而關於人生問題很少發表的只好置而不談。現在為敘述之便分作五段講明：一，實用主義者的人生觀；二，尼采的人生觀；三，柏格森的人生觀；四，倭伊鏗的人生觀；五，脫爾斯泰的人生觀。

現代哲學之人生觀

一，實用主義者的人生觀

實用主義乃是繼續實證主義而起的，乃是根據實證主義已有的結果進一步研究實際的人生問題的，換句話說實證主義所重在感覺，實用主義則兼重情意這是牠們的根本不同點。實用主義的首倡者雖然是皮耳士（Peirce），但影響最大的却不能不推詹姆士席勒（F. C. S. Schiller）杜威（Dewey）三人就中尤以詹姆士的規模為最闊大。本來實用主義的思想發生於希臘的勃洛

太哥拉斯「人爲萬物的標準」。體以情意爲學說的中心以人生爲眞理的鵠的。這凡屬實用主義者無不同此主張。而啓導於近代的康德，德的「純粹理性批判」而來。皮耳士自述其主張係由康大雖然皮耳士所揭櫫的是實驗主義(Pragmaticism)，詹姆士所揭櫫的是根本的經驗論(Radical Empiricism)或試驗主義(Experimentalism)或實用主義，杜威所揭櫫的是工具主義(Instrumentalism)或試驗主義(Experimentalism)或直接的經驗論(Immediate Empiricism)，席勒所揭櫫的是人本主義(Humanism)或人類主義(Anthropomorphism)以及頡布遜(Gibson)何維遜(Howison)一班人所揭櫫的是人格的唯心論(Personal Idealism)，塞士(Seth)所揭櫫的是倫理主義(Ethicism)或倫理的人本主義(Ethical Humanism)，但他們根本的主張却是沒有甚麼大不同的。不過詹姆士的實用主義比旁的人影響更大所以這些人都叫做實用主義者實用主義本來是認識論上一種方法，但他的認識論却是與人生哲學相關最切的。他的認識論可分作兩方面講：一方面不承認宇宙間有絕對不變的眞理，他方面却以爲眞理的建設是由於實際的人生前者是消極的方面後者是積極的方面可想見他的認識論是把人生

哲學做前提的現在因為實用主義涉論的範圍很廣闊且分作三項說明牠的人生觀第一，實用主義最大的貢獻是關於「真理進化」之主張，牠以為真理完全立於情意之上換句話說真理完全立於價值之上所以席勒說:「真理是論理的價值，Schiller's Studies in Humanism, p. 7.的標準不僅日常生活視牠在人生行為上所發生的效果為真偽也沒有一定也視牠在人生行為上所發生的效果為轉移便是科學的法則，便是世界的主人這是實用主義者所見的人生的價值第二實用主義最看重的是奮鬥的精神。牠的唯一的口號是「幹」！「幹」！所以和皮耳士同時的布倫得爾 (Blondel)，他便把實用主義看作「行為的哲學」(Philosophie de l'action)。詹姆士發表一篇信仰的意志 (The Will to Believe) 便是專為說明「幹」的道理而作的。詹姆士以為信仰就是行為的意志沒有信仰意志是不肯出力的許多人笑詹姆士，以為信仰由於證據沒有證據那裏會有信仰？詹姆士很不以為然他說:「倘若什麼事都要有了充分的證據才去信仰那便什麼事都不能幹了。凡事祇有先有了信仰然後去

找證據的，譬如這個世界究竟是好的還是壞的，這個問題兩方面都找不到充分的證據，所以我們還是確定一個方針，向前幹去。倒看牠是好的還是壞的，却決不能因為找不出證據，便不去做發明的事業。他這種信仰的態度，一面可以打破遲疑觀望的心理，一面又可以免去坐失時機的損失，這便是「幹」的道理，這便是奮鬪的精神。所以實用主義者的人生觀，乃是一種奮鬪的人生觀第三，實用主義完全是一種創造主義牠用這種主義創設一種宗教牠對於絕對與神的觀念，不認爲先天的存在，而認爲吾人人格的最後的表現申說一句，便是創造的過程。所以詹姆士謂實用主義之神爲人格最發達的東西，就是說我們「最後的人」便是圓滿周遍的神所以叫做「人性的宗教」(Religion of Humanity)。最後的人永遠在可達到而未達到的境界，所以我們的人生無時無刻不在創造之中這便是創造的人生觀合以上三種說明可見實用主義對於人生的看法是另具一副眼光的實用主義是一種「新淑世觀」(Neo-Meliorism)，自實用主義出世而新人生新生命新生活的創造皆爲一種不可掩的事實所以實用主義實開現代人生哲學的新曙光。

二，尼米的人生觀

席黎（Thilly）著哲學史，把尼采列入實用主義者，這當然是對的，不過尼采的思想却另有一種特色。尼采的思想是由三種影響湊合而成的，一，希臘的言語學；二，叔本華的意志哲學；三，瓦格訥（Wagner）的音樂。由希臘的言語學而得到希臘的兩種精神上的潮流，由叔本華的意志哲學而啓發權力意志的思想，由瓦格訥的音樂而促進藝術上的趣味。他生平的著述很多但發表他的人生觀的便是悲劇的發生（Die Geburt der Tragodie）這部書是他第一部著作可以說是三種影響的結晶他拿希臘兩個神代表他的思想，一個是美神阿婆羅（Apollo），一個是酒神爵尼索斯（Dionysos）。美神所代表的是觀念的世界是樂天的幻想的、靜美的世界酒神所代表的是意志的世界是酣醉的興奮的衝動的世界。尼采以為一般人因感着世間苦惱，便藉美神以為安慰換句話說苦惱是想用觀念去替換的，由是在觀念裏面希望幸福和安逸，不知這種想法完全錯了，因爲這種希望畢竟不過是鏡花水月那裏有現實的時期？而比這樣廉價的肯定人生也不會叫人生朝著創造一條路去尼采以爲這個時候，便不能不提出酒神來，換句話說這個時候只有強

烈的意志才可以救濟。人生是流轉變化的，在流轉變化之中全賴意志以謀統一意志是一種填不盡的慾壑，所以常伏有破壞和創造的性質，與一昧希望幸福和安逸者不同，這便是酒神的人生所以異於美神的人生之處。尼采以為真正的人生，要在脫去觀念的世界而代以意志的世界便是用最大的苦惱和努力以發見人生的究竟。結果雖不免產生人生的悲劇，而此種悲劇乃是在藝術中佔有最高的地位的，所以最高的藝術便是悲劇的藝術，吾人應對於悲劇的藝術而加以極端的讚美，由悲劇的藝術所成就的人生方為高貴的人生，這便是救濟人生的唯一的途徑，這樣看來凡是美神式的人生都應一律排斥，因為這不過是平凡的、頹廢的、無勇氣的人生之表示，不過對於人生加以一種廉價的肯定而已，其結果只有陷入類於墮落所以人生的第一要義，是對於人生取挑戰的態度，結果非藉酒神的魔力不可。換句話說，非有賴於權力意志不可。這便是尼采的超人哲學完全從這裏出發他的名著查拉圖斯屈拉(Also Sprach Zaratlustra)便是用象徵的筆法描寫這種思想的，可惜此處不便作一種詳細的介紹。

三，柏格森的人生觀　柏格森也被人家稱爲實用主義者，因爲他和詹姆士的態度很有相同的地方不過嚴格說來他思想上的特質特別顯著當然不能和實用主義者倂爲一談。柏格森是生命哲學的首倡者，是新浪漫派哲學的寵兒。現在無論何方面幾乎沒有不受他的影響的。他雖然也是進化論的系統，卻是和達爾文、斯賓塞爾的思想完全不同正猶尼釆雖然倡超人哲學卻不是由達爾文生物學上的進化觀念可以說明超人的。達爾文一派的進化論是把因果關係之機械律做根據，柏格森便極力排斥關於進化之機械觀的說明。他以爲進化僅由根本的創造活動，才有可能所謂根本的創造活動便是「生的衝動」(Elan vital)這種「生的衝動」便是宇宙創造的原動力。柏格森便拿住這種觀念建立他的創造進化論(L'Evolution Creatrice)他關於人生哲學雖不曾具體的發表，但由他的創造進化論卻是很可以捉住他的人生思想的。柏格森哲學的根本觀念是綿延(Durée)綿延便是一種溶和滲透之內質的變化之連續這不僅吾人意識的真相是這樣便是宇宙的真相也是這樣所以宇宙是刻刻變化刻刻創造的。柏格森就拿住這個意思做他生命哲

學的開端，所以說「生命是以發育的有機物爲媒介由一胚種移於他胚種之潮流」，可知有機物不過是全生命的潮流之一時的假現換句話說有機物不過是全生命潮流裏面一個細流人類當然是細流之一，從外面看人類各個人的觀念及自意識的發生，不過是生命運行中一個分歧，因爲人類負有物質的成分便不免爲物質所遮斷；從內面看人類人類乃由知力的活動遮斷生命的流動因取某部分爲一個人格，從全體看人類人類不過是自無始時來一個非人格的大生命之流從部分看人類，人類乃是主張自我而爲一個性化之人格的生命。所以各個人之死不至使生命全體減少各個人的創造的努力卻可以使生命全體擴大。大生命的完成點，乃是大生命活動的頂點。因爲人類由精神的活動，可以征服物質脫習慣的覊絆常常繼續新創造的工作，而一切動物及植物卻不免沈滯於固定的狀態，這就可見人類在宇宙間的地位。柏格森的人生觀便由這裏出發大約可以歸納幾點：一我們是對於生命進化負責任的，我們如果努力去開展精神便生命進化的方向更擴大因爲生命的綿延具緊張弛緩兩方面緊張之則爲精神弛緩之則爲

物質，所以我們努力與否是與生命進化發生直接關係的這就可見人生的價值二，宇宙是一剎那間一剎那間流轉變化的，我們人生也是一剎那間一剎那間流轉變化的，惟其流轉變化之速，那我們的努力時時刻刻不轉入新方向，我們的生命也無時無刻不在創造之中質直的說我們時時刻刻在破壞我裏面建立一個創造我。這是何等有意義的人生三我們的努力只是向前面去努力，卻沒有一個努力後歸着點就令有個歸着點也是假設的，也是暫時的，到了歸着點的時候總在途中決不在移遠了；所以我們的行事是沒有目的的，就說有個目的那個目的總在進化途中，這就可見我們的奮鬪是永無休止的這便能做到創造的進化。柏格森的人生觀大約不出這幾層意思柏格森也最重藝術他所倡的藝術是生命的藝術，直觀的藝術。他以為由藝術可以捉住人生的真髓開拓人生的真價只可惜此處不便詳說了。

四 倭伊鏗的人生觀

倭伊鏗在現代可以說是研究人生哲學的第一個人他對於人生的意義與價值，研究不遺餘力，曾有種種專著發表。他從哲學史上發見哲學

家對於人生的意義與價值的解答，有六種型：一宗教；二，內在唯心論；三，自然主義；四，知識主義；五，社會主義；六，個人主義。在一與二他認為是最舊的解答出三至六，他認為是比較新一點的解答。他所以選這六種而不採懷疑論及不可知論那些議論，便是因為牠們不曾肯定人生的緣故。他以為宗教是一件最舊的東西，從前的人都想在宗教裏面討個安心立命所以信仰來世；但這種信仰不能出經驗證明，由經驗證明的東西都是否認來世的，縱不否認也不免要存一種懷疑的見解，所以經驗決不會教我們信仰的。這麼一來，從前由信仰來世以解脫現世的動機一變而為經驗現世以改造現世的動機。這是宗教的解答不可恃的一點。至於內在唯心論，與柏拉圖明的絕對主義相似，完全把生活的基礎放在不可見的實在裏面，不過和宗教把不可見的實在放在彼岸者不同；他是以為不可見的實在是和內面精神相交通的。因為有這種信念，所以能抑制自然的衝動，促進精神的活動。我們內面精神界旣然和不可見的實在相交通，所以由理想發出來的現實都是合理的調和的，這麼一來我們完全生活在樂天的世界裏面了；但經驗所告訴我們的却不如此，并且照如

此說法，我們人類的努力也覺得太無意思，這都由於太理想化。這樣看來，宗教所見的完全是黑暗面，內在唯心論所見的完全是光明面，都與實際相差太遠，所以這兩種都是最舊的解答。其次論自然主義自然主義是否認宗教和形而上學的東西，他以為宗教不過是迷信，形而上學不過是妄想，而最澈底的最靠得住的只是唯物的器械觀。就是說「自然」便是全實在此外並沒有甚麼精神。這種解答亦有不是處。所謂宗教道德藝術等這一類的精神文化且不論試問自然主義者所偏重的科學是否為精神的要求之所產生？我們觀察自然，不由精神的要求何從紬繹那些理法若照自然主義者所說，那我們簡直不能應外界之刺戟以圖變化或改進。自然主義者以為最確實的是直接經驗，換言之是感覺的世界，不知感覺世界亦有靠不住的東西，並且我們人類難道和動物一樣，專向感覺討生活，毫無思想可言嗎？這樣說來那自然主義也就難立足了。再次論知識主義。知識主義與自然主義相反，牠以為文明人是由感覺生活漸次走向思想生活，就是說思想是離開感覺之直接制約而獨立發達的，我們生活所以能改造完全由於知識主義的見解所以思想實在是「全實

在〕是生活之唯一的支配者這種說法，亦有數弊。思想是形式的而缺實質的，生活於形式之內便沒有內容可言我們有機的生活何等豐富豈能無條件的屈服於形式之下？這樣推論下去可以知道我們人類既不是自然的奴隸也不是思想的奴隸。我們人類是自身有固有之力的，那末自然主義和知識主義所談都不足恃了。再次，論個人主義與社會主義。我們知道人類自身有固有之力，那末我們人類便成了主觀的東西與自然主義知識主義以客觀爲主的不同個人主義與社會主義其相同點在特重人道，而人道是以人類爲主的，即以主觀爲主的，不過社會主義所偏重在社會個人主義所偏重在個人，但都和人道不相背馳。在這點說來個人主義和社會主義確是比自然主義知識主義要進步些只是社會主義之主旨在組織個人主義之主旨在解放，組織與解放是根本不同的兩種生活，并且在這兩主義中無論何方都有缺點；社會主義只顧外面之條件改善，却不免閑却內部生活；個人主義徒然自縛於個人直接的環境之內便不能擴張個人於全體所以這兩種主義仍舊不是圓滿的解答。倭伊鏗對於這六種解答都予以不滿足的批評因爲都不免閑却人類之

東西哲學對於人生問題解答之異同

一五九

精神的要求，至此乃提出他的精神生活論。他以為在自然主義知識主義便有使人類屈從世界的弱點，在個人主義與社會主義便有使世界受人類支配的弱點，所以都不能發見人生的意義與價值；要發見人生的意義與價值，須把世界和人類調和融合，可換句話說，便是要做到主觀與客觀之調和融合力可。要謀主觀與客觀之調和融合，非肯定精神的活動不為功。這種活動便是一種超越自然生活的精神生活。因為精神生活發達到極點的時候，精神生活會顯現。我們現在正站在兩種生活交嬗之時期中，一面在動物界（自然生活）對生活，一面加入精神界以與自然界奮鬥，奮鬥的結果可以離掉自然的支配就精神的支配。所以我們生活的根柢從前雖在自然界，而現在則完全在精神界。這由人類生活進化之迹便可以證明。如今只看精神活動之努力如何，便可決定解脫自然至何程度，換句話說，便可決定「精神之自由」至若何程度。人類由野獸或野蠻人之自然生活努力到人類的精神生活，更由人類的精神生活努力到宇宙的精神生活，便達於自由之絕頂。無論世界和人類，客觀和主觀都莫

不治於一爐這種宇宙的精神生活完全是一種神的生活既不像自然生活受本能的支配，更不像人類的精神生活為社會的責務之觀念所束縛赤裸裸的走入神之宮殿邁進於愛之國土，這是何等歡喜愉悅的世界這便是倭伊鏗的人生觀。倭伊鏗的人生哲學完全以精神生活為基礎，倭伊鏗並由這種基礎建立宗教哲學他關於宗教方面的著述也很多，所以研究他的人生哲學最好拿他的宗教哲學比較研究。

五　脫爾斯泰的人生觀　脫爾斯泰也是現代人生哲學界的驕子，他的思想在各方面的影響都是很大的。他是專提倡理性的一個人。他所謂理性不是科學的理性，乃是統治人類生活的最高法則而由神所授與的理性，我們可以藉理性知道自己及自己與宇宙之關係。這是無論何人都有的。汝心中之神即是此物萬物在理性之中復從理性而出。故理性為完成人類之大法。理性使動植物成長之法則和使天體活動之法則正同。知道理性是這麼一回事，便知道人類之所以為人類，我們人類一面是動物受動物的法則的支配，一面賦有理性受理性的法則的支配。換句話說，我們人類都有兩個我：一個是動物我，一個是理性我，然則我們究竟依存那個我才妥

當?悅爾斯泰在這個地方,有鄭重的聲明,他說:「由動物我照依理性的法則所達到的幸福才是人生人捨此道以外不知道有別的人生亦且不能知道有別的人生」

脫爾斯泰以為人生不僅是時間空間所制限的東西,假如以時間空間來下人生的定義,那就髣髴以長廣的度數來下物體之高的定義一樣。這便是由於時間空間是有限的,有限的東西何能與人生之觀念相對立?所以在這個當中非拿理性的生活才有真正的人生可言,理性的活動是不受時間空間之支配的,人類要管理性的生活去說明不可理性是不可理性的活動是愛從理性所發出來的愛與普通的愛不同。普通的愛譬如為自己的小孩而奪他人飢餓的小孩的乳之母親的感情,為戀愛而使女子墮落之男子的感情為助自己的黨派而加害於他派之黨屬的感情,這些感情都不能算是愛。愛是合理的活動,沒有甚麼偏倚的,又為將來之愛而犧牲現在之愛都不足云愛。愛僅僅是現在的活動沒有甚麼打算的所以愛之一字只是要件著合理的現在的這些意味,否則所謂愛朋友愛妻子,結果無一不是愛自己都是為自己打算的所以只看到個人的生活或是動物的人格,都是偏倚的愛或是打算的愛不能謂之真愛。

人生若無真愛，便無真正的人生可說；因為真愛是理性的活動，而理性是超絕空間時間的超絕空間時間，方不執著動物的我，不執著生死不執著生死方能得到真的生命，方能講到真的人生。脫爾斯泰的死生觀是認死為不存在的。他以為死不過是一個幻影，我們的肉體是時時刻刻不斷的變化的，我們的意識也是時時刻刻不斷的變化的。「死」這個東西，不過是變化的一個階段，又何必執著？

所以脫爾斯泰以為人生有兩種看法：一種是自生後至死亡的人生，一種是良心不死的人生；前者是虛偽的人生，後者是真正的人生。前者是個別我的人生，後者是普遍我的人生普遍我乃宇宙根本的生命，充滿神的意志，決不因死而滅亡。因為普遍我是依存理性的法則的，理性乃超絕空間時間之物，故普遍我的生活，既造到這個境地那便我們肉體上的生活雖不免止息，而我們精神上的生活固猶是永生。脫爾斯泰的人生觀，到此處才有著落關於永生論可紀述的還多，在暫止於此。

以上為現代哲學的人生觀其中間發最精影響最大的，大體均有論及現代人生

哲學的特徵與近代相比較，正不難判明。其尤顯著的，便是現代和近代末期的人生哲學。如實用主義的人生哲學與實證主義的人生哲學便有根本不同的地方。實證主義打破信仰，實用主義則依存信仰；實證主義專重感覺，實用主義則兼重情意；實證主義注重自然的法則，實用主義則注重人間的法則。因此實證主義者便覺得實用主義者的人生太偏於急進，完全把人生當作一種試金石也，未免太危險；實用主義者便覺得實證主義者的人生太偏於保守，太沒有勇氣，完全做的一些抽象的工夫也，未免太冥頑不靈。可知實用主義者所帶的意志的色彩很濃，這是現代人生哲學的特徵之一又。如尼采和柏格森的人生觀都泰半從進化觀念出發。但他們的進化觀念完全和達爾文一派的進化觀念不同；他們完全注重心理學上的事實而達爾文一派則注重生物學上的事實。因此他們的人生思想與達爾文一派的人生觀想完全異致。這又是現代人生哲學的特徵之一又。如倭伊鏗和脫爾斯泰爾文一派的人生觀從科學觀念出發的不同。倭伊鏗都泰半從宗教觀念出發與近世哲學的不同都是為反對從前的科學觀念明。精神生活之重要，脫爾斯泰闡明理性的愛之重要，都是

而起的。他們的思想徑路雖有不同，而出發於宗教觀念則一，這又是現代人生哲學的特徵之一。就中更有一種重要觀念爲現代與近代之最大分岐點，便是近代的人生思想大體立於科學之上，而現代的人生思想大體立於藝術之上，例如尼采的人生思想便是藝術思想的結晶，他以爲人生的極致便是悲劇的藝術，又如柏格森的人生思想雖立於直觀主義的基礎之上，而直觀所賴藝術以顯，即人生的真相非藉藝術莫白，所以他在笑的研究（Laughter）這部書裏面，專闡發這種意思至於實用主義立於情意之上視人生爲情意的產物，那簡直是「人生之藝術化」的思想，尤其是詹姆士帶勒一派的人生思想，所含的藝術的色彩更濃，倭伊鏗和脫爾斯泰的思想雖出發於宗教觀念，但他們的宗教觀念與從前的宗教觀念大有區別，他們的宗教觀念是伴有藝術觀念的，他們是求宗教美與藝術美一致的，[參看「宗教論」冊著]譬如倭伊鏗的宇宙的精神生活，求小己與宇宙之精神感通，脫爾斯泰之理性生活求人與神之感情交流，這便所謂觀照的世界可想見現代的人生思想完全立足於藝術之上。此外如卡爾特（Carpenter），如王爾德（Wilde），都莫不力倡藝術[李石岑「論文集」]

的人生，所以藝術觀念在現代人生哲學上之重要正猶近世末期的科學觀念在人生哲學上之重要。

＊　＊　＊

以上關於西洋各派哲學的人生觀，均已分期講明。大抵希臘哲學的人生思想，注重在道德方面，欲尚道德的方法或倫理的方法解決人生譬如蘇格拉底的至善論，柏拉圖的德論所謂智慧勇氣節制中和的四元德亞里斯多德的德論所謂知德和行德莫不以實踐預期的德目爲人生最高的目的正馮友蘭先生所謂「求好」的意思。「人乃於諸好之中求惟一的好；於實際的人生之外求理想的人生」見所著「對於哲學及哲學史之一」。大平洋四卷第十號。這時候中國的人生思想也不出「求好」的心理，如所標的三達德及五德、六德四德、九德等，都是想用道德的方法來解決人生的。但西洋解決人生的方法隨時代而變遷，中國則永遠不生變化，這是中國與西洋最大的不同處。希臘哲學到了中世紀，就起了一個大變化，由道德的中心一變而爲宗教的中心，所以中世哲學的人生思想專注重在宗教方面，想用宗教的方法解決人生耶穌的來世主義所

以能支配那時代的人心，就由於他所用的方法不同；因為他不專在道德上做工夫，只顧到人情的管束而止，或只顧到現世的幸福而止，他是要進一步論到人生的歸宿，幷着眼到來世的幸福所以在人生思想上能發生絕大的影響幷不限於那時代就是近世紀初期的純理論以及後來的康德學派都幾幾乎不能越出他的範圍。不過從科學的勢力伸張以後基督教的優勢已無法維持。可以說從加里略到黑格爾為西洋哲學從宗教本位到科學本位的過渡時期直至實證論產生宗教與科學遂全易位宗教的中心遂一變而為科學的中心所以近世末期的人生思想，專注重在科學方面想用科學的方法解決人生。不過科學的最大武器，是事事都要求一個客觀的證據，因此關於人生思想也只能仕肉體方面求最後的解釋，其結果遂產生弗羅伯爾一流的悲哀。由近代而現代。關於人生的解決父生一大變動，卽由科學的中心一變而為藝術的中心。所以現代的人生思想，專注重在藝術方面想用藝術的方法解決人生。因為藝術是以全生活為本位比中世紀專重靈魂觀念近世紀專重肉體觀念者皆大有不同所以藝術的人生在現代為比較的富於解決之可

東西哲學對於人生問題解答之異同

一六七

能者。我由人生哲學史的研究，覺得我這種由道德而宗教、由宗教而科學、由科學而藝術的時代劃分比較的近於事實雖然在各時代中一切文化同時發達不必依照我這種整然的次序，譬如希臘哲學乃由科學的而道德的而宗教的或根據另一觀察點乃由宗教的而藝術的而科學的而道德的；但在人生哲學上所發生的童大影響要不能不獨推道德觀念。初民思想大抵原於神話、或起於自然崇拜、所以爲一宗教有力的思想的便是道德觀念。因爲道德觀念是在於管束人情、這是維持初民社會的根本要素。此外中世哲學的科學觀念現代哲學的藝術觀念亦何莫不然？我用擒賊擒王的方法單就各時代在人生哲學上所發生的主要觀念而加以闡明，故有上述的結論。

現在要論到西洋的人生哲學對於第二章所提出的問題如何加以解答？我們在上面所述的倭伊鏗的人生觀裏面已經知道關於人生問題之解答，有六種型不過倭伊鏗都認爲不適當因提出他的精神生活論他所提出的六種型是一種橫的分法我的時代劃分是一種竪的分法，表面上看來，雖沒有大不相同之處，但內容上却是要比他豐富些三因爲他把懷疑論及不可知論都加以擯斥而我却認爲都可列入

一六八

科學觀念之中。況且在道德和藝術兩種觀念都是關於人生問題解答的重要條件，而他却一概不談。所以我覺得他那種分法不免有許多遺漏當然不能得到圓滿的解答。我現在還是用我的分法觀察所解答的結果。希臘的人生思想專注重在道德方面上面已經說過；但那時候的道德觀念中却已發生重要的二派：一為禁慾派便是犬儒學派，一為快樂派便是西列學派，兩派在西洋人生哲學上之重要上面亦有論及；我所以重行提出便是要知道這兩個系統，實在是西洋各派的人生哲學之源。斯多亞派繼承犬儒學派的系統偏於禁慾說伊璧鳩魯派繼承西列學派的系統，偏於快樂說，這是無庸說明的。推而言之中世紀的宗教觀念，便傾於禁慾說，經驗論的態度的科學觀念，便傾於快樂說再細分之，純理論的態度便傾於禁慾說便傾於快樂說；近世初期的思想便傾於禁慾說，近世末期的思想便傾於快樂說可見禁慾說和快樂說在西洋人生哲學史上的地位。本書第二章所提出的問題在快樂說大抵是不容易解決的因為那些問題便發生於快樂說或近似快樂說學派之中然則非提出禁慾說不可。因為禁慾說大抵看輕現實生活而注重理想生活，否認

現世幸福而提倡來世幸福，所以在第二章所提出的各種人生的苦惱與悲哀，如果有理想生活或來世幸福作牠們的慰安與救濟，也未嘗不是一種解決的方法；無怪近來一部分歐洲人鑒於人生的前途之暗澹，以爲非重行回復中世紀宗教的態度不可，不過在現代知識已經充分啟發的人類那種迷信的宗教又何能支配現代的人心；換句話說禁慾說的思想豈復能望其繁殖於現代，所以希臘道德觀念中世紀中所發生的禁慾說和快樂說的思想現在都不適用。由是而言，希臘的道德觀念爲近代人生問題之所由產生，當然不能自身解決自身的問題於是乃不能不提出藝術觀念因爲藝術觀念不受禁慾說的支配亦不受快樂說的支配，牠是另有一種立腳點的對於人生的苦腦與悲哀認爲無須別求慰安與救濟之法，因爲人生的苦惱與悲哀，便是一種悲劇的藝術，我們就可以由悲劇的藝術加以極端的讚美那麼人生這便是慰安與救濟尼采說，我們應對於悲劇的藝術與悲哀不惟不足以陷人類於絕滅反是救濟人類的唯一要圖所以在現代無論提

倡道德、宗教科學，都要把藝術觀念作骨子，否則便成一種呆板的道德迷信的宗教殺人的科學這樣看來，西洋哲學關於人生問題之解答，要不能不推現代藝術中心的哲學爲最有力量。不過嚴格說來，西洋哲學的成就，究以關於人生方面爲最少便是已有成就的地方，也不免要由自然推到人事和東方哲學專以人事爲主題者完全相反現在請進一步觀察東方哲學對於人生問題之解答而先從印度方面分段講明。

第二節　印度哲學方面之觀察

概說

　　印度哲學的成就竟可以說完全在人生方面，一部印度哲學幾乎可以說就是一部人生哲學，卽此，便可知道印度哲學與人生哲學關係之密切。關於印度哲學之敘述頗不便按照西洋哲學分代敘述的方法，亦且無分代敘述的必要；因爲印度古代各派哲學發達的順序與變遷的年代很不明瞭，——印度在世界上是一個最不重歷史最缺乏時代觀念的國家，——而在近代的印度哲學又以內容

虛空，無敘述的必要，所以關於印度哲學之敘述，要另換一種方法。不過印度思想變遷的大勢不能不先有一個明確觀念否則便無由推測牠思想的中心。現在就普通的觀察而作一種極概括的時代劃分：

一，天然神話時代（紀元前一五〇〇——一〇〇〇）這時候把一切天然現象看作有神格的，卽視爲信仰的對象；并由此解釋萬有所以這時候的宗教與哲學都是由神話出發的。直到最後纔有個比較統一的見解以解釋宇宙人生的起原而於人生與宇宙的關係亦稍稍能認識。這便是印度人生哲學的開端這時候有所謂梨俱吠陀，便是人生思想的源泉。

吠陀（Veda）係知識之義。據婆羅門族所信係古代聖人受神的啟示(Śruti)而誦出之聖典，普通稱爲「明論」有四種：一、梨俱吠陀(Rig-Veda)。二、耶柔吠陀(Yajur-Veda)。三、沙摩吠陀(Soma-Veda)。四、阿闥婆吠陀(Atarva-Veda)。四吠陀皆以祭爲中心意義而編纂之者，就中尤以梨俱吠陀雖讚美創造的神秘，却已帶有一種探究宇宙人生之哲學的態度，這由所謂「五聖的歌」中，便可以看出。可分離的聖典，爲最重要。梨俱

二，婆羅門教成立時代（紀元前一〇〇〇——五〇〇）此期繼承前期的思想，由形式實質兩方面發展就形式說，像耶柔吠陀那種專重祭式之書及一切洪

書(Brahmana)，梵書乃附加於吠陀而作的聖典，雖爲整理書前的此所行的思想卽便萌芽於梵書中。可以說是由吠陀的現實主義到奧義書的理想主義的一座橋梁。都是這期的重要經典因此產生祭式萬能主義，而成功一種國民的宗教，卽所謂婆羅門教。印度舊有四姓之別：第一、婆羅門，卽僧侶。第二、刹帝利，卽王族。第三、毘舍，卽農商。第四、首逹羅，卽賤族。除婆羅門外，餘皆居於被之使役之地位。婆羅門統轄一切宗敎上、儀式制有所謂「摩拏法典」爲神政組織上之覽王。

就實質說婆羅門的哲學思想之大集成所謂奧義書(Upanisad)者，這時便爲各方面所重視。像刹帝利族佛敎產生於刹帝利族。乃宇宙原理之梵(Brahman)與個人原理之自我(Artman)爲本質的同一，便注全力於此書奧義書的根本思想，言之自我卽梵此種思想遂立後世各派哲學的基礎；而印度的人生哲學遂爲進一步的開展。

三，各宗派勃興時代（紀元前五〇〇——二五〇）奧義書不僅在印度思想史上爲各派的源泉幷在世界思想史上據最高的地位，叔本華稱爲世界上最有價値之書。幷說：「余得是書、生前可以安慰死後亦可以安慰。」由硏究者之盛遂產生許多派別。就中可分爲二大派一正統派；卽婆羅門正統派。二反正統派。正統派復分爲吠檀多(Vedanta)、數論(Samkhya)、

一七三

瑜伽(Yoga)、彌曼差(Mimansa)、吠世史迦(Vaisesika)尼耶也(Nyaya)六派；反正統派復分為佛教者那派(Jainism)順世派(Lokāyata)三派前者是認吠陀神權後者則否認之即此便可知道佛教所居的地位。

四，佛教隆盛時代（紀元前二五〇——紀元後五〇〇）各宗派雖同時並起，而佛教獨能範圍一世者乃由佛法陳義獨高之故。佛法雖有種種派別而在紀元前後小乘佛教最盛行至大乘佛教之發達乃第二世紀以後之事所謂印度的人生哲學至此時蓋達於頂點。

五，婆羅門教復興時代（紀元後五〇〇——一〇〇〇）此期可紀者甚少雖沿婆羅門教之舊名實則內容大半採自佛教。

六，印度教成立時代（紀元後一〇〇〇——一五〇〇）此期可紀者更少，不過對於種種聖典加以註釋而已毫無思想可言又因回教侵入思想內容愈不堪問。

七，混沌時代（紀元後一五〇〇——現代）此期復因基督教之傳入，思想益形

周陋；不過到最近期間，有泰戈爾、甘地產生，前者主張生之實現(Sadhana)，尚不失奧義書的精神；後者主張不合作運動亦隱含「不殺生」(Ahimsa)的理想。他們都是時代思潮的寵兒但比之舊日的精神卻已相差遠甚。

以上所紀雖極簡略但印度思想變遷的痕迹與各期思想的特徵已可概見。我們知道印度思想的精華完全在古代與中世換句話說完全在婆羅門教與佛教。思想雖爲反對婆羅門教的思想而起但嚴格論之佛教的思想乃爲婆羅門教思想的修正者或革新者所以佛教哲學在印度哲學上實據有最高的地位我們現在談到人生哲學當然以佛法的人生哲學爲印度哲學人生哲學之正宗不過在敍述佛法的人生思想以前婆羅門教的人生思想亦應有所考察又反正統派之中有所謂順世派者那派者他們的人生思想既與婆羅門教不同復與佛教迥異似乎也應觀察其特殊之點這些三關係如已講述明白然後進論佛法自易得佛法的真相。

現在請略述婆羅門教對於人生的見解。婆羅門教認定世界由梵天而起，漸次墮落。共有四個時期：一克利他時期(Krita yuga)；二陀列他時期(Treta yuga)；三疊

化波羅時期（Dvapara yuga）；四，伽黎時期（Kali yuga）。這四個時期中第一時期尚屬純善，人皆敬神，自餘時期善性漸減，終至罪惡與時期俱長，所以第四時期爲最惡的時期，便成現世的狀況。我們在這種罪惡的世界裏面，當然我們的生活也免不了罪惡，所以我們一生是與罪惡相終始的。我們的罪惡是從無始以來相積聚而成的，現在便食罪惡的報果，所以非求解脫與梵天合一不可。婆羅門因設一種輪迴教以建立人生的準則謂世界萬物的差別，都由喜（Sattva）、憂（Rajas）、闇（Tamas）三德而成，富於喜德者則歸入神位，富於憂德者則歸入人位，富於闇德者則歸入獸位，凡此種輪迴生死皆隨人類的行爲而生差別。且此種輪迴的境界不獨人世爲然卽世界本身亦莫不如此，此世界由梵天而出，經過某時期以後卽復歸入梵天，其後世界又復從梵天而出，如此輪迴往復，永無止期。如欲免此輪迴便非求解脫不可。而解脫之方法有二種：一作法（Karman）的解脫；二知識（Jñāna）的解脫；前者爲漸進的解脫，後者爲澈底的解脫；前者爲人人所能行，後者爲婆羅門所專有。_{於婆羅門教認爲眞理之事，}惟婆羅門族所得參與、他族不得與聞。故知識的解脫爲婆羅門所專有。由此可知婆羅門的宗教完全爲一種階級的宗

教，非普遍的宗教貴族的宗教，非平民的宗教因此反動即緣之而起，佛教便是這種反動之最顯著而最有力者在佛教的反動尚未表著之前所謂順世派者便用一種極端懷疑的態度以爲反動之先驅現在請觀察順世派的人生思想。

順世派一面憤婆羅門教之宗教道德陷於虛僞與專橫一面又憫當時人民之苦行流於野蠻與迷信因此用一種極激烈的革命的態度一面消極的否認當時的宗教與道德一面積極的建設所謂感覺主義物質主義快樂主義牠的世界觀與人生觀皆成立於四大和合之上而其特別標幟是無天無解脫無精神無他世界無報應；我們有生命一日便快樂一日我們可以從友人中借取錢財以塡充豐居美食之慾壑。由順世派這種激烈的論調而當時固蔽頑鈍的思想界頓生無限之曙光。不過嚴格而論順世派的思想祇能供一時發酵之用固不能在人人心中建立一種最大之信仰，因而有佛教之產生。

者那派與順世派雖同立於反婆羅門教思想的地位，然順世派主快樂者那派則主苦行。又者那派與佛教雖同爲建設的教派，然者那派主精神原理之「命」(Jiva)

之實在，而倡「我住論」佛教主萬有之刹那生滅，而倡「無我論」前者認我為常住，故為一切苦之根源；後者認我為幻化故得一切苦之解免者那派之創始者伐彈摩那(Vardhamana)曾建立命非命(ajiva)漏(Asrava)縛(Bandha)解脫(Moksa)遮業(samvara)、滅樂(Nirjara)七範疇以為其教理之根據，而此七範疇者皆依次發展結果所謂真我顯現之鄔波優伽(Upayoga)乃能現實，而為真我顯現之障礙之優伽(Yoga)自然退聽。耆那派的鄔波優伽與優伽、和佛教的真如與無明、雖有相似之處，但兩派對於人生的見解，適不相同。思想即於此出發結果乃由其主張「命」之實在遂成一種「我住論」而有與佛教之種種不同點。耆那派的人生思想是苦行，而順世派的人生思想是快樂，可見都有所偏；自佛教出始建立非苦非樂之中道。

以上所述婆羅門教及順世派耆那派的人生思想不過就佛教所認為外道之比較的顯著者舉而論之。實則所謂外道在初期的佛典則有六師外道之名，在後期的佛典則有六十二見九十五種之別，又何能一一舉述？然即此已可見當時討論人生問題者之發達。不過對於人生問題富有一種獨到的見解，不容易為他種異論所推

一七八

倒者祇有佛法。佛法所以稱諸宗爲外道，固自有其不可企及之點。由此可知佛法的人生哲學實居印度人生哲學的首要地位。

統觀印度哲學，除順世派之外殆莫不富於宗教的意識莫不持出世論其最大之共同點便是印度各派哲學莫不集中於人生問題所以牠們的出發點都是苦惱觀，而其歸著點都是解脫觀。所以業與輪迴，在印度哲學中實佔有重大之位置。此種思想萌芽於梵書而發展於奧義書遂由此傳播於各宗派，這便所謂印度哲學之特色。

不過在印度哲學中真正具有一種繼往開來的事業與功蹟者祇有佛法尤其對於人生問題真正具有一種澈底的解釋者祇有佛法。以後請專論佛法的人生觀。

佛法的人生觀上

在佛法上的解釋茲分別說明於下。

佛法精深博大須作一種比較有系統的紀述方能洞悉此中妙諦現在爲便宜起見分作三段紀述而本段復分二項說明：一佛法總詮二人生在佛法上的解釋。

一，佛法總詮 欲明佛法宜究體用，中土學者每稱法輪法印，以顯體用。卽法輪爲體，法印爲用。何謂法輪撮要言之，則四諦、八聖道是也；何謂法印？有四行相：無常、苦、空、

無我是也。請先釋法輪境、行、果三，顯佛法體，而四諦為佛法的根本教義。所謂四諦卽苦諦集諦滅諦道諦四者這便是四種真理或四種真相。佛陀一代說教，卽根據四諦敷說萬法；而此四諦者乃佛陀立教行道宏法利生之要訣。第一觀察世間的結果第二探此結果的原因第三因消果寂後的狀態第四求出離世間的方法。現在先說第一，卽苦諦。苦諦便是人生的真相；最顯著的便是生老、病死四大苦此外更有「愛別離苦」「怨憎會苦」「求不得苦」等等，便是最鍾愛的人偏偏不能分離，最怨恨嫌惡的人偏偏要會在一塊心裏想望的東西偏偏求不到手諸如此類可想見世間沒有一處不是充滿著苦惱的。况且世界一切都是流轉變化的我們眼見少者轉瞬便成老人生者轉瞬變成枯骨梧桐驚秋而葉落家燕未寒而已西世間如此流轉變化不可少住故成苦聚所以世界永遠是一個苦海。但是苦的原因在那裏，這是不能不作進一步的探究的，於是請說第二，卽集諦。集諦便是苦的原因。佛陀最重因果觀念他用集的因說明苦的果。但他說明的方法不像婆羅門教拖出一個主宰者來他是鄭重的聲明「一切法無主宰」的；又不像耆那教拖出一個我來他又

一八〇

鄭重的聲明「一切法無我」的。他認一切苦的真因便是無明。無明即惑，亦即煩惱由無明生一切執著欲望，由執著欲望便在身口意二方面造作種種業，便醞釀為一種業力（潛勢力）業力便成業因，由業因便生業果，即是苦果質直的說，苦果的近因是業，而其遠因乃是惑。由是惑業苦三者互為因果輾轉遂成過去現在未來三世現在請拿他的十二緣起說說明苦果生起的順序所謂十二緣起，又名十二支。即由能引之「無明」與「行」二支生所引之「識」、「名色」、「六處」、「觸」、「受」五支這都是為後來生起異熟之預備即是留下的種子到後來生死關頭緣現前境界發起貪愛緣「愛」復生欲等四取，「愛」「取」合潤從前的五種種子勢力增加一定能起行生現「有」。俱能近有「後有果」故。以其能不久有後有以「愛」「取」「有」三是名能生。自中有至本有立一支曰「生」生死後生前為中有。自本有後變異壞散立一支曰「老死」此二支是名所生。果所以名之為有。「老死」生死後死前為本有。此二支是名何以故愛取有近所生故前十支是名十因生、老死在現定不同世因中前七支與愛取有或異世或同世在，或未來。過去或現在。二果，十因後二支是名二果，無明至有在，生、老死在現後二支一定同世以此合成兩世。如是十二、雖有兩世但為一重因果。其關係如次表。

以上都是說明苦因苦果,現在要求苦的解脫,於是請說第三,即滅諦。滅即苦因苦果消滅所顯的理性。而苦因立於苦果之前,苦因不起則苦果不生,所以解脫的第一要

義，在斷苦因上面已經說過，苦果的助因是業，而其親因乃是惑。惑即件無明以生然則解脫的第一要義便在斷無明我們知道世間一切苦惱皆起於我執我執便由無明而起；換句話說我執便由於不知世界的真相。既不知世界的真相，便把本來不存在的我當作世界上的實在，因此惹起種種煩惱造作種種業因而招感種種苦果所以明白世界的真相便是解脫的下手工夫。譬如盛怒之下，難以理明，欲白是非祇須平氣。如果無明的障蔽既除則真理自顯而一切苦惱自可無形解脫這便所謂涅槃的境界關於涅槃的解釋後當詳說佛陀說教，即以涅槃為指歸。從前的人講錯了佛教徒一部分也講錯了，以為涅槃是「廢滅」是「寂無」什麼束縛什麼苦惱到此都絕滅了根株枯木寒灰連木也化為煙灰也化為塵什麼事都沒有了。實則當如是說人以涅槃，不過證得法性常住便知法相如幻便是上面所說無明的障蔽既除則真理自顯我們既已明白了世界的真相而後有事可做，而後纔能做事而後不做寃枉事所以佛的無盡功德就從涅槃而來不過欲達到涅槃的境界不能不講究一種方法。於是請說第四即道諦所謂道諦便是佛陀最初宣說的八聖道，即正見、正思、正

語、正業、正命正精進正念、正定八者這便是由迷界到悟界修行的方法，即達到涅槃的方法。正見乃正確的觀察對於四諦有正確的認識便是如實知見的智慧正思乃正當的思想，即助成正見達到實行之過渡的狀態。正語乃正確的語言求正見正思之正確的發表。正業乃正當的行為，求所行與所言之一致。正命係正當的生活，正精進係正當的努力，皆求正當行為之現實與向上。正念乃正當的念慮謂不起邪念；正

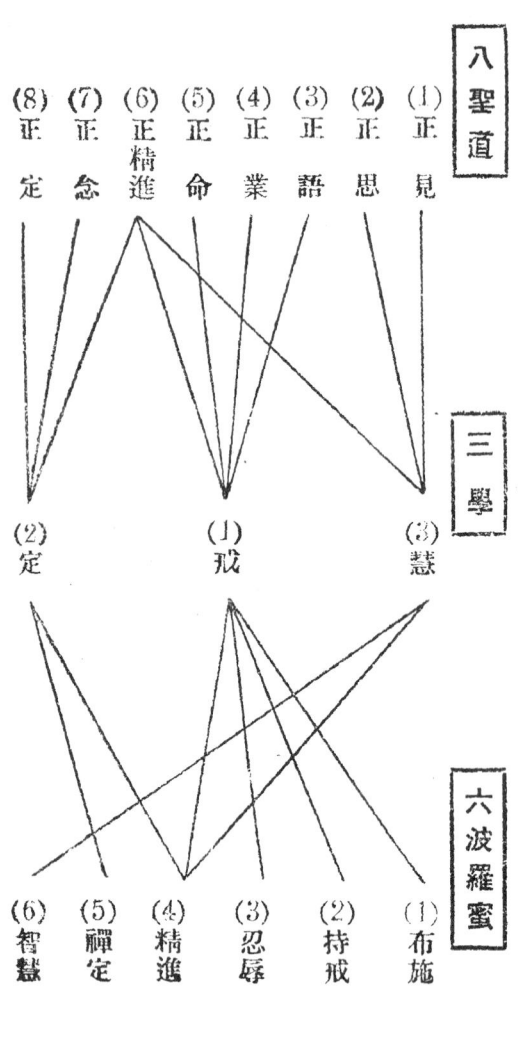

八聖道
(1)正見
(2)正思
(3)正語
(4)正業
(5)正命
(6)正精進
(7)正念
(8)正定

三學
(1)戒
(2)定
(3)慧

六波羅蜜
(1)布施
(2)持戒
(3)忍辱
(4)精進
(5)禪定
(6)智慧

定乃嚴正的精神，謂心專境一。此八聖道在佛法上的位置最高，是爲法輪之體，通大小乘皆修。若分配於「六波羅蜜」統攝於「三學」（所謂六波羅蜜卽布施持戒忍辱、精進禪定智慧所謂三學卽戒定慧）則如上圖所表明的關係。

以上關於四諦八聖道已解釋大略。佛法的人生觀便完全表著於此。佛對世間講苦集二諦對出世間講滅道二諦；前者破不究竟的人生，後者立究竟的人生所以四諦是。佛家人生哲學的根本教義。如果作一種進一步的解釋便知一切佛法都可以從四諦中發揮出來。佛法雖屬萬殊但在修行的人可以觀察到牠們的共通的法相所謂共相就看牠有那樣的共相便可概括在那一諦裏面。在大乘佛法講來這樣的共相有十六種所謂十六種行相分配到四諦，每諦各有四種苦諦有無常苦空無我四相集諦有因集生緣四相滅諦有滅靜妙離四相道諦有道如行出四相。先解苦諦的四相。世界總是刹那生滅的。念念間 傾一指一刹那間。有法起來又念念的不住可見前後便變異了。人對於事物總要執着起來，誰都不願牠們有變異或壞滅，但事實上並不如此所以說是無常。由無常便感着苦因有二苦三苦四苦五苦八苦之說，將人生從生

到死的苦一概說盡，所以說是苦。事物要是常住的，便可說有個實在的事物，而現在一起滅（一起一滅，頓起頓滅。）便了，直同幻化一般，再不能安上「自性」等名詞，所以說是空。（因緣所生法，我說即是空。）無自體的事物自然不能說有我，所以說無我。次解集諦的四相。一切生死從何而來推究起來無非出於煩惱的無知亂作，又出於善惡造業，所以煩惱和業都爲招致生死苦惱的原因，所以說是因。這樣的因不是無本的，而是有始起的，有本有的，所以說是集。（種子習氣爲有情等生起因。）這樣的集又爲種種法生起之所自，所以說是生與緣相會，能使生死苦報前滅後繼，或使有情得未曾得捨已曾得，所以說是緣。次解滅諦的四相。到了涅槃煩惱和業都不再起，流轉無因，所以說是滅。離開苦蘊等不靜的喧囂，所以說是靜。到了這個境地便不退轉而常利益，且最安穩，所以說是妙。到了涅槃煩惱皆消，樂淨雙顯，所以說是離。次解道諦的四相。上面所說，乃是達到涅槃的一條正路，說是道。這樣的正路是實在的沒有甚麼顛倒的，而可以對治顛倒的煩惱，所以說是如。即此對治顛倒的功用，善能體行不逸軌外，所以說是行。說是出。這便所謂十六種行相，又叫做十六行眞如。凡一切世間法、出世間法概不出

此十六行相從觀行得來。蓋由無常苦、空、無我觀苦諦因集、生緣觀集諦此二諦如能澈底了悟則可以解脫種種煩惱種種恐怖。又由滅、靜、妙、離觀滅諦道如行、出觀道諦此二諦如能澈底了悟則可以得究竟的解脫而一切從心所欲不踰矩。在苦諦為「空解脫」在滅諦為「無相解脫」在集道二諦皆為「無願解脫」是謂三解脫空解脫與苦諦之空、無我二行相相當觀諸法為因緣生，而空「我」與「我所」是為空解脫。無相解脫與滅諦之滅靜妙離四行相相當離去色聲香味觸五法男女二相及三有為相（生住異滅四相中除去住相關於生住異滅四相後當說明）之十相故名為無相以無相為定故名無相解脫無願解脫亦名無作解脫，於一切生死法中願求離造作之意與苦諦之無常苦二行相集諦之因集生緣四行相及道諦之道如行出四行相相應故以之為緣謂之無願解脫此三解脫的工夫如已圓滿做到，便是佛家所認為最高貴的人生。現在將三解脫與十六行真如之關係，劃作一表便可以看到佛家的人生哲學。

表列於次：

佛法四諦十六行真如

```
                    ┌─ 苦諦 ─┬─ 無常
                    │         ├─ 苦
                    │         ├─ 空 ─── 空解脫
                    │         └─ 無我 ─┐
                    │                    ├ 此二解脫可以解除人生種種煩惱種
                    ├─ 集諦 ─┬─ 因       │ 種恐怖換言之即破不究竟之人生。
                    │         ├─ 集       │
                    │         ├─ 生       │
                    │         └─ 緣 ─── 無願解脫 ┐
                    │                              ├ 此二解脫可以激悟人生之真旨換言
                    ├─ 滅諦 ─┬─ 滅                │ 之即立究竟之人生。
                    │         ├─ 靜
                    │         ├─ 妙
                    │         └─ 離 ─── 無相解脫 ┐
                    │                              │
                    └─ 道諦 ─┬─ 道                │
                              ├─ 如
                              ├─ 行
                              └─ 出 ─── 無願解脫
```

佛家的人生哲學

照上面所說，似乎佛法對人生的解釋，完全屬於消極的，但事實上卻大不然。佛陀說教卽以涅槃爲指歸，上面已有論及要知涅槃的根本意義，就在於積極的妙境。佛陀指涅槃之境爲不死(amata)爲絕對安穩(yogakikhema)，爲清涼(sitibhava)，爲最高樂(parama sukkha)便可知積極的意義之重要我們知道涅槃的果德爲常、樂、我、淨

一八八

四種,是謂「涅槃四德」常乃常住之謂,即超越空間時間而無生滅轉變之果德;樂乃安樂之謂,即斷絕生死逼迫的繫累而得大自在之果德;我乃真我之謂,即遠離妄我之執;淨乃清淨之謂,即根絕惑業之媒。所以常樂我淨反是佛法的究竟義,不過這裏面有個最大的諍點。常樂我淨雖屬涅槃的妙境,但這祇是佛法所離、滅道之所顯;假說四德其實那是常是樂是我是淨,便不上名詞的也不容想像的。如果硬行執着為常為樂為我為淨,便依然是四種顛倒法,註認常為無常、認無常為常、是一種顛倒法,餘類推。學者不可不辨。認苦為樂、認樂為苦,又是一種顛倒法。

據上面的說明,可知佛法對於人生,固尤重積極的解釋。佛家人生哲學全般的意義已闡發大要。今請更由四諦觀察佛家教理之一般的組織大體可從兩方面觀察一為實踐的因果論。一為理論的宇宙論但這不過是觀察方面的不同,而在佛家的教理卻是一貫的。因果論又可分為二種一為迷界生起的因果宇宙論亦可分為二種一為橫觀萬有實相之實相論、一為縱觀萬有生起之緣起論所以佛法任如何廣大無邊而其根本教理要不外此四者換言之要不出於四諦。

因為苦集二諦闡明迷界生起的因果、而滅道二諦則闡明悟界生起的因果；又苦滅二諦闡明實相集道二諦則闡明緣起。如此可見佛法之一貫的精神以圖說明則如次式：

以上關於四諦八聖道略已詮釋所謂境、觀之境。行、斷之行。果、得之果。三事，即備於此。

這便是法輪的境界。

請次釋法印。法印具印信標章之義，示一定不易之真理。法印有三：曰無常、曰苦、曰空無我。關於三法印的解釋，論者不一，現在請就所信述其大凡。無常、苦、空、無我本為苦諦四行相因為苦諦最重而過患最深所以但釋苦諦四相世間一切皆不能逃出此四種公例之外。換言之，即此四種可以印定世間一切，故獨標為法印也。又空、無我雖

為二行相，但空與無我不過同義而異名，如強分之，則無「我所見」曰空無「我見」曰空無我。俱舍論二十六曰：違我所見故空、違我見故非我。然則空與無我畢竟無有差別，所以無量壽經說：「通達諸法性一切空無我」這便是空無我括為「三法印之一」的緣故。這些關鍵既已講明，然後請釋三法印為佛法與外道區別的三種印信，諸行無常印凡一切世間有為法皆生滅流轉，無恆常不變故；但眾生不悟於無常法中每起常想，是故佛說諸行無常的真理以破之。諸法無我印一切世間有為法皆藉因緣而成立，無有主宰；但眾生不悟於一切法中認有主宰之我，是故佛說諸法無我的真理以破之。有漏皆苦印凡有漏界皆與苦為緣，便是含有煩惱或隨順煩惱的事物總脫不了種種苦果；但眾生不悟，乃反起惑造業以至陷於流轉輪迴故佛說有漏皆苦的真理以破之。有此三法印然後鑑別佛法與外道乃有一定的準則。凡在三法印內即是佛法凡出三法印外，即是外道。所以三法印在佛法上是極其重要的。如果要作一種進一步的解釋，便須知道三法印每一法印復可分為三種：如無常可分為無性無常、起盡無常、垢淨無常三種，苦可分為所取苦、事相苦、和合苦三種，無我可分為無相無我、

異相無我自相無我三種，又每三種皆可從遍計所執性、依他起性、圓成實性的三性而設立。現在欲說明這些關係須先略釋遍計所執性、依他起性、圓成實性三者。遍計所執云者遍計係周遍計度所執係就對象說；由凡夫之妄情起是非善惡之分別，而現「情有理無」之妄境。譬如見繩而誤以為蛇非有蛇之實體但妄情迷執為蛇我們日常的生活便是這種遍計所執的生活；所以世間沒有實我實法，而我們每每妄情計度，迷執為實我實法。這便是遍計所執性。依他起云者他指因緣謂世間一切萬法依因緣而生與妄情計度有別，為「理有情無」之境。譬如繩自麻之因緣而生由麻而呈現一時的假相。推之世間一切事物莫不如此，因為都是由因果之理而存在。這便是依他起性。圓成實云者，係圓滿成就真實之意，乃指一切圓滿功德成就之真實體，謂之曰法性亦稱之為真如，既非妄情計度亦非因緣所生乃是屬「法性真常」之境。譬如繩之實性為麻。可知一切現象皆成立於圓成實之上。這便是圓成實性。此三性中遍計所執性為妄有依他起性為假有，圓成實性為實有。又遍計所執性為實無依他起性為假有，圓成實性為真有。總之遍計所執性是空，依他起性是有，圓成實性則

為超絕有空之真空妙有，可知此三性皆有相即不離之關係。又此三性於別事上亦見，於一事上亦見，所以通於萬有離此三性皆不成立。此三性既已講明現在請說明三法印和此三性的關係。先說無常。所謂無性無常便是遍計所執出於妄情計度體性常無，本非無常但為顯苦諦的行相生滅不居之故，假說為無常，這便叫做「性實諦假」。體性常無，即是性實假說為無常，即是諦假所謂起盡無常便是依他起性。起是生盡是滅生滅法皆無常，這便叫做「性諦俱實」有漏法之生滅即是性實有漏皆苦即是諦實所謂垢淨無便是圓成實性。真如本無垢淨但如在生死位中，則為有垢真如，斷生死故由凡聖分位而假說為無常，這也叫做「性實諦假」本為常法，即是性實假說為無常，即是假諦以上說明遍依圓三性與無常之關係次說苦，所謂所取苦便是遍計所執性，即在執實我實法那種能取之心而感苦。由能取之心之故而現為一種所取苦，這便叫做「性實諦假」。因為苦雖實有，而所執實無，故名假苦，所謂事相苦便是依他起性，事相苦有苦苦、壞苦、行苦三相。苦苦謂由寒熱飢餓等壓迫而來之苦，壞苦謂由樂事之破壞所生之苦，行苦云者行乃遷

流之義，謂由一切法遷流無常所生之苦，這便叫做「性諦俱實」所謂和合苦，便是圓成實性即真如與一切有漏有為之苦相相和合故亦叫做「性實諦假」以上說明遍依圓三性與苦之關係。

實諦假。以上說明遍、依、圓三性與苦之關係次說無我所謂無我但體實非苦這也叫做「性執性。蓋由我之體相本無假說無我所謂無我但體實無相無我便是遍計所由與妄情所執之我相相異我相實無我，這便是「性實諦假」異相無我便是依他起性。蓋以無我所顯之真如為自相，亦於不可名言處假名無我，這也是「性實諦假」自相無我便是圓成實性。

說明、遍依圓三性與無我之關係。合上說三者，可知三法印與三性關係之密切由這些關係的闡明。而三法印之精義益顯。如果再作一種澈底的解釋，則所謂三性者即是。三無性僅是從「有」的方面說。而三無性乃是從「空」的方面說。三無性者：一、相無性；二、生無性；三、勝義無性。相無性卽就遍計所執性說，一切衆生由妄情計度執有我相法相但其相非實有，故云相無性。生無性卽就依他起性說，一切世間法由因緣生因緣生則無實性，故云生無性勝義無性卽就圓成實性說，真如本來超絕有無，故云有非同現象界之有，云無亦非同現象界之無，乃真空妙有之境；在真空則為勝

義無，在妙有則為圓成實，勝義乃超絕空有之悟境，故云勝義無性。由此三無性更可澈悟三法印之妙旨要講到此處纔能探得三法印的究竟義換言之纔能探得佛法的究竟義。以圖說明則如次式：

以上關於法輪法印略已詮釋法輪為佛法之體，法印為佛法之用，體用既明，庶於佛法上人生的要義及各宗派的人生觀，不難於著手研究。

二、人生在佛法上的解釋

關於人生的解釋，可括作二項講明：一假說「我」「法」有，二實說「我」「法」無。現在講明前者，復分作二項：一情有理無；二「我」之廣狹二義。

何謂情有理無？所謂我法，遍計所執有，依他起有圓成實無，換言之俗諦上有勝義上無又根塵有故情有內外空故理無。所謂根塵有根塵即六根之六境即眼耳鼻舌身意六官根為能生之義、六境有眼耳鼻舌身意六根入身觸法之塵汙淨心者故謂之塵。此六境有六塵。六塵即色聲香味觸法之六境，六根入身觸法之塵汙淨心者故謂之塵。

根對於色境而生眼識，乃至意根對於法境而生意識，故名為根。六根六塵有情皆具，何得云無所謂內外空內觀六根固無有我，外觀六塵亦無我所，又何得云有其必須假說有者蓋不知世間若無我法，則無言詮安立處所而究竟義終無由以闡明；故假說我法以闡明佛法染淨之理，實為方便之至。總之不知二空以前之我法固不能說有我法，而既知二空以後之我法，固饒有假說之餘地。唯識頌云：

「由假說我法，有種種相轉」

不如是則不足以談人生之染亦不足以談人生之淨何謂「我」之廣狹二義？狹義的我為五蘊假者。蘊乃積聚之義，五蘊謂色蘊（總括五根（眼耳鼻舌身）等境（色聲香味觸）等有形之物質。受蘊對境而承受苦樂心之作用。想蘊對境而想像之心之作用。行蘊對一切境而起瞋貪等心之作用。識蘊心之中受想行識三者各為一心種特別作用、故名為心所、色蘊為心之一即身、他四蘊即心蘊，心對之境而了別事物之本體。以一有情徵之，則色為心之自性，故名為心王。

關於五蘊含義，極廣、暫不具說。五蘊假者即五蘊之假和合者，佛法謂我只是五蘊之假和合者，換言之，即假我非有我之實體。廣義的我為凡夫、聖者菩薩及佛狹義的我乃理上之詮釋（有名無實如旋火之輪）廣義的我乃事上之詮釋（其相並無如火輪之幻相）法相宗就廣義立說謂遍計之我法雖無而依他之我法仍有，所以假說有我法，次請講明，後者，即實說我法無。復分作二項：一人無我；二法無我。何謂人無我？欲探究人無我之真義須先明我執之所由起所謂我執乃昧於五蘊和合之作用而起常我之妄情因有俱生我執分別我執二者。在說明二種我執之前須略明八識義所謂八識即一切有情所有心思精粗分別，前五識為眼識耳識鼻識舌識身識第六識為意識第七識為末那識乃我法二執之根本第八識為阿賴耶識，亦名藏識，乃心法而保藏一切善惡因果染淨習氣之義。習氣即種子，對於現行之稱，有生一切法之功能種子是體現行是用種子能生現行現行能薰種子種子有二類：一名本有種子，一名新薰種子即「無始法爾」法爾如是。無始以來，有生一切有為法之功能名本有種子由現行之前七識隨所應而色心

識了別義心對於境而了別名為識。

色、物質界之總稱。心精神界之總稱。通稱色心二法。萬差之種種習氣皆留

跡於第八識中，即現行之前七識、更成生果之功能，名新薰種子。而俱生我執者由六七二識其性自爾妄有所執且在第八識處薰習法爾妄情之種子（現行薰種子）由其種子之力繼續發生我執而不窮（種子生現行）。俱生我執者復由第七識以第八識為緣、而於其全斷二識為緣，以有間斷二識為有間斷者由第六識以第八識為緣、而於其全不同。分別我執者僅第六識有之乃由於邪師、邪教、邪思惟之分別計度。分別我執離蘊計我即上面所說即蘊計我乃以邪教所說蘊相以外之我相而起分別計度。即此可知二種我執之所由起。所以我執皆起於六七二識離蘊執着則無有我這便是人無我之真義。

生不察輒起「我是常」之妄情或發為「蘊我即離」之妄論，不知人我如是常則不應隨身而受苦樂又不應無動轉而造諸業又持「蘊我即離」之論者，不知蘊與我即則我應如蘊非常非一；又內諸色定非實我，如外諸色則有質礙；色質礙者與彼有質礙，以示現之義，由五根五境等之極微而成，諸色法中獨取五境之色塵而名為色者，內色係眼耳鼻舌身五根，因屬於內身，故名內色。外色係色聲香味觸五境、因屬於外境、故名外色。　如蘊與我離則我應如虛空既非覺性亦無作受可知持「我是常」與「蘊我即離」之說者皆不成立。蓋二者皆昧於十二緣生之義，遂成此妄

見。這便叫人無我。何謂法無我？欲探究法無我之真義，須先明法執之所由起所謂法執乃昧於諸法因緣所生之義，而起法具自性之妄情因有俱生法執分別法執二者。俱生法執亦由六七二識緣爾有執薰習法執種子，即相續不絕而有與生俱來之法執。之俱生法執亦分常相續，有間斷者由第六識於識所變之法而執有法。有間斷者由第六識於識所變之法而執有法。

第六識有之，由於邪師、邪教、邪思惟之分別計度。有分別法執，復分二種：一於蘊、處、界以外執有實法。

即此可知二種法執之所由起所以法執亦起於六七二識離識執著亦無有法。這便是法無我之真義而衆生不察或持轉變說或主外色於是一切妄見遂由是湧起。今請逐一破之。一破轉變說。

果係由因轉變而成。不知果即是因何可轉變而生眼等之七轉識之現行法爲因薰成第八識中種子因而種子生現行薰種子，即同時成二重之因果。舊種生現行現行又生新種此謂之「三法展轉因果同時」。三法者：一、能生之種子。二、所生之現行。三、所薰之種子，即新薰種子。

之種子爲因生眼等之七轉識同時七轉識之現行法爲因薰成第八識中種子因而謂之七轉第八互爲因果可知轉變說完全昧於因果體用之關係二破聚積說彼持

聚積說者以爲世間萬法皆由聚積而成。如今世所謂分子、原子、電子諸說。不知所謂聚積，究爲和合，抑屬極微？即原子。如爲和合，定非實有以屬和合故，譬如瓶、盆等物；若爲極微，請問爲有質礙抑無質礙？若有質礙此應是假，以有質礙故，如瓶等物，若無質礙，不能集成瓶等，以無質礙故，如非色法，又極微爲有方分，抑無方分？若有方分，體應非實有方分故；若無方分，應不能共聚生粗果色，無方分故，可知聚積說無論從何方面觀察，皆不合理。三破不平等因。彼持不平等因之說者，謂世間萬物的原因爲不平等言之世間萬物只有一因。亦屬一因論者、彼執有上帝者、不知世間如爲一因，則應一切時頓生一切法；且既能生法必非是常以能生故，如地水等。可知不平等因說亦不成。四破外色彼持外色說者，以爲外境離心獨立體是實有，不知外色如夢乃由識幻所生若有外色，云何有情所見相違？心各有一世界隨內心所變而生別。且聖者云何有無所緣識智？無所緣識智乃「菩薩所觀四智」之一，所以明唯識無境。寧例以觀，如緣過去、未來、夢等非實之境時，境、非實有，而心現緣境而起、云何這些無外境，以此准知、一切境、界，皆同過未，亦必能生心。以可知外色說亦不成立蓋數者皆昧於依他緣生之義，詳說下當。遂成此妄見。這便叫法無我總之，人我法我皆起於執而人無我法無我皆由於破執；佛法但是破執，一無所執即是

佛所謂我執法執，皆自同一本體（即以薩迦耶見〔身見〕爲而來，而二執之關係，則法執爲根本的，我執爲第二次的，有了法執方會有我執，沒有我執時法執也得存在，由我執生煩惱障，由法執生所知障，即所謂二障；障蔽涅槃與菩提，當覺發，下使不得佛果，故欲成佛道者，在於斷二執。由觀我法二空之理而有所謂二空之智。此二空智者即專爲觀斷我執，法空觀斷法執。關於斷執之修行法，如欲細說，則太近專門，故現在就淺近者述之，自我執斷則內縛（粗重縛）解脫，法執斷則外縛（相縛）解脫。內外二縛俱去，便是佛法上所認爲最高貴的人生。

佛法的人生觀

二執 ┌ 我執 ── 煩惱障 ── 人空觀 ── 人無我
　　 └ 法執 ── 所知障 ── 法空觀 ── 法無我

佛法之人生觀中

上面已將佛法的含義及人生在佛法上的解釋敍述大略，現在請進論佛法各宗派的人生觀。本來佛陀說法最要的只是空有二義，但二義非孤立，說有即須說空，說空亦須說有。因爲要具備二者言說乃得圓滿，否則便不圓滿，後來的學者議論橫生或更劃成許多派別，尤其是佛法入中國以後宗派繁多爲

前此所未有實則佛法並不如是若以空有二義相貫就見其全體渾成，無所謂派別。

現在因空有二名相頗易涉糾紛別以法相法性爲言法相以非有非不空爲宗法性以非有非無爲宗法相之非空對外非不空對內法性則非有對外非無對內在兩宗不過顚倒次第以立言究其義則一。佛三時說教第一時多說法有以破人執第二時多說法空以破法執第三時多說中道以顯究竟即佛初成道時爲破衆生實我之執，因說四大地水火風五蘊等諸法之實有而明人我之爲空無如四阿含中一類經是；生仍執有法我佛又爲說諸法皆空之理，如諸部般若經是但衆生又執法空佛又爲說遍計之法非不空，依他圓成之法非不空。現在談到佛法各宗派的人生觀應知佛法所談的宗派嚴格言之只有二義，實祇一義一爲法性一爲法相至淨土爲敎內別傳禪宗爲敎外別傳應別立於二宗之外密宗所談另有範圍亦應別立後當詳說。今分爲五項講述：一法性宗的人生觀二法相宗的人生觀三淨土宗的人生觀四禪宗的人生觀五密宗的人生觀。

一　法性宗的人生觀

般若經說：「所有衆生我皆令入無餘涅槃而滅度之」。法性

宗的人生觀均由此一語道破。上面關於涅槃已略有論及現在請作一種較詳細的說明。涅槃義別有四：即自性涅槃、有餘涅槃、無餘涅槃、無住涅槃四者自性涅槃爲一切法之自性真如，雖有客染而自性清淨寂靜具無量功德，爲一切衆生所共有。有餘涅槃爲煩惱障斷盡後所顯之真如，乃生死之因之惑業已盡而有漏依身之苦果未盡（即苦因盡而苦依未盡）。無餘涅槃爲出生死苦所顯之真如，即有漏苦果所依盡自然衆苦永寂。此二者皆就滅諦爲言，故三乘具有而非凡夫。（三乘爲聲聞乘緣覺乘菩薩乘者運載之義，即佛法爲衆生所乘以登彼岸之法門而言。因聞佛說此法門之音聲而得解脫，緣覺乘由六度（六波羅蜜）之法門而入，即由此法門而成佛果，故又名佛乘。）無住涅槃爲所知障斷盡後所顯之真如，大悲般若常所輔翼故於涅槃生死不起欣厭所謂不住生死不住涅槃。於是體則無爲，如如不動用則生滅備諸功德曰無住涅槃即具此兩義。而作諸功德、乃曰無住、仍曰涅槃。此唯大乘獨有非小乘之所得共由上所談可知無住涅槃陳義獨高。但佛陀說法何不令衆生入無住涅槃而乃令入無餘涅槃？不知無餘涅槃乃就體言無住涅槃乃就用言體用不離、故舉無餘卽所以顯

無住又無餘涅槃四姓齊被，依瑜伽等有五種姓：一菩薩、二獨覺、三聲聞四不定五無姓。此餘無姓。三乘通攝，故獨舉以為言惟所謂無餘涅槃解者輒誤爲灰身滅智此則大誤。無餘涅槃乃寂靜而圓明之境；諸行苦惱皆已永斷，故寂靜善事救護，具諸功德鏡智普照一切顯現故圓明旣寂靜而圓明又何灰身滅智之有？佛令所有衆生皆入無餘涅槃而滅度之，障度乃滅意。乃是使衆生永斷苦惱共登正覺證寂靜而圓明之境界所以眞見道後更有相見道根本無分別智後更有後得智。眞見道乃攝根本無分別之智、相見道攝後得所顯之眞境，眞見道、囚見道證證唯識之性，亦須根本無分別之智，後乃有後得智。眞相不可得。故曰妙眞如心。因一大悲智爲根本、方便爲究竟。菩提心爲因者、謂行者求如實知自心也。大悲爲根本者，謂行者發悲願拔衆生之苦而與以樂也。方便爲究竟者爲一切智智之果，卽以利他之行而名之也。於是專以闡明空義爲究竟之法門：一面闡明萬法當體是空的眞相，一面卽顯出萬法各住本位所謂萬法各住本位者卽法法不相知法法不相到彼此不能相入故不相而圓明的工夫更那有灰身滅智之理？由此可知法性宗的人生觀是在於永斷苦惱，達到寂靜的一種境界，卽在於證到一種「妙眞如心」的境界。由寂靜自可進到圓明由證妙眞如心自可發生一切智智。這正是寂靜

到彼此不生關係,故不相知;所以聖不能證果,凡不能造惡聖與果,凡與惡,皆為二,如何有證,如何有造。這便是人生的本來面目,也便是一切法的本來面目法性宗所以闡明萬法皆空之理,一面在去眾生之執着,一面更在顯真如之妙境。現在請就一般的執着而一一以空義破之:一·因緣空萬法皆是仗因託緣而起因緣如幻,如幻故空。所以依他起性法法不相到,法法不相知,於是說有因緣;但世間雖有生滅,無有實法,於是說無因緣。二·因果空因果乃生滅之事,勝義諦中不平等,有貪無因果。三·縛解空三毒貪瞋癡無縛菩提_{覺義}無脫,本無能治所治因眾生不生不滅,故無瞋癡,故以戒定慧等治之。就實相言是皆空中生華,何脫何縛四·成壞空相續則成斷滅則壞勝義諦中不增不減,故無成壞。五·方時空空間時間都是色心分位假_{分位謂段落色}方無邊際,時無六一異空凡法不一,若一,即成一合相,亦非異,若異則體用不俱且諸法空相是不生不滅,不垢不淨,不增不減,如何可言一,如何可言異故就差別說有一異就自性說一空七·三相空三相
法分位假者乃假立於色與心或心所三法相續變化之一段落上,別無其法。例如波立於水之鼓動分位故波為假立於水之分位者、離水則波無實法。
心隨所現;時唯是剎那妄相總之宇宙皆我心之差別,故無方時六一異空凡法不
若一,即成一合相,亦非異,若異則體用不俱且諸法空相是不生不滅,不垢不淨,不增
不減,如何可言一,如何可言異故就差別說有一異就自性說一空七·三相空三相

指、住、異、滅是爲三有爲相，本爲生、住、異、滅四相，爲說明諸法生滅變遷段落之名，謂變異、滅，謂壞滅，這四相或就一刹那現象，或就一期的現象而言。三相則併住異二相而爲一相，故只有生、異、滅三相。但三相是有爲法之相，而真性則有爲空，故曰三相空八去來空過現未三時唯在因果上假立，因果不現，故無去來；這便是過去無體，未來不生故曰去來空以上數者，皆闡明空義法性宗的精神。盡具於此，故以求寂靜爲人生之鵠的，便是法性的人生觀。

二，法相宗的人生觀　　法性宗以求寂靜爲人生之鵠的，法相宗則以求圓明爲人生之鵠的。故法性宗在證到妙真如心，而法相宗則在發揮一切智智，取徑固各有不同，所至則無有異。法華經說：「佛爲一大事因緣出現於世開示悟入佛之知見」。佛之所以爲佛，就在於廣利羣生妙業無盡，故知見圓明爲入佛之初階，亦爲成佛之後果。法相宗特於此義力發揮之故唯識家言雖則涅槃而是無住；諸佛如來，不住涅槃而住菩提。涅槃是體，菩提是用，體不離用用能顯體，即體以求體，過誤叢生但用而顯體，善巧方便用當而體顯能緣淨而所緣即真，說菩提轉依即涅槃轉依，故發心者不曰發涅槃心，而曰發菩提心，證果者不曰證解脫果，而曰證大覺果因此佛的無盡功德

不在於說圓成實，而在於說依他起。他之言緣，顯非自性，法待緣生，明非實有，雖非實有，而是幻存。蓋緣生法分明有相，相者相貌之義，我有我相，法有法相，是故非無但相瞬息全非一刹那生一刹那滅流轉不息，變化無端，有如流水，要指何部分為何地之水竟不可得，這樣的相都是幻起，非有實物可指，是故非有。以幻義解緣生法相，為法相宗獨有的精神。但幻之為幻並不是無中生有，幻正有幻的條理，就是受一定因果律的支配。有因必有果，無因則無果。因並不是死的，只是一種功能（上面已有論及卽唯識家所稱作種子。）如果功能永久是一樣，則永久應有他結果的現象起來。但其實際有不然。可知牠是刻刻變化生滅的。如果有了結果的現象，而功能便沒有了，則那樣現象仍是無因而生（因牠只存在的一刹那可說得是生在以前和以後都沒有的。）所以現象存在的當時功能也存在所謂因果同時而斷絕也不因生了而斷絕所以向後仍繼續存在。但功能何以會變化到生結果而斷絕，也不因生了這就有外緣的關係。一切法都不是單獨存在的，則其發見必待其他的容順幫助，這都是增上的功能，那些增上的又各待其他的增上，所以仍

有其變化。如此變化的因緣，而使一切法相不常不斷，而其間又爲有條有理的開展，這就是一般「人生」的執着所由起。其實則相續的幻相而已。但在此處有一層須明白就是幻相相續有待因緣這因緣決不是自然的湊合，也決不是受着自由意志的支配乃是法相的必然因着因緣生果相續的法則（佛家術語爲緣生覺理）而爲必然的。佛家便叫做法爾如是。因那樣的法，就是那樣的相。因那樣的原因，就起那樣的相；有那樣的因又爲了以後的因緣而起相續的相。有了一個執字而一切相續的相，脫不了迷惘苦惱，有了一個覺字而一切相續的相，又到處是光明無礙所謂執所謂覺又各自有其因緣，故一切法相都無主宰。但在此處還有一層須明白依着因緣生果法則的一切法相正各有其系統一絲不亂。因爲相的存在是被分別的結果沒有能分別的事則亦有無此相，而宛然是幻有的，這是賴一種分別的功能而存。但功能何嘗不是幻，何嘗不有相，又何嘗不被其他分別功能所分別？所以可說在一切幻有的法相裏法爾有這兩部分：一部是能分別的，一部是被分別的，兩部不離而相續，故各有其系統不亂。那能分別的部分便是識，一切不離識而生，故說唯

識。因唯識而法相井然於是可知世間只有相並無實法，所以佛家說不應為迷惘的幻生活；但因法相的有條理有系統所以又說應為覺悟的幻生活同是一樣的幻，何以一種不應主張，一種宜主張呢？因為迷惘的幻生活是昧幻為實，明明是一種騙局，他卻信以為真所以處處都受束縛處處都是苦惱，正如春蠶作繭自縛一般。至於覺悟的幻生活便不然，知幻為幻而任運以盡其幻之用，處處是光明大道正如看活動影戲一般可知佛家分人生的途向為二：一種是覺悟的，也可說是還滅的，流轉不外於輪迴，而還滅終歸於涅槃。這便是法相的人生觀由此可知法相宗對於人生的說法與法性宗對於人生的說法各有不同。法相宗從真空義說明人生法性宗則從幻有義說明人生法性宗說一切俱非而顯法性，係從反面說法相宗以二空（人空法空）所顯而說真如，係從旁面說，蓋惘凡愚之迷惘故避忌諱不說正面不過法相宗與法性宗說明的次第雖有不同，而其所說的義理實無二致法相宗所重是寂靜而圓明的境界，法性宗所重是圓明而寂靜的境界。法相宗由法相的幻看出法性的不幻，正是圓明而寂靜的工夫。法相宗雖在說

明。依他起，而仍歸結到圓成實，與法性宗以真俗二諦說明圓成實者可謂殊途同歸。

這些關鍵在研究佛法的人是不可不特別留意的。

三，淨土宗的人生觀

淨土宗係教內別傳乃佛陀別機別用，令眾生不由教理入，而由信心入是為一種最普遍之法門所謂「極重惡人，無他方便唯稱彌陀得生極樂，一念彌陀佛，即滅無量罪」便是淨土宗的標識淨土宗的人生觀以厭離穢土，欣求淨土為鵠的。淨土指聖者所住之國土，無穢惡雜染之相，而有微妙清淨之莊嚴得長享廣大甚深之法樂。淨土或云佛刹、佛國土、佛土、佛界。或云淨刹、淨國、淨界。名稱不一。法樂謂證法而樂。

之土亦有三土所謂三身所謂三土：即法性土、受用土變化土法身之土亦有三身即法身、報身、應身所謂三土：即法性土、受用土變化土。法身之本體。故不能稱為人格者。如從無漏五法觀之則為法界（即真如）。加顯教謂轉八識而成就四智、密教於此一名自性身即真如自身之意為宇宙萬有之實性，一切真理

智性。以密教對四智、配三身、此則的解釋與身也。所不同。四法智體大圓鏡智、平等性智、妙觀察智是所得、第六識所得、分別好妙諸法，而觀察末那識說法斷成

四者：大圓鏡智、平等性智、妙觀察智、成所作智、是轉阿賴耶識所得，第顯現法界之萬象。平等性智、是轉末那識所得，而觀察衆機說法斷

疑絕對智成所得總體智是名，後四等五識為法界所得，體性智之自利利他一面的別業體智。名。一法身所住之土

為法性土。此佛身土俱非色攝，雖不可說形量小大然隨事相其量無邊譬如虛空遍一切處。故亦可說法性土即法身法性土身土無有區別報身一名受用身，即由修行之結果所受用之身法身即是真理報身則為真理之表現者法身非人格的，報身則為具有人格者報身分自報身（一名自受用身）他報身（一名他受用身）二種，自報身係自覺的結果，為大圓鏡智所變現住自受用土，由修行之結果所受用之土自受用土無邊無際為最高清淨無漏之土他報身係覺他的結果，為平等性智所變現住他受用土他報身亦為無漏之土隨於十地菩薩所宜變為淨土或小或大或劣或勝，前後改轉。他報身亦名為勝應身。應身一名變化身，即變化無定而為眾生應機說法所顯現之身為成所作智所變現，當然具有人格者但這是獨立人住變化土變化土為差別有限之土但亦為無漏之土。識所見者為應身，應身亦名劣應身。應身二身，以凡夫二乘分別無別之心所見者為穀身，窺基謂報身為覺相、應身為覺用，覺相即由覺知具足無量功德之狀態、所謂理事相即、理智不二。覺用乃指教濟眾生之活動也。凡此三身

次：

三、土皆所以明佛法啟示人生之途徑不一而要以能往生淨土為歸。今以圖說明如

三身三土，即示入佛之次第，我們但信賴阿彌陀佛之大慈大悲，便可往生極樂而不退墮，由信賴的程度之不同便所得的果報亦不同本來真如自性乃佛與一切眾生所同具，惟視表現真如之程度如何而生差別。淨土宗則專以闡明表現之對立關係為特色，即闡明阿彌陀佛與一切眾生之表現對立關係。蓋淨土宗以阿彌陀佛為中心，<small>報身佛向以阿彌陀佛做代表，報身即法身之表現者。</small>務使一切眾生由阿彌陀佛之維護得以自覺為真如之表現者，然後回心轉向，由卑近而進於遠大，由穢惡雜染而進於清淨莊嚴換句話

本體與現象	三	身	三	土	五	法
真 如	法 身（自性身）		法性土		法界（真如）	
人格者	｛報身（受用身）｛自報身（自受用身）／他報身（他受用身）｝／應身（變化身）		自受用土／他受用土／變化土		大圓鏡智／｛平等性智／妙觀察智｝／成所作智	

說，淨土宗為普度衆生之故，重視他力救濟，不由自力救濟，這是淨土宗與他宗特異之點。

四，禪宗的人生觀　佛法最普遍的莫如淨土，而最特殊的則莫如禪宗，禪宗揀根器，淨土則普攝淨土但念佛可以生西而禪宗則非見性無由成佛血脈論說：「若欲見佛須是見性性卽是佛若不見性念佛誦經持齋修戒亦無益處」這便是禪宗與淨土根本不同之處所謂見性性乃遍在有情無情普及凡夫賢聖都無所住此之性雖在於有情，而不住於有情，雖在於惡，而不住於惡，雖在於色而不住於色，雖在於形而不住於形，故云一切，故此性又非色、非有、非無、非明、非無明，非煩惱，非菩提，全無實性覺之名為見性；衆生迷於此性故輪迴於六道諸佛覺悟此性，故不受六道之苦。所以見性在禪宗是唯一的工夫。達摩西來不立文字單傳心印直指人心見性成佛。禪宗以覺悟佛心為禪之體，佛心指心之自性，故謂之直指人心。見性成佛人心之性，卽佛心性、發見佛性謂之成佛。可見禪宗是另外一種境界現在談到禪宗的人生觀，便須知道禪宗以不立文字為教以心心傳授為法門所謂教外別傳本無所謂人生觀亦無所謂世界觀。因為宇宙實相，

僅由直覺而得，如談現象，便落言詮，故無世界觀。禪宗以般若為心印，係屬頓門，非指禪定仍由漸入。故以無所得真空為究竟，以頓悟直覺為方法，一往即達深處，又何人生觀之可言。如從又一方面解釋空為平等我為差別，差別起於妄慮，妄止則平等絕對，何從發生我執，故無人生觀。世界觀人生觀俱無，更安有所謂人生哲學？不過嚴格言之，皈依此宗者，即以無人生觀為人生觀，故仍屬一種人生觀，惟以不立文字為教所謂言語道斷，縱有思議，烏從表顯，故不具說。

五密宗的人生觀 密宗一名真言宗，真言梵語曰「曼荼羅」即真實語言之意係指法身大日如來開示內證法門之真實語言，而此真實語言為一切如來秘密之教，故以密宗名密宗以真言（語密）印相（身密）觀想（意密）之三密相應為特徵，所以特重語密者，言語之含義繁象徵之意味重所謂聲字即實相，〔大日經疏說：「一一聲字、是入法界門。」〕固不能不認為密宗獨有之標幟。因此牠的世界觀與人生觀都和顯教諸宗迴不相同。

先就牠的世界觀說牠認六大即真如所謂六大，即地、水、火、風、空、識是為體大，由此體

大所生之四肢形骸是為相大;至一切言語動作是為用大。此體、相、用三大舉一則三收,離體則無相用,離相用則無體,是謂三大圓融。然所謂六大如譯以今語則為物心二元,而此二元實為平等一如,因為事象中即含有理性故世間一塵一髮無不為大,亦即出發於此。所謂「即事而真當相即道」便是密宗的世界觀的神髓,而牠的人生觀日所映之相所謂「即事而真當相即道」便是密宗的世界觀的神髓,而牠的人生觀亦即出發於此。社會原具善惡二面為凡為聖不過其執著與否有不同又運用之方向有不同。譬如貪瞋癡三毒聖者雖亦能去但凡夫為小我而患此三毒聖者亦可為社會萬眾而患此三毒;然則能利用之也然即大貪大瞋大癡固無礙於淨菩提心,未可以其為貪瞋癡而鄙之不道宜進一層,即大貪大瞋大癡而見淨菩提心為密宗的人生觀全為一種現在主義積極主義質言之,即一種樂天主義佛法非遠,求仁得仁己身即是佛身穢土即是淨土所謂「父母所生身即證大覺位」。可見密宗所談另是一番氣象。

由上所談可知佛法各宗派的人生觀,雖立言的次第有不同,而其究竟義實無異致。關於佛法宗派說者不一其辭現在就此機會略伸愚說本來判教的諍論是佛法

入中國後特有的現象，佛法原來是一貫的，那有如許派別，祇因各挾其一得以自鳴高，而又輾轉相傳宗派遂繁就中國現在所分的宗派論大抵爲俱舍成實慈恩三論、天台賢首淨土禪密九宗實則嚴格而論只可括爲五宗即法性、法相淨土禪密五宗；成實、三論天台可歸倂到法性宗俱舍慈恩賢首可歸倂到法相宗。但五宗所談總不出空有二義可知佛法自是一貫現在將各宗根本教義及代表經典略表於下：

宗	派	根 本 教 義	代 表 經 典
法性宗（空宗）	成實宗	法空	眞空 大般若經、涅槃經、法華經。
	三論宗	以空說中	
	天台宗	由空立中道	
法相宗（有宗）	俱舍宗	法有	幻有 解深密經、華嚴經。
	慈恩宗	以有說中	
	賢首宗	由有立中道	
淨 土 宗		由美的方法說有	阿彌陀經、觀無量壽經、無量壽經。

| 禪 | 宗 | 由直覺的方法說空 | 大日經、金剛頂經。 |
| 密 | 宗 | 由經驗的方法說有 | |

佛法之人生觀下

上面已經把人生在佛法上的解釋及佛法各宗派的人生觀講述個大略了，現在請作一種綜合的說明。佛家分人生的途向為二：一種是迷惘的，也可說是流轉的一種；是覺悟的，也可說是還滅的。流轉不外於輪迴而還滅終歸於涅槃。關於此層上面已有論及；現在請進一步說明這二種人生當作本節的結論。先說明輪迴。輪迴是因果法則必然的現象。在一切法相的因緣裏面有很有勢力的一種緣叫做業，此業足以改變種種法相開展的方面。牠的勢力足以撼動其牠功能，使牠們現起結果。牠或者是善，則凡和善的性類有關係的一切法相都藉著牠們的助力而逐漸現起。牠如果是惡，則凡和惡相隨順的諸法相也能以次顯起。因這一顯起的緣故又種下了以後的種子。功能是不磨滅的，業的招感而使牠們有不斷的現起業雖不是一一法都去招感牠却能招感一一法相的總系統因牠的力而一

切法相的系統都在一定之位置。但這也不過就苦樂多少的方面分別，所謂人天鬼等等都不外這樣意義。就在些位置常常一期一期的反覆實現，就叫做輪迴。其實業也沒有實物也不會常住。但功能因緣的法則上有如此一種現象，如此一種公例遂使功能生果有一定的軌道。再說明涅槃。關於涅槃上面已有論述涅槃便是幻的實性幻便幻了又何實性可言？但幻祇是相，而相必有依，宇宙間一切幻相都自有其所依這便假說為法性，以這是幻相所依所以說是幻以此為變化之相所依，所以說是不異。這都是從幻相見出不幻的道理覺悟的生活必須到這一步覺悟了。法性，而後知法相，而後用幻而不為幻所困。但由輪迴如何到得涅槃，換句話說：由迷惘如何走到覺悟？這全憑一點自覺，一點信心能自覺方知對於人生苦惱而力求解脫能信方有實事求是的精神反此則欲去苦惱而苦惱愈甚但人間世固有不少具此自覺與信心者所以推到一切法相的能力裏面，本有有漏無漏兩方面：有漏是夾着苦惱的，無漏是不夾着苦惱的。於是可說佛家還滅的生活了所謂還滅即是修道證得涅槃的境界關於證得涅槃隨衆生的根性而生差別，即隨一一系統的功能的堪

任性而生差別，故對於證得涅槃而後的境界有不同，對於證得涅槃所用的工夫也不同，於是又有三乘的區別。聲聞乘的衆生因聞聲敎而悟道，緣覺乘獨自靜觀而悟道，他們祇知自利自覺惟有菩薩乘（也說佛乘）自悟悟他並行不悖，求得一切智智，無所不知也就六度萬行無所不行最要緊的一件事是在發菩提心求無上菩提之心，并還不退這種發心以這發心不退為據，則事事皆為菩薩行，不必改現社會的組織，不必剃除鬚髮而無害其菩薩之行一切行無不可行，但以存菩提心為限，這是何等圓滿周遍的說法呢！但因為一切人事都是有關係的，所以一系統的生活必有關係於其他系統之生活改正為自己生活改正為之一條件，以是菩薩對於一切衆生不自覺有大悲之心，而他的行事總是視他猶自佛法的人生乃是這樣的一種生活現在請總括本段所說而列為一表如左：

人生的途向 ──
　流轉 ── 業感 ── 輪迴
　由流轉向還滅 ── 苦的自覺 ── 解脫之欣求 ── 信心
　還滅 ── 涅槃 ── 聲聞乘緣覺乘 ── 自利 ── 世間事
　　　　　　　　　菩薩乘 ── 發心 ── 行事 ── 利他 ── 出世間事

以上關於佛法的人生觀業已講明。現在要論到佛法的人生觀對於第二章所提出的問題如何加以解答？佛法以破執爲究竟法門，煩惱障存則有人我所知障存則有法我，斯二我既空，一切障蔽皆去更無所謂人生問題第二章所提出的問題大體可分作三種：一人類的欲望永遠無有止期，欲望不止則所以滿足此欲望者亦不能得到最後的滿足，而其究竟乃是苦的自覺才有解脫的欣求才能發生信心所以世間種種無常的現象，種種苦的現象，愈是感覺得真切，便愈有解脫的可能。況且欲望也並不是個必經的階級，因爲由苦的自覺佛法則以苦的自覺爲從流轉到還滅的一壞的東西只須去染欲而存淨欲聖者亦得示現貪瞋癡三毒爲一切眾生而患此三毒，所謂「眾生不成佛我誓不成佛」可見欲望仍是成佛的一種要素。二人類總是走向知識的一條路上的未開化的民族努力做到一種半開化的民族半開化的民族所謂開化民族，結果沒有別的，就是知識進步，而知識又努力做到一種開化的民族，又努力做到一種開化的民族爲憂患之媒俗語說的好道高一尺魔高一丈然則人生走向知識一條路上豈不是

走向自殺一條路上嗎？佛法對此，便有一種極鄭重的解釋。佛法以求「一切智智」為求「無上菩提」的一種重要的手續無上菩提為真實慧，一切智智為方便慧，無方便慧則不易得到真實慧，有方便慧般若乃為大乘，無方便慧般若乃是小乘，無方便廣大無涯，小乘雖證無上菩提而不能大以無一切智故發無上菩提心者，並須發一切智智心。可見知識是很要緊的。不過有了知識不能走上覺路而乃墮入迷途，這便是最可痛心的。所以佛法之始惟在正見，佛法之終惟在正覺；知識固宜極力提倡，而要在於提倡之得其道三，人類總是要求解放的，總是要達到平等自由的境地的，但結果平等自由不可得反致產生社會上種種的悲劇；如一切社會運動都是平等自由的運動，結果平等自由未可得，而社會的險象乃日盆交迫而來，然則平等自由豈不是徒為一種好聽的名辭，事實上竟無法可以做到嗎？佛法對此，認為毫不成為問題。因為佛法一切平等，心佛眾生三無差別，卽心卽佛，非心非佛，諸佛菩薩譬如良友但為增上而何有於不平等不自由？所以在第二章所提出的幾個重要問題若在佛法似乎都可以得到圓滿的解決。因為一切執著盡去物物聽其本來起

滅任其幻化都無欣厭取捨不生更何人生問題之足云?不過這種解決的方法,在科學盛行的今日,在社會組織複雜的今日是否可以暢行無礙似乎須經一種比較的研究方能決定。上面已經把西洋和印度對於人生問題之解答講述大略現在再觀察中國方面的人生哲學。

第三節　中國哲學方面之觀察

概說

上面已經把西洋和印度的人生哲學講述大略；在講述之先,曾經把牠們的哲學的淵源推論一番,現在論到中國的人生哲學,也不能不先將中國哲學的淵源推論一番。關於中國哲學的淵源論者頗不一其說有謂中國哲學思想淵源於伏犧所畫之八卦及文王周公所演之周易的;有謂淵源於尚書的;有謂淵源於孔子或老子的議論紛紜莫衷一是。實則嚴格而論,自以前事多茫昧難稽,因溯源於尚書,乃是一種極舊的見解。他們認尚書是儒家哲學的淵源,是人倫道德的淵源所謂

「人心惟危道心惟微惟精惟一允執厥中」更是尙書的根本思想；後來宋明的理學也就大半奪胎於此。不知尙書是否可作爲史料正是古史學者一個極難解決的問題；即信從六經皆史說而以尙書爲史，然牠本是一種紀古代帝王政績的官書實不容易說上哲學的思想。況且人心道心云云出於古文尙書大禹謨篇中自經淸儒閻若璩惠棟等的考證知爲東晉時的僞託之作已成定讞，則其無價値之可言更爲顯然。謂中國哲學思想淵源於周易也是一種很舊的說法雖然這或者因經今古文學派而觀點有所不同，但認易爲中國哲學思想的源泉，卻是一致的我以爲這個問題在中國哲學史上有極重大的關係，不能不作一種較詳細的說明。易經是否孔子所作進一步說，易經這部書是否後人僞造或雜湊我以爲都有查究的必要關於易經的可疑處，在硏究易經稍有心得的人沒有不感着困難的。其最大的可疑處：便是全書思想不統一，文字不統一。而其所表著之思想或與儒家相合，或與道家。與所謂陰陽家之思想相合。論到易經的內容須分作數段解釋：一畫卦；二重卦之人；三卦辭爻辭誰作；四十翼之說於古有無徵信這些問題又須從經今古文家兩方面

去觀察，方能探得真相。畫卦始於伏犧這是無論經今文家古文家都沒有問題的。論到重卦之人就稍稍發生問題了。論到卦辭爻辭誰作，更發生問題了。至論到十翼那就兩方面的談判，簡直無從接觸。經古文家大抵持「易歷三聖」之說謂伏犧制卦，文王繫辭孔子作十翼；但他們雖云「三聖」實際上是尊文王而抑孔子因爲以父統子業故數文王不數周公。所謂重卦之人或可說尊周公而抑孔子，他們都不十分爭執，惟獨不主孔子。至論卦辭爻辭誰作他們認爲孔子所作的只有十翼十翼指上象、下象上繫下繫文言說卦序卦雜卦十種皆謂之傳，便是羽翼聖道以傳輔經之意。古來數十家茲不備舉。故孔子僅是一個保存古代文化的歷史家。經今文家的觀點便不然。經今文家亦不廢說，但他們特別看重孔子所謂重卦之人雖大抵主文王，但竟有引春秋緯「伏犧作八卦丘合而演其文」一段似欲將重卦亦歸到孔子者。至論卦辭康有爲孔子改制考卷十。誰作，他們便明白主張卦辭爻辭皆孔子作。故謂「易之卦爻始畫於犧文易之辭全

出於孔子。」見皮錫瑞所著「易經通論」及康著。若論到十翼，他們便大肆攻擊其攻擊最力的便是說卦序卦雜卦三篇或謂詞指不類孔子之言，見皮錫瑞「易經通論。」或謂說卦爲後出之僞書而序卦雜卦則爲劉歆僞作。康有爲「孔子改制考」卷十。至繋辭他們亦認爲非孔子作，其理由則謂卦辭爻辭卽是繋辭，乃繋辭之傳爲孔子弟子所作，因引史遷以「今之繋辭爲易大傳」作證。他們認爲孔子所作者在十翼中只有象文言因爲象象文言是專解卦辭爻辭的，故皮錫瑞謂「孔子作卦辭爻辭又作象象文言是自作而自解；」康有爲謂「象象與卦辭爻辭相屬分爲上下二篇，乃孔子所作原本。」均見前著。至十翼之名，他們亦根本不承認，或謂出東漢後，或謂係劉歆僞創。總之經今文家認孔子爲天縱大聖，豈可有述無作？故謂易經上下二篇，全出孔子手筆。合兩方面爭論觀之，知易經這部書內容異常複雜；而他們的爭論似乎都不免有所偏倚。或更不免近於武斷。經今文家只顧抬出孔子一口咬定六經皆孔子作，卻不想孔子有沒有如許精力更不顧到著作的內容是否與孔子的主張相矛盾經古文家更是學究氣很重；他們最大的本領便是搬出許多舊古董卻不管可靠不可靠。我把全部易經的

內容審查一番，覺得這部書乃是由文王而老孔而漢代的思想之雜綴而成者，定是後人偽作之書。就中最大的疑點便是十翼，十翼中的說卦序卦雜卦三篇其為偽作，固不必說；即就繫辭而論豈僅不得謂為孔子所作，抑亦何從確指為孔子弟子所作？因為僅憑「子曰」不能指為孔子弟子推稱之證。況且繫辭中所紀的思想，也就有許多和孔子平素所標榜的思想不合。譬如說：「原始反終故知死生之說」「精氣為物遊魂為變，是故鬼神之情狀」等等，這是明明與孔子平素的主張相反的。至於象象文言非孔子作，前人辨之已詳。其最顯著的便是論四德的一段。象象的衍叢脞之言顯見其說非出一人。『論語云「曾子曰君子思不出其位」今象傳亦載此文果傳文在前與記者固當見之；曾子雖嘗述之不得遂以為曾子所自言而傳之名言甚多，曾子亦未必獨節此語而述之然則是作傳者往往旁采古人之言以足成之；但取有合卦義不必皆自己出既采曾子之語必曾子以後之人之所為非孔子所作也』崔東壁遺書『洙泗考信錄』卷三。可見象傳是靠不住的，象辭的思想更是複雜，如屯之象象與卦之義相反，又乾坤二卦之象辭簡直奪胎於道家的思想。可見象辭又是靠不說明見後

住的象辭與繫辭思想全不一致,文體更極駁雜總上所說,可見十翼非孔子作,已成鐵證。所以歐陽修、趙汝談、葉適、姚際恆、崔述諸人,或疑繫辭文言說卦而下非孔子作,或竟主張十翼與孔子完全絕緣,至論到卦辭爻辭經古文家主文王周公作經今文家主孔子作,我以爲都是意氣之爭,康有爲謂「據史記周本紀日者傳法言問神篇、漢書藝文志、楊雄傳、論衡對作篇,皆謂文王重卦爲六十四卦三百八十四爻無有以爲作卦辭者是自漢以前皆以爲孔子作無異辭」同前。在這段話裏面很可以看出他的武斷的本領,史記法言論衡諸書祇說文王重卦並未提及卦辭則卦辭有無與卦辭誰作,不應置議;就令不以卦辭爲文王作,試問用何種論法逕直斷定爲孔子作?謂白色之外有非白色纔不陷於謬誤,謂白色之外祇有黑色,請問這是根據何種論法?至於「易歷三聖」之說大抵起於易緯,如乾鑿度說:「垂皇策者犧,卦道演德者文成命者孔。」不過緯書多怪誕豈可據以爲推況且他們所謂「易歷三聖」從沒有說到孔子作卦辭所以武斷卦辭爲全是經今文家一偏之見至於爻辭康氏亦藉易歷三聖之說以爲推謂三聖無周公則爻辭亦應爲孔子作其武斷之伎倆與

前條正同。所以謂卦辭爻辭爲孔子作，實無明文可據。然從他方面觀之，又不得謂卦辭爻辭爲文王周公作因爲推卦辭爻辭爲文王周公作者，皆據繫辭中「易之興也，其當殷之末世周之盛德耶，當文王與紂之事耶」那種疑似之語以爲推。而繫辭本身就不可信況且繫辭中那種模糊影響之談；更何從確指卦爻辭爲文王周公作又或謂爻辭不得謂爲文王作宜推周公。爲經古文家牽強附會之談，皮錫瑞氏在易經通論上辨之甚明。崔述在豐鎬考信錄上辨之尤力。

論卦辭爻辭誰作。 爻 亦見「周易正義論卦辭爻辭誰作」此又。

傳近世說周易者，皆以象辭爲文王作，爻辭者其有憂患乎。朱子本義中亦云：余按古文家牽強附會之談，於中古作易者其有憂患乎。朱子未言中古爲何時，而靈患爲何事也。至此章始言其作，然但就其文言推之所自作也。且曰其自作，亦云古文，西伯拘之時所演是以周本紀云：西伯蓋益易之八卦爲六十四卦自序之，以爲文王姜里所演。是以周本紀云：西伯之事因姜里蓋益易之八卦爲六十四卦，人更三聖，世歷三古。自是以後，漢書五行志云：文王重易六爻作上下篇。又云：人更三聖，世歷三古。自是以後，儒者獨以象辭屬之文王、而鄭康成王弼復以卦辭屬之周公而逐以易象之辭爲周公所作以曲全之，而其中有甚可疑者明夷之五稱箕子復不應預知而預言之，文王、而分爻辭屬周公。融陸績之徒、不得已乃割爻辭之所演，然後儒始獨以象辭屬之文王、而鄭康成王弼復以卦辭屬之周公。由是言之，謂文王作象辭者也。夫以卦作爻辭者，乃漢以後儒者，所重，雖無確據，而理或有之。若文王周公展轉繫

易,則易傳記非謂易辭記也。晉永有言及謀之者,惟春秋傳,有見易象而曉,曰吉,遇大有之睽,曰吉,遇公之德,用亨於天子之卦,秦漢以來,則象、易、則象、

易辭晉固有之,不待至魯而後見,且即使起所不見者,果美周公之德,亦不及文王也。

與周公所分繫,則於文當繫言文王、周公之辭,乃至易緯乾鑿度通卦驗等書,最人,鼂分卦爻辭屬之兩

以後,司馬班氏最為近古,然皆但言文王、不稱及周公,烏得易分卦爻辭驗等書,人最

善附會者,亦但稱羲文三聖人,而無一言及周公。乃至易緯乾鑿度通卦驗等書,人最

也。且繫辭有等傳,故曰文王知文王不當,故曰二與五同功而異位,三與四同功而異

又云爻辭有周,所以物相雜,故曰文,又云二與四同功而異位,其善不同,二多譽,四

殷之末世,周之盛德邪,當文王與紂之事邪,是故其辭危,若爻辭屬之文王,此繫辭

應,詞意甚明。所謂其指逖言,而此文王所繫,乃若朱子本義

既未正,而史漢猜度之稱違之,不得詳其展轉因之,而直曰此文王、周公所繫,若朱子本義

王作,而漢儒經以來即如是說者,無乃非闕疑之義,而

不正其猜度之失,又不詳其展轉之因,而直曰此文王、周公所繫,若朱子本義

有明文可據傳以來,即如是說者,無乃非闕疑之義,而

使後之學者靡所考證乎(後略)崔述豐鎬考信錄卷五。而

公作,亦無明文可據。由是以談,易經這部書只剩下伏羲所畫的八卦和不知誰氏的

重卦,更無其他重卦究為文王抑係伏羲自重?至今尚無定論;抑且永遠無法解決。我

以為易經本是古代簡單的卜筮之書,止有占法而無文辭,更說不上學術的思想後

來。因老、孔並起,老子的思想專說對待之理,如美惡、善不善、有無、難易、長短、高下、虛

實、強弱、先得失、曲全、直窪、敝新、多少、重輕、靜躁、雄雌、白黑、榮辱、壯老、張歙、廢與

與奪、貴賤、損益、堅柔、得亡、成缺、盈沖、辯訥、生死、禍福、大細、有餘不足之類,與八卦所示

陰陽消息奇偶對待之象相暗合；孔子的思想專闡述宗法之義，如男女、夫婦、父子、君臣、上下、尊卑、長幼、貴賤之類，亦與八卦所示陰陽消息奇偶對待之象相會通於是好事者雜取二家的思想按配於八卦之下：以老子的思想說明自然以孔子的思想說明人事；以老子的思想建立周易的宇宙觀以孔子的思想建立周易的倫理觀。

最顯明的，如繫辭「易有太極是生兩儀兩儀生四象四象生八卦」與老子下篇「道生一一生二二生三三生萬物萬物負陰而抱陽沖氣以爲和」其說明萬物發生之順序與形式正相類尤其是從陰陽說明萬物之發生其思想上之程序更相胎合又繫辭說道「易之爲書也廣大悉備有天道焉有地道焉有人道焉兼三材而兩之故六六者非它也三材之道也」由陰陽二元發生三材之道是故爲「二生三」又繫辭說：「在天成象在地成形」先說象後說形象生而後有形與老子上篇「道之爲物惟恍惟惚兮恍兮惚其中有象恍兮惚兮其中有物」先說象後說物象生而後有物又是同樣的說法總之，易經的象觀和老子的象觀不必盡同，而其間要不無密切的關係。至於易經的根本觀念所謂乾坤那簡直是從老子裏面奪胎出來的乾卦象辭說：

「大哉乾元萬物資始」坤卦象辭說「至哉坤元萬物資生」這就是老子「無名萬物之始，有名萬物之母」的的解。一部易經總不外講些資始資生的道理，老子也不外講些無名有名的道理不過老子的本體論比易經高明得多，我們中國知道老子本體論之玄妙，雖然是很多得老子說「無」說「道」說「有」說「萬物」都有特別的用意，都不是胡亂使用的胡適之先生沒有懂得這個道理，他因為老子既說：「道生一，一生二，二生三，三生萬物」又說：「天地萬物生於有，有生於無」因此說「可見道卽是無，無卽是道」上見中國哲學史卷頁五十八至五十九下同。但何以「道卽是無，無卽是道，」他就說不出了。後來叙到「道之為物，惟恍惟惚」之時，他只得說「老子旣說道是無，這裏又說道不是無」他弄到無法可想之時乃歸咎於「哲學觀念初起的時代，名詞不完備，故說理不能周密。」并且說「老子提出了一個「道」的觀念，當此名詞不完備的時代，形容不出這個「道」究竟是怎樣一個物事，故用空空洞洞的虛空來說那無為而無不為的道，卻不知「無」是對於有的

老子的本體比易經的本體是太極嚴格的說，

二三一

東西哲學對於人生問題解答之異同

名詞，所指的是那無形體的空間，如何可以代表那無爲而無不爲的「道」？關於這個道理本非一言可了，不過說到此處，又不能不把「無」與「道」的觀念弄個明白我講老子和旁人不同，我處處用體用的觀念去考察，我認老子是最精於體用的。他所講的「無」與「道」、「有」與「萬物」用體用的觀念去分開便成次式：

體 ╭ 體之體……無
　 ╰ 體之用……道

用 ╭ 用之體……有
　 ╰ 用之用……萬物

「無爲體之體「道」爲體之用，所以「道即是無，無即是道」但「道」與「無」畢竟有區別，因爲一個是體之體，一個是體之用所以「道不是無」「道」是可恍惚的東西「無」卻連恍惚都恍惚不出來了。就用的方面說雖是「道」生「萬物」用之用。若就體的方面說却是「有」生於「無」。無爲體之體、道爲體之用有爲用之體，道在物體爲用，明用從體出却不可執死「無」爲有無對待之「無」，因爲這是「無名」的境界無名便

無對待、無言說。正猶佛法上所說體之體只是「一真法界」連「真如」都安不上說到真如便成體之用了。

并且還要怪他「說理不能周密」呢？由上所述可知易經的本體論不過只拿到老子的本體論的一部分至講到倫理觀卻又換了一個方面了。易經中關於人事取材於孔子孔子是宗法社會的產物他的根本主張是想從宗法裏面找出一個最好的宗法從宗法社會裏面建立一個最穩健的宗法社會所以孔子是個政府主義者、改良主義者、淑世主義者他哲學上的見解本來這種思想在古代的最高的觀念出發便是生殖崇拜的觀念出發也可以說是宗教家都是很鄭重的譬如耶教就帶有這種色彩所以有說十字架是生殖器的象徵的。(見幸德秋水基督抹殺論)不過都沒有像孔子看得那樣真切。孔子的重孝厚葬祭天祀祖重男女之別嚴君父之義都是從這種思想出發都是防止他人蹧蹋生殖所以嚴格的定出許多「生殖神聖」的社會政策。中庸有一段話描寫這種思想可謂精義入神就是說：「君子之道造端乎夫婦及其至也察乎天地。」所以「君子之道費

法相宗立種子義、種子為體之體現行為用之用。

胡君如何把老子的「無」說得那樣淺薄

二三三

東西哲學對於人生問題解答之異同

而隱。夫婦之愚可以與知焉，及其至也雖聖人亦有所不知焉；夫婦之不肖，可以能行焉，及其至也雖聖人亦有所不能焉。」易經就拿住這種思想，敷衍了一部分「生殖哲學」最顯明的一段就是「天地絪縕，萬物化醇，男女構精萬物化生……乾坤其易之門耶？乾陽物也坤陰物也，陰陽合德而剛柔有體，以體天地之撰，以通神明之德。」繫辭下。

其見於卦象的，如「柔上而剛下二氣感應以相與」咸卦象辭。「歸妹，天地之大義也，天地不交而萬物不興歸妹人之終始也」歸妹卦象辭。等處皆是。本來八卦中乾坤二卦，原從一一二爻而出，一即是兩種生殖器的象徵。一明資始，一一明資生儒家重男統，嚴君父即於一取義。孔子得了這個暗示遂大倡其宗法於是在論語上的「君君臣臣，父父子子」篇顏淵。在易經上就演爲「父父子子兄兄弟弟夫夫婦婦」象辭家人卦。可見僞造易經的人別具匠心我以爲孔子是信術數的，說明八卦當然看見過孔子的思想不能說利一一二爻沒有極深切的關係；孔子由一一二爻的暗示大倡其宗法而僞造易經者更竊取孔子的宗法以擴大其宗法之範圍。以下繫辭「天尊地卑乾坤定矣」如，皆擴大宗法之義例。於是易經遂成爲孔子所作其實孔子的思想決不是易經那樣複雜；而易經的倫理觀又不過

只是孔子的倫理觀的一部分。合上述二者觀之，可知易經的內容是雜取老孔二家的思想而成的，易經本來是一部卜筮之書上面已經說過，惟其因爲牠是講卜筮占驗的，而孔子又是信術數的，所以陰陽五行之說，得以縱橫無礙託名爲孔子作，亦不至於太相刺謬而故神其說，或更指此爲易之別傳，其實又是僞造易經者雜取所謂陰陽家之思想，與孔子天人之學或謂爲易經的內容，以採取老子的思想爲最多，孔子次之，而所謂陰陽家次之，然則易經的一部分或全部分非孔子作，並且簡直是後人僞造之書崔述說：「春秋、孔子之所自作，其文謹嚴簡質，與堯典、禹貢相上下；論語後人所記，則其文稍降矣若易傳果孔子所作，則當在春秋、論語之間，而今反繁而文大類左傳戴記，出論語下遠此此近耶？……孟子之於春秋也，常屢言之，而無一言及於孔子傳易之事，孔孟相去此不遠，孟子之表章孔子也，不遺餘力，不應不知，亦不應知之而不言也。」〔洙泗考信錄卷二〕我以爲不僅是孟子，從子夏至子思一輩的親切的弟子，何以都對於易經沒有研究，也不曾受到何種影響？孔門第一史料的論語，何以對於易經也沒有一言的質問，而所記的「加

「我數年五十學易」一條，又復錯訛雜出？或謂易經既孔子作便不得云學或謂魯讀易為亦（鄭注魯讀易為亦）應作「五十以數亦可以無大過矣」或謂孔子此時年將七十此云五十亦有不合。可見孔子和易經的關係，他從何方面去說都不能不發生疑團大抵此書在當時只具卜筮簡單的形式，毫無學術思想可說，故不足為先秦諸子之研究的對象。至於書中所畫的八卦究竟是否畫自伏犧，這在今日都無法可以證實。近世西人拉克伯里（Lacoupesie）謂八卦即巴比倫之楔形文或又謂八卦即古代文字，為後代一切哲學思想所從出者言之亦頗成理，但總不出於一種牽強比附之談。我則以為八卦本為宇宙間至大至常之法式為數學上之根本法式此法式「推之四海而準」如全量大於其一部分等於同量之諸量必互相等。這是數之自理，八卦亦何莫不然。不過八卦為伏犧所得，伏犧所畫其實何嘗是伏犧自畫？「文章本天成，妙手偶得之」論衡正說說：「伏犧得八卦非作之」正是此意。我少時學解析幾何，初學到坐標之直線法時，即試用正負方位推測八卦之理，不期而一一暗合。現在簡單圖說如次：

由上所談，可知八卦本爲天成之數理，不過個爲伏犧所得，並非伏犧自畫，後世附會之以談陰陽術數，更附會之以談一切學術思想，於是有現時之周易日人渡邊旁方論周易的可疑頗詳盡，見所著中國哲學史概論我上面有些地方也採用他的見解，不過他更形激烈，他以爲據史記說：「孔子傳易於商瞿，瞿傳楚人馯臂子弘，弘傳江東人矯子庸

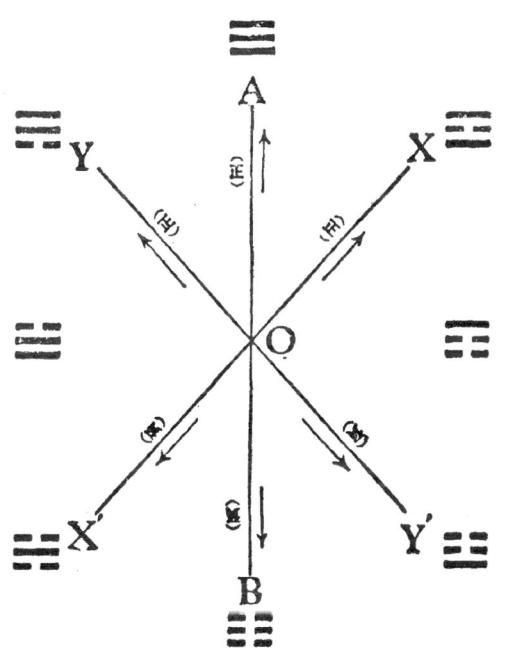

上圖 XX' 爲橫軸，YY' 爲縱軸，AB 爲立軸。
從 O 至 X 爲正，從 O 至 X' 爲員，從 O 至 Y 爲正，
從 O 至 Y' 爲員；從 O 至 A 爲正，從 O 至 B 爲員。

OX＋OY＋OA＝☰, OX'＋OY'＋OB＝☷,
OX'＋OY'＋OA＝☱, OX＋OY＋OB＝☴,
OX＋OY'＋OA＝☲, OX'＋OY＋OB＝☵,
OX'＋OY＋OA＝☳, OX＋OY'＋OB＝☶。

疵，……」自馯臂以下，幾皆齊楚之人，因此疑這書是當周末學術競爭之際，由齊楚之士所雜湊比附而成，尤其是老學者流出力最多並謂出易經傳授之人觀之其姓名皆不習見於中國，而孔子傳易於商瞿之事，在論語上既無一言之佐證，在他書亦無片段之史料。又出孔子至司馬談，已經過了四百餘年，而師稟相承僅八世，其世代未免太長，亦有使人不能相信的痕迹，所以無論從何方面觀察，都有使人不能不懷疑之點。由是以談謂周易爲中國哲學之淵源，實在沒有把周易的原原本本弄個明白。上面已經把周易取材於老子的話，說了許多；但或者謂周易與老子孰先孰後，至今無從辨明，然則何嘗不可以說老子取材於周易？不知老子和周易的大不同處，便是老子爲一部有系統的書，而周易却是一部零星雜湊之作，老子的思想純粹，非後代所易追隨周易的思想支離矛盾，如象象傳與繫辭傳的思想，過不相合，文體亦隨時隨人而異，這也是周易取材於老子的明證古來經註最多，無過於周易，而其不得要領，亦無過於周易，假使明白周易，便一切無結果的工夫也。可以省掉好些，所以說中國的哲學淵源於周易，又不能不發生問題至於第三說，

謂中國哲學淵源於孔子或老子，這當然是比較可靠的推定，不過在一般人的觀察，以「孔子為中國文化的中心，無孔子則無中國文化，自孔子以前數千年之文化賴孔子而傳，自孔子以後數千年之文化賴孔子而開」的說法，似乎武斷太甚；因為事實上孔子而外，尚有不少其他的人參與中國文化上的事業。至於推崇老子謂為中國文化之源泉，這種心理又不過因為老子是孔子的先生，以為老子應該比孔子更屬先知先覺，而老子所以為中國文化源泉之故父未能了然，所以他們雖是捧著孔子老子實際上他們一輩子找不出孔子老子的真面目。我以為關於此點祗有夏曾佑說得最明白他斷定自上古至春秋原為鬼神術數之世代；春秋以前鬼神術數之外無他學，春秋以後鬼神術數之外才有他種學說可言至老子遂一洗古人之面目。大約以反復中明鬼神數之誤為老子於鬼神術數一切不取。孔子則留神而去術數，故老孔墨三家不同之點。（中國歷史第一冊頁百三十一）我認這種觀察很能揭出老孔墨的原來面目，而中國文化的淵源進一步說中國哲學的淵源也就可以推見一

〔柳翼謀中國文化史頁二〇〕。這種「無孔子

斑了。所以嚴格說來，中國哲學要不能不以老子爲開祖。因爲老子打破一切鬼神術數，在哲學上開拓無限的新領域，比孔子之留術數而去鬼神墨子之留鬼神而去術數，自是規模大有不同，未可相提並論的了。關於此點容在後面說明。中國哲學以周秦諸子爲最盛期，幾乎可以代表中國哲學全部現在爲敍述之便，分爲道、儒、墨三家，其影響較小者恕不一一論列。道儒墨以後則以時代劃分爲漢唐哲學宋明哲學清代哲學茲分述如下。

道家之人生觀

論到先秦諸子哲學本來有九流十家之稱，日本人編中國哲學史，且有十三家之目實則嚴格而論何嘗有如許家數，至多不過道儒墨三家而已孟子說：「逃墨必歸於楊逃楊必歸於儒」便明明指出當時的家數。<small>孟子拿楊子代表道家陳澧說：「距楊朱卽距道家」見東塾讀書記孟子之部。</small>法家和農家是從道家的系統而出，名家是從道家及墨家的系統而出陰陽家不過是初民的思想，也談不上哲學至於其他所謂雜家縱橫家小說家更不能獨力成一家言所以談到先秦諸子哲學當然以道、儒、墨三家爲代表。現在談到人生哲學更舍道儒墨三家而外無人生哲學可言請先論道家的人生哲

學道家的代表,說者不一,其辭現在找還是拿老子、楊子、莊子三人做代表。老子的根本思想是無名主義,楊子的根本思想是爲我主義,莊子的根本思想是齊物主義。但都不出自然主義的範圍,以表明之則如次式。

道家 ｛ 老子——無名主義
　　　 楊子——爲我主義
　　　 莊子——齊物主義 ｝自然主義

從他們所主張的內容觀之,老子近於入世的,楊子近於任世的,莊子近於出世的。因此,他們的人生哲學也就各人表現出各人的一種異彩。現在先述老子的人生哲學。

老子　欲闡明老子的人生哲學不能不闡明他的本體論。關於老子本體論的思想上面已有論及,現在請作一種補充的說明。老子本體論的思想,一個「無」字可以包括盡淨,因爲「無」是體中之體。至於他用的那些「無名」「無爲」「無狀」「無物」等等名稱無非是下的「無」字的解釋。「無」爲體之體,「道」爲體之用,「無」與「道」雖其體用二面實際上只是一件東西,「道」雖就用邊言卻是「道」也不容易顯出,所以他

又用「夷」「希」「微」等等名稱作「道」字的解釋。總之，老子的思想在表明有個絕對的本體，那個本體是安不上名辭的，若勉强安上名辭，便成了相對界現象界，不是絕對界本體界了。他因爲無法可以說出絕對界是怎樣怎樣，只好藉相對界一些有無、難易、長短、高下、音聲前後等等名相，以顯出絕對界的本來面目，所謂即用顯體。所以老子的根本思想用一句淺顯的話表明出來，便是「無名主義」。無名是宇宙的眞相，也便是原始的狀態。所以說：「無名萬物之始。」老子意在闡明原始狀態之可寶貴，所以說：「道常無名樸。」又說：「化而欲作吾將鎭之以無名之樸。」他不僅對自然界是如此看法，便對人事界也是如此看法。老子往往拿小孩子做譬喻，便是他看重原始狀態的用意。譬如他說：「常德不離復歸於嬰兒」；又說：「專氣致柔能嬰兒乎」；又說：「我獨泊兮其未兆，如嬰兒之未孩」；又說：「聖人皆孩之」；又說：「含德之厚比於赤子」他這樣看重小孩子的地位，就因爲他們天眞未鑿，換句話說，就因爲他們是無名之樸。老子拿住這種無名主義去應付世間一切萬事萬物，就成功一種「無爲」的思想。因爲絕對界是超越名相的境界，凡有所作爲，便不免要加上一些名相，反失掉本來的

面目,所以少作爲一分便多顯出本體一分,這便是「無爲而無不爲。」譬如小孩子多受到一點知識反多知道一點作僞不如那些未經世故的村童反能保存原有的真性老子所以主張「作爲而不辭生而不有爲而不恃功成而不居」以及所謂「不自見故明不自是故彰不自伐故有功不自矜故長」都是「無爲」的思想的擴大都是「無爲而無不爲」的註腳。

老子說「常無、欲以觀其妙,常有、欲以觀其徼」這兩句話可以把一部老子的精理包括盡淨無是無名有是有名無就本體說有就現象說無就一說有多說無就虛說有就實說無就暗說有就明說。世間的道理總不外有無二面。由有可以表明一種要求由無可以顯出一種妙用。所以說:「有之以爲利無之以爲用」。但又須知道有無說有就實說無就暗說有就明說。世間的道理總不外有無二面。由有可以表明一種表雖是二而裏實是一無中有有的作用,有中有無的作用,所以說:「此兩者同出而異名」有名便有分別,若無名便甚麽也沒有了有名就「學」言無名就「道」言我們總要從有名的「學」見到無名的「道」所以說,「爲學日益爲道日損,損之又損以至於無爲。無爲而無不爲」我們要在這裏才可以找到「無爲」的根據與價值。

由老子無為的思想，可以看出老子一種藝術的生活藝術以「自然」為骨子，絕對排斥人為。凡世間一切知識道德功利法律等等皆在極端排斥之列，因為這些都是汩沒天真的利器。老子便深惡痛絕於知識道德功利法律等等之類。所以他處處表現出一種反動我們看他

排斥知識的地方，如「絕聖棄智民利百倍」「智慧出有大偽；」「民之難治以其智多故以智治國國之賊不以智治國國之福」之類。

排斥道德的地方，如「絕仁棄義民復孝慈」「大道廢有仁義；……六親不和，有孝慈國家昏亂，有忠臣」「上德不德是以有德……禮者忠信之薄而亂之首」之類。

排斥功利的地方，如「絕巧棄利盜賊無有」「民多利器國家滋昏人多伎巧奇物滋起」之類。

排斥法律的地方，如「天下多忌諱而民彌貧；……法令滋彰，盜賊多有」「代大匠斲，希不傷手」之類。

此處所謂道德是就普通的道德說與老子所謂道德不同。

可見老子如何排斥人為，這便是「無為」的真精神但他表面上雖是排斥人為，骨子裏却是提倡一種藝術的生活，便是避去那些算帳式的生活，競走式的生活以及一切富於剌戟或偏於呆板的生活而一切聽命於自然惟其聽命於自然故能「澹然獨與神明居」；「澹兮其若海飂兮若無止」故能「見素抱樸少私寡欲。」故「不可得而親，不可得而疏，不可得而利，不可得而害，不可得而貴，不可得而賤，故為天下貴。」老子說：

聖人不積，旣以為人己愈有，旣以與人己愈多。

這更是他的藝術的生活一種積極的表白因為看重藝術生活，故能心無所住，而行「不積」之道旣心無所住便無社而非自由自在之天地，無往而非極樂之國土，故能「旣以為人己愈有，旣以與人己愈多」譬如世界是個大海任是何處受雨而此處之海水必與之同時增高這不是「旣以為人己愈有，旣以與人己愈多」嗎？梁任公先生對此二語有一段最精的議論他說：『此種生活不以生活為達任何目的之手段生活便是目的換言之，則為生活而生活——為學問而學問為勞作而勞作再換言之，

則一切皆無所為而為再換言之則將生活成為藝術化夫生活成為藝術化則真所謂「既以為人己愈有既以與人己愈多」矣〔見所著「先秦政治思想史」頁一八一〕。這便是「無不為」的真精神。

上面說到藝術以「自然」為骨子，關於自然的解釋論者不一其辭；我因為「自然」一語，於老子的根本思想有極深的關係，故特提出討論。謝无量先生說：「自然者、究極之謂也」〔見所著「中國哲學史」頁五十七〕。胡適之先生斥為「不成話」另加上自己的解釋說：「自己然是如此自然只是自己如此。」〔見所著「中國哲學史」頁五十七〕。梁任公先生也附利著說：「自己然是如此。」我想自然如果只是自己如此，恐怕誰也會得解釋哲學上的問題恐怕不是這樣容易罷！我覺得還是章太炎先生解釋得妥當，他說：「夫所謂自然者謂其由自性而然也。而萬有未生之初本無自性；既無其自何有其然然既無依，自亦假立⋯⋯佛家之言法爾與言自然者稍殊然亦隨宜假說非謂法有自性也。本無自性所以生迷迷故有法法故有自。」〔見所著「無神論」〕老子的自然主義便含著這種精神，因為他的根本思想是「無名」是「無」則知「自」屬假立本無自性；而自然所以

喻體，故道又法自然總之自然重在返本復初所謂「莫之命而常自然」但任公先生誤解了老子自然的本義以為一切由人造作者亦即出於人性之自然因謂「戕賊自然者莫彼宗若」彼宗指道家。見「先秦政治思想史」頁一七四。是混「自然」與「人為」而為一宜乎得到一個「矛盾」的結論不知老子的自然重在「莫之命」猶莊子的自然重在「無待」若任公先生所詮釋的自然乃是有所命有所待；有所命有所待仍強名之曰自然那就不能不歸咎於「自然」一語之含有歧義了。

老子把「自然」看作藝術的中心，於是又把藝術看作人生哲學的中心。老子對人生完全是一種藝術的看法他以為生死榮辱都不值得那樣計較。世人最怕死最怕壽命不長他獨以為

死而不亡者壽。

我們知道任是何人都逃不了生死的一個階級，如果生了只求一個不死，不管牠如何鬼混了一世這是一種何等乾燥無味的人生！這是一種何等無藝術趣味的人生！老子的見解便不然他主張「生而不有」「死而不亡」生為道之發現何得云有死為

道之復歸，何得云亡，所謂「夫物芸芸，各復歸其根」。生死不過為道之循環，又何所用其欣戚。嚴幾道說「苟知死而有其不亡者則夭壽一耳」見所評老子。道家齊生死之說都是從道上著眼，換句話說都是從藝術上著眼，因為從藝術看生死則生死不惟不足以生其欣戚而生死反足以表揚其藝術所以老子非厭世論者因為他處處闡明不死之理譬如說「谷神不死」譬如說「善攝生者……以其無死地」但老子亦非樂天論者因為他處處描寫無知無欲之狀譬如說：「眾人熙熙如享太牢，如登春臺，我獨泊兮其未兆，如嬰兒之未孩」老子更非淑世論者因為他處處關人為之非，譬如說：「保此道者不欲盈，夫唯不盈，故能蔽不新成。」可知老子的人生觀，一切受成於道聽命於自然，是即所謂「人法地地法天天法道道法自然。」這便是老子藝術的人生哲學。

楊子

老子的思想傳至楊子便成功一種為我主義楊子的為我主義在當時很發生一種效力。孟子說：「楊朱、墨翟之言盈天下天下之言不歸楊則歸墨」滕文公篇。又說：「逃墨必歸於楊逃楊必歸於儒」盡心篇。可見楊子的學說在當時占到二分之一或三分之一的勢力；而且楊子的地位似乎要超過墨子不過楊子沒有著述流傳到後世，

而楊學的傳授又不明，因此引起許多人的懷疑諸子書中紀載楊朱的事蹟的，除列子裏面有較多的材料外還有莊子裏面也可找到一些其餘談到的便很少現在研究楊朱學說的大抵根據孟子及列子裏面的楊朱篇。但關於楊朱篇的材料的真僞問題又有三說：一主全真一主全偽，一主真偽參半。我便是主張真偽參半的一個人。我以為楊朱的學說既在當時那麼大的勢力，必定地能獨立成一家言，而且含有一種救世思想足以與墨子甚或孔子的救世思想勢均力敵，決不至於混有頹廢思想或悲觀主義所以我認楊朱篇大半出於魏晉人偽造。但其中不、無可徵信的材料，便是關於為我主義的說明我以後便用我的觀點提出一部分可信的材料說明楊子的人生哲學。

孟子說：「楊子取為我，拔一毛而利天下不為也」盡心篇。孟子有心排斥楊朱，僅拿到楊子為我主義的一面而沒卻他最關重要的一面，就是「悉天下奉一身不取也」孟子極力推崇伊尹「一介不以與人，一介不以取諸人」因學紀聞說「孟子學伊尹者也。當今之世誰，我其誰，亦是聖人之任」。而於楊子則以「無君」斥之可見孟子不是私心自用便犯了「學詖」的毛病。參看

關於這點，在楊朱篇所記便較為忠實。我且把這一段抄在下面。

楊朱曰伯成子高不以一毫利物，舍國而隱耕。大禹不以一身自利，一體偏枯。古之人損一毫利天下不與也；悉天下奉一身不取也。人人不損一毫，人人不利天下天下治矣。禽子問楊朱曰「去子體之一毛以濟一世汝爲之乎？」楊子曰：「世固非一毛之所濟」禽子曰「假濟爲之乎？」楊子弗應。禽子出語孟孫陽。孟孫陽曰「子不達夫子之心吾請言之有侵若肌膚獲萬金者若爲之乎？」曰「爲之」孟孫陽曰：「有斷若一節得一國子爲之乎」禽子默然有閒。孟孫陽曰：「一毛微於肌膚，肌膚微於一節省矣然則積一毛以成肌膚積肌膚以成一節一毛固一體萬分中之一物奈何輕之乎」禽子曰「吾不能所以答子然則以子之言問老聃關尹，則子言當矣；以吾言問大禹墨翟則吾言當矣」孟孫陽因顧與其徒說他事。

<small>參看本書頁一八〇。</small>

由這段看來，楊子的爲我主義，完全受了老子無名主義的影響，是很顯然的事實了。爲我乃完其在我，「我」便是個單子（monad），「我」便是個實體（substance）

（二）影響宇宙是個大實體，而我們的「我」是由大實體裏面分出來的一個小實體，我們的身子就是為表現這個小實體用的。所以我們的我相（指身）雖有差別，而我體（指小實體）實無差別，所以得絕對無差別之樂，世界自然會相安於無事這樣看來，楊子的為我主義不完全是老子無名主義的影響嗎？而且我們從這段文章裏面可以看到楊子人格之高尚，志行之堅潔，人人尊重自己的人格，不侵犯他人的自由與幸福，亦不受他人侵犯又何至損一毫以利天下，悉天下以奉一身。人人牢守自己的操誼，一介不取，一介不與，又何至計較到非其義與非其道。說楊是從他的根本主張所謂為我主義之全體觀之，楊子更不會有厭世思想，由前之說，楊子不會有頹廢思想；由後之說，楊子不會有自利思想。而朱比伊尹的工夫更逃一層。的便是個極端的樂天論者。所以楊子的學說是不容易加批評的現在請再提出一段文章說明楊子的思想。

楊朱曰人肖天地之類，懷五常之性，有生之最靈者也。人者爪牙不足以供守衞，肌膚不足以自捍禦，趨走不足以逃利害，無毛羽以禦寒暑必將資物以為養性

任智而不恃力。故智之所貴，存我為貴；力之所賤，侵物為賤然身非我有也，既生，不得不全之；物非我有也，既有，不得不去之。身固生之主，物亦養之主身，雖全生身，不可有其身；雖不去物，不可有其物。有其身，是橫私天下之身；有其物，是橫私天下之物。其唯聖人乎公天下之身，公天下之物。其唯至人矣！此之謂至至者也。

這段文章裏面精義更多待我一一說明。楊子所謂「智之所貴存我為貴；力之所賤，侵物為賤」，就是說明他的為我主義的上句是說明「損一毫利天下不與」下句是說明「悉天下奉一身不取」所以他的主張是前後一貫的。於是關聯到身與物的問題身與物都利「我」發生密切的交涉因為身是生之主，物是養之主；卻是一種醜陋的肉慾主義者便是不是為「身」決不是為「物」如果為「身」為「物」便是一種淺薄的物質主義者所以。楊子把身與物和「我」分得非常清白「我」是就實體方面說身與物是就現象方面說這裏面的區別是關係極大的單就身與物的方面說身非我有，物亦非我有，都不過是表現「我」的一種工具。「我」是一個，沒有甚麼大。但這實體為方便、說法才分大小。然則所有的身體用的、都不過是實體只是一個、表現「我」的一種工具。

種工具是公共的,大家可以使用的,如果硬拉到自家屋子裏當作私人的用品便是「橫私天下之身橫私天下之物」楊子這樣的苦口婆心排斥物質主義肉慾主義而世人反加上他一個頹廢派快樂派之名,這是一種何等寃枉的事情啊!我們從討論身與物的問題裏面又可以看到楊子所受老子的影響。老子說:「寵辱若驚,貴大患若身」這便是說世固不足以寵辱我以吾驚之故有寵辱亦無謂貴大患自吾有身,然後有貴大患上句是說不可「有其物」下句是說不可「有其身」有其身故有貴大患有其物故有寵辱。楊子接著申明身物不可有之義,說:

生民之不得休息為四事故一為壽二為名三為位四為貨。按典中庸裏面「故大德必得其位、必得其祿、必得其名、必得其壽」四句正相針對,可見道家與儒家的根本思想不同。有此四者畏鬼畏人畏威畏刑此之謂遁人也。可殺可活,制命在外不逆命何羨壽不矜貴何羨名;不要勢何羨位不貪富,何羨貨此之謂順民也。天下無對制命在內故語有之曰:「人不婚宦情欲失半;人不衣食君臣道息」周諺曰「田父可坐殺」晨出夜入自以性之恆,啜菽茹藿自以味之極肌肉麤厚節節巒急,一朝處以柔毛綈幕薦以粱肉蘭橘心疼體煩,

內熱生病矣商魯之君,與田父侔地則亦不盈一時而憊矣。故野人之所安野人之所美,謂天下無過者。

楊子以為有其身有其物,結果必至於羨壽、羨名、羨位、羨貨,結果祗不過是做了一個「遁人」所以楊子力辯身物不可有。而我則不可以不存。因為身物「制命在外」我「制命在內」萬物皆備於我其又何求。楊子的我與老子的道乃異名而同實都是描寫一種「無名之樸」都是描寫一種未鑿之天真所以「野人之所安野人之所美天下無過」這樣看來,楊子的思想是何等警切透闢啊!張孟劬先生有一段「闡楊」的議論我們可以拿來作一種補充的說明。他說:「朱之學善探天命之自然以為我為主義,以放逸為宗趣。而要歸本於老氏之言,此其所長也。為我非長生不死之謂也謂盡乎天而不鑿以人也;放逸非縱情恣意之謂也謂足乎已而無待乎外也。一人為我,必使人人皆為我,則無盜賊爭奪之患而天下一視同仁矣;一人放逸必使人人皆放逸,則無名譽矯揉之禍,而天下反調為樸矣」見所著『史徵』卷三頁十五。

我們從此可以知道楊朱的人生觀決不是消極的厭世的頹廢的快樂的,而楊朱之

為人更不是世間所罵的肉慾主義者和物質主義者。

除上面所採擇一部分的材料外關於楊朱的學說就很少可信的了。剩下的材料我想等到談魏晉人的人生觀的時候再去討論。

莊子 老子的思想傳至莊子便成功一種齊物主義。莊子的齊物主義比楊子的為我主義規模更為闊大并且進一步把老子的無名主義充分的發揮以完成道家的系統而組織一種圓滿的自然主義所以莊子在道家的地位是十分重要的。關於莊子研究的材料我以為在莊子三十三篇之中只有三篇是最可靠的就是開首的三篇；逍遙遊齊物論養生主而且這三篇之中已經把莊子的思想包括無遺逍遙遊髣髴是發表他的自然哲學齊物論髣髴是發表他的知識哲學養生主髣髴是發表他的人生哲學不過這三篇的思想都有互相發明之處。在這三篇以外所

吾友胡樸安先生謂莊子上齊物論、係明齊物論之理。下齊物論、非欲明齊物突。我覺得把齊物論屬讀、舊訓皆齊。泯絕彼此、排遺是非、非專釋齊定為本）。這話甚是。所以我應認莊子的齊物論、是一種齊齊物、（見齊物論）物論、所以為齊。

牛部明齊物論、下牛部明齊物也。蓋謂齊物論之難齊也。是非、錢大昕「駕齋新錄」說：「王伯厚物論解作「齊物」或作「物論」。不悟是篇先說喪我、終明物化。泯絕彼此、排遣是非、王安石、呂惠卿始以物論屬讀。都不免失之纖巧。章太炎先生說齊物論、皆物同。一異論而作也。

有的材料似乎都不十分貫串只能算是研究莊子的一種副料現在我還是從這三篇裏面研究莊子的人生觀。

要研究莊子的人生觀必先研究莊子的宇宙觀；因為他和老子一樣，人生觀是由宇宙觀體認出來的。不過老子的人生觀尚沒有十分闡明，而莊子的人生觀卻發揮得異常透闢可以說中國哲學裏面對於人生哲學貢獻最大的，莊子要算是第一個人。現在先談談他的宇宙觀。莊子是接著老子無名主義的系統的也用老子的方法，處處從相對顯出一個絕對從差別體認出一個無差別不過老子只說出一個當然莊子卻指點出一個所以然。莊子每每用論證的方法，使聽者對於他所論證的問題能夠心悅誠服，這是他高過老子的地方譬如他開宗明義第一章，就指點出空間時間都不是絕對空間拿大小作譬喻時間拿長短作譬喻。「北冥有魚其名為鯤鯤之大不知其幾千里也化而為鳥其名為鵬鵬之背不知其幾千里也；......鵬之徙於南冥也水擊三千里摶扶搖而上者九萬里」但斥鴳「騰躍而上不過數仞而下翱翔蓬蒿之間」這從相對的見地看來一個太大，一個太小，真是比不如倫；但從絕對的見

地看來，兩種動物都是乘風而行，就能力上說各自以為「飛之至也」然則又有甚麼區別呢？「朝菌不知晦朔蟪蛄不知春秋；」但「楚之南有冥靈者以五百歲為春五百歲為秋上古有大椿者以八千歲為春八千歲為秋」這從相對的見地看來，一個太長一個太短，又如何好比擬咧！但從絕對的見地看來，我們人類尚且捧著彭祖把他看作壽命最長的，其實比之大椿又不知短了許多可知壽命的長短原不過相對的名稱，就時分上說，都要經過幾許剎那實際上又有甚麼區別呢？可知空間時間都不過。是現象的。差別。相換句話說，都不過是現象界的假相。若在絕對界是找不出這種差別的。把這個道理應用到人生不知道要開悟許多迷夢。莊子因此大展其論證上的手段先把宇宙的原理說個透澈。

今且有言於此不知其與是類乎其與是不類乎。類與不類，相與為類，則與彼無以異矣。雖然請嘗言之。有始也者，有未始有始也者，有未始有夫未始有始也者；有有也者，有無也者，有未始有無也者，有未始有夫未始有無也者，俄而有無矣。而未知有無之果孰有孰無也。今我則已有謂矣，而未知吾所謂之其果有謂乎，

其果無謂乎天下莫大於秋毫之末，而大山為小，莫壽乎殤子，而彭祖為夭。天地與我並生而萬物與我為一。既已為一矣，且得有言乎？既已謂之一矣，且得無言乎？一與言為二，二與一為三，自此以往巧歷不能得，而況其凡乎。故自無適有以至於三，而況自有適有乎。無適焉，因是已。 齊物論

這段文章完全着重在「天地與我並生萬物與我為一」可以說這是他的齊物主義的綱領，天地與我並生所以明無終無始、非有非無，萬物與我為一，所以明非小非大、無夭無壽、各盡自得之妙、互參平等之化，這便是宇宙的真相。莊子以為這個道理雖十分準確卻是不容易使人家相信。於是從論證上下一種精刻的工夫處處用名相遣除名相使聽者自然會悟到此中妙諦。章太炎先生有一段文章指示莊子論證法之一斑他說：『齊物者一往平等之談。……其文皆破名家之執，而亦兼空見相。「言者有言」謂於名唯見名也。「以指喻指之非指不若以非指喻指之非指也」即無執則無言說也。「既已為一矣且得有言乎」即於事唯見事亦即性離言說也。「隨其成心而師之誰獨且無師乎？」即於喻馬之非馬不若以非馬喻馬之非馬也」即於

自性假立唯見自性假立也。「未成乎心而有是非」即「以無有為有」即彼事自性相似顯現而非彼體也。「有有也者有無也者有未始有無也者」即於差別假立唯見差別假立也。「俄而有無矣而未知有無之果孰有孰無也」即可言說性非有離言說性非無也」見齊物論釋。由上各例，可見莊子論證法之精到，更可見莊子用名相遣除名相的苦心。因為不反覆推證便不能使人家死心塌地的悅服。譬如說「既已為一且得有言既已謂之一且得無言」這是叫人家悟到宇宙的原理只有「因是」一途。「因是」是說遣除名相，這便是他的齊物主義的根核。所以寓言篇說：「不言則齊，齊與言不齊，言與齊不齊焉因是已」。結果不能不推證到「無適也」所謂「因是」我們可以拿莊子一段話來解釋便是：

惡乎然？然於然；惡乎不然？不然於不然。齊物論。

這段話一面把「因是」的道理說透，一面又把遣除名相的精理宣洩無遺。禪家臨濟義玄立有四料簡，我們也可以借來解釋所謂四料簡，便是四種標準卽

奪人不奪境，奪境不奪人，人境俱奪，人境俱不奪。

二五九

宇宙都是些「差別」相,也可說只是「二」相。因爲一切法散爲一一法,一一法又攝於一切法。所以差別卽是平等,平等卽是差別。小非大大非小,小卽大大卽小,有非無無非有;有卽無無卽有。無卽有。萬物皆備於我奪之則我育於萬物。就客觀說只見有宇宙不見有人;就主觀說只見有人不見有宇宙這便叫奪人不奪境。更進一步說如果人境俱奪,猶屬有意作爲,不是本地風光所以又說人境俱不奪譬如撞鐘鳴而撞木不鳴,無鐘則鐘音不起,這叫奪人不奪境。但鐘鳴實起於撞木,無撞木鐘音亦不起這叫奪境不奪人。嚴格的說鐘音不起於鐘亦不起於撞木乃起於鐘與撞木之間,這叫人境俱奪但無鐘與撞木鐘音終究不會起來;所以鐘也要緊撞木也要緊撞木之間也要緊這叫人境俱不奪。莊子所謂「因是」便是這種「人境俱不奪」的境界。我們知道宇宙間完全是這樣似離非離似合非合的境界所以不能用言語文字解說出來。如果用言語文字解說出來便要知道言語文字也就不過是一種言語文字所謂「言者有言」卻並不是不用言語文字解說的那種本地風光所以說「言者

非吹。」因為宇宙的真相根本是「無物」根本只是充滿宇宙的「本體」後來由「無物」而「有物」由「有物」而「有封」由「有封」而「有是非」所以莊子說：

古之人其知有所至矣惡乎至？有以爲未始有物者，至矣盡矣不可以加矣！其次以爲有物矣，而未始有封也。其次以爲有封矣，而未始有是非也。是非之彰也，道之所以虧也。愛之所以成。_{齊物論}

可知「是非」是後起的。是起於言說有言說便有對待，有對待便一切爭執所由起，所以「一與言爲二，二與一爲三自此以往巧歷不能得」。如果不起言說或者縱有言說而不起是非之見那就是非彼此都沒有甚麼害處而且正好由是非彼此看出是非彼此的自得之妙所以莊子說：

彼是莫得其偶謂之道樞。樞始得其環中以應無窮是亦一無窮非亦一無窮也。果且有彼是乎哉？果且無彼是乎哉？是亦彼也彼亦是也。彼亦一是非，此亦一是非果且有彼是乎哉？_{齊物論}

如果知道是非彼此是後起的，本來沒有爭執的必要，那就「無物不然，無物不可」。

「終身言，未嘗言終身不言，未嘗不言。」「恢恑憰怪道通為一……凡物無成與毀，復通為一」那就「天地一指也萬物一馬也」無論牠是「激者、謞者、叱者、譹者、宎者、咬者」都聽牠去「前者唱于而隨者唱喁。」毫不加以造作。這便是「人境俱不奪」的境界這便所謂「惡乎然於然惡乎不然於不然」這一步功夫莊子看到世間一切的爭執都起于言說換句話說都起於名相所以他就是非彼此的道理遣除名相這便叫做「以名遣名」。莊子表面上用「因是」一語骨子裏只是要人家遣除名相他在齊物論一篇裏面用「因是」一語用過好幾次，凡論到名相無法解釋的時候，就用「因是」作個總結譬如說：「庸也者用也用也者通也通也者得也適得而幾矣因是已」「又說名實未虧，而喜怒為用亦「因是」也又說：「是以聖人不由而照之於天亦因是也」可見「因是」一語在研究莊子哲學是最關重要的。與「因是」義同而語異者尙有一個名詞，莊子也用過幾次也是在討論名相無法解釋的時候使用便是「以明」譬如說：「欲是其所非而非其所是則莫若以明。」又說：「是亦一無窮非亦一無窮也故曰莫若以明。」又說：「爲是不用而寓諸庸，此之

謂以明。」莊子用這許多「因是」「以明」,就可以看到他遺除名相的苦心。這便是莊子論證法的獨到處。<small>老子曰「彀明」,莊子曰「以明」義正相類。惟盡力發揮「以明」是莊子獨到處。</small>

上面把莊子強過老子的地方在於論證法之精密已經說述一個大略了。現在還要論到一點,也是莊子強過老子的地方。關於老莊的不同,我以為最容易看出來的,便是他們對於世間的態度的不同。老子看到世間的本體是無名的,是沒有對待的。如果談到名談到對待便落於現象界便落於第二義第三義所以他的根本思想是「以本為精以物為粗以有積為不足」於是他處世的方法,便完全在負的方面用力。因為一般人都只想搶到正面的地位卻不知道正負原是對待的,又何必如此計較呢?所以他說:「知其雄守其雌為天下谿,知其白守其辱為天下谷」你看他在五千言裏面,幾乎沒有一處不是些「人皆取先己獨取後」「人皆取實己獨取虛」人皆求福已獨曲全」的議論。但是莊子處世的態度便不然。莊子也看到世間根本是無名的,無對待的。但他以為既已看清世間根本是無名的,無對待的,那處世的方法便不應該計較到正負方面。因為計較到正負方面,仍舊是一種對待的心理,仍舊不是一種澈

底的看法髣髴老子處世的態度是說：「怎樣對付世間」而莊子處世的態度卻是說：「根本上用不着對付。譬如禪宗五祖弘忍命弟子各依所解自造一偈，神秀說：「身是菩提樹，心如明鏡臺，時時勤拂拭，勿使惹塵埃」慧能看了之後便改成「菩提本非樹，明鏡亦非臺，本來無一物，何處惹塵埃」老子的態度還看重「時時勤拂拭勿使惹塵埃」莊子卻早看到「本來無一物，何處惹塵埃」了所以在這點莊子又要強過老子一着，莊子處世的態度既是這樣澈底所以他的人生哲學也另是一番境界他說：

予惡乎知說生之非惑耶？予惡乎知惡死之非弱喪而不知歸者耶？麗之姬，艾封人之子也，晉國之始得之，涕泣沾襟，及其至於王所，與王同筐床，食芻豢，而後悔其泣也。予惡乎知夫死者不悔其始之蘄生乎？夢飲酒者，旦而哭泣；夢哭泣者，旦而田獵方其夢也，不知其夢也，夢之中又占其夢也，覺而後知其夢也；且有大覺，而後知此其大夢也。而愚者自以爲覺，竊竊然知之，君乎，牧乎，固哉！齊物論。

昔者莊周夢爲胡蝶，栩栩然胡蝶也，自喻適志與，不知周也，俄然覺則蘧蘧然周

也。不知周之夢為胡蝶與？胡蝶之夢為周與？周與胡蝶，則必有分矣此之謂物化。齊物論。

莊子的人生哲學處處闡明一個「物化」之理。大宗師裏面有許多同樣的議論，不妨拿來參照。

子輿有病……子祀曰：「女惡之乎？」曰：「亡予何惡？浸假而化予之左臂以為雞，予因以求時夜浸假而化予之右臂以為彈予因以求鴞炙浸假而化予之尻以為輪以神為馬，予因而乘之豈更駕哉？……且夫物不勝天久矣吾又何惡焉？」

俄而子來有病喘喘然將死其妻子環而泣之子犁往問之……子來曰：『父母於子東西南北唯命是從陰陽於人不翅於父母彼近吾死而我不聽我則悍矣彼何罪焉？夫大塊載我以形勞我以生佚我以老息我以死故善吾生者乃所以善吾死也今大冶鑄金金踊躍曰：「我且必為鏌鋣」大冶必以為不祥之金今一犯人之形，而曰「人耳人耳」夫造化者必以為不祥之人今一以天地為大鑪以造化為大冶惡乎往而不可哉』

孟孫氏不知所以生不知所以死不知就先不知就後；若化為物以待其所不知之化已乎，且方將化惡知不化哉方將不化惡知已化哉……安排而去化乃入於寥天一。

莊子既看到人間的生死夢覺不過是一種物化所以甚麼事情都能達觀，都能超出形骸之外就是生成一個醜惡殘廢的人也並一點不覺得醜惡殘廢，反以為醜惡殘廢也自有一種醜惡殘廢的天趣可見莊子是最富於藝術的思想的你看他舉的下面一個例子：

公文軒見右師而驚曰：是何人也惡乎介也天與其人與？？曰：「天也，非人也。天之生是使獨也人之貌有與也以是知其天也非人也」

人間世篇也有一個同樣的例子，便是：

支離疏者頤隱於臍，肩高於頂會撮指天，五管在上，兩髀為脅，挫鍼治繲，足以糊口；鼓筴播精，足以食十人上徵武士則支離攘臂而遊於其間；上有大役則支離以有常疾不受功；上與病者粟，則受三鍾與十束薪。夫支離其形者猶足以養其

身，終其天年，又況文離其德者乎？

此外這樣的例子還多莊子總不外拿住一種「物化」的思想，看破世間一切的形形色色，所以甚麼哀樂都沒有了。養生主說：

適來夫子時也；適去夫子順也。安時而處順，哀樂不能入也。

果能安時處順，還有甚麼大不了的事情呢？所以

古之真人不知說生，不知惡死其出不訢其入不距翛然而往翛然而來而已矣。不忘其所始，不求其所終受而喜之忘而復之是之謂不以心捐道不以人助天。是之謂真人。大宗師。

莊子齊死生齊哀樂的思想都是從他的根本思想齊是非齊人我而來都是根據於「天地與我並生而萬物與我爲一」一般人罵莊子是個厭世主義者是個悲觀主義者；殊不知莊子並不悲觀，並不厭世他是個看透世間的真髓的人與其說他是個悲觀主義者，不如說他是個出世主義者，與其說他是個厭世主義者，不如說他是個達觀主義者因爲他的思想很高超很玄妙一般人不容易懂得，所以倒像說的是反

面不像說的正面。胡適之先生以為「這種人生哲學的流弊，重的可以養成一種阿諛依違苟且媚世的無恥小人，輕的也會造成一種不關社會痛癢不問民生痛苦，樂天安命聽其自然的廢物」見所著「中國哲學史」頁二七七。我認為這是觀察的錯誤，或是感情的偏激。我以為莊子人生哲學的影響，重的可以養成一種深造有得的學問家藝術家，輕的也會造成一種不蠅營狗苟的高潔之士。

以上關於道家的人生觀，已經講述一個大概道家之所謂「道」是規模極闊大的。莊子把道發揮得極其精微，可以說道家的思想到莊子完成了一個系統

東郭子問於莊子曰：「所謂道惡乎在？」莊子曰：「无所不在。」東郭子曰：「期而後可。」莊子曰：「在螻蟻」曰：「何其下耶？」曰：「在稊稗」曰：「何其愈下耶？」曰：「在瓦甓。」曰：「何其愈甚耶？」曰：「在屎溺」東郭子不應莊子曰：「夫子之問也固不及質。正獲之問於監市履狶也，每下愈況。汝惟莫必无乎逃物，至道若是，大言亦然。」知北游

莊子謂道周徧在動、植、礦三界固、液、氣三態，物若屎溺傾包括固體、液體、氣體。礦指動物、稊稗指植物、瓦甓指礦可見周徧咸三者異名同實其指一也。

莊子的論證法之精闢。莊子從「物」字上着眼，所以他主張的是「齊物主義」；楊子從「我」字上着眼，所以他主張的是「為我主義」；老子從「名」字上着眼，所以又都是一種自然主義。「無名主義」其實都是拿住一個「道」做骨子的。而道法自然所以又都是一種自然主義自然主義這個名稱，絕對不可以亂用，要使用的時候，必定要先說明界說。龔枯爾兄弟(Goncourts)的自然主義不是左拉(Zola)、莫泊三(Maupassant)一流的自然主義，左拉、莫泊三一流的自然主義又不是盧梭的自然主義，盧梭的自然主義，又不是我們中國道家的自然主義所以名稱雖是一個，而意義是各別的，必先詳審道家哲學的根柢，才好談道家的自然主義。

統觀老子、楊子、莊子三家的人生哲學雖然他們的根本主張都是一貫，但發表在人生思想上似乎也有一點區別。老子的人生觀，似近於入世的，因為他還主張一種「甘其食美其服安其居樂其俗」因為他還主張為學日益主張「長生久視之道」楊子的人生觀，似近於任世的，因為他主張「制命在內」「小國寡民」的理想社會以便主張「野人之所安野人之所美天下無過」似乎有一種無可無不可的精神莊子的

人生觀，似近於出世的，因爲他的思想異常超脫，「呼我爲馬者應之以爲馬；呼我爲牛者應之以爲牛。」就說莊子的人生觀是一種馬生觀牛生觀亦無不可。不過他們三家的人生觀雖稍有區別，卻也有相同的一點，就是都不主張厭世都不主張消極，所以不能說他們是悲觀主義者，更不能說他們是頹廢的思想家。

儒家的人生觀

儒家的人生哲學比道家的人生哲學更難於研究，因爲從上面下面、前面後面左面右面都可以看到一點儒家的精神，卻找不出牠的一個正面。譬如孔子的面目究竟是那一副面目，就很難得捉摸。董仲舒、何休一班人所看的孔子，就不是馬融鄭玄一班人所看的孔子；馬融、鄭玄一班人所看的孔子又不是韓愈歐陽修一班人所看的孔子；韓愈、歐陽修一班人所看的孔子又不是程頤朱熹一班人所看的孔子；程頤、朱熹一班人所看的孔子又是不陸九淵王守仁一班人所看的孔子；陸九淵、王守仁一班人所看的孔子，又不是顧炎武、戴震一班人所看的孔子；顧炎武戴震一班人所看的孔子又不是廖平康有爲一班人所看的孔子，廖平、康有爲一班人所看的孔子又不是陳獨秀吳虞一班人所看的孔子。所以孔子的真面

目,是很不容易捉摸出來的。現在要談到儒家的人生觀,自不能不先把孔子的面目,也依樣的捉摸一番。但究竟是怎樣的講法呢。孔子一生最愛講仁講孝講詩講禮,我以為這裏面就可以找到孔子的根本思想。孔子是儒家的開創者,孔子而外,還有四人也可以代表儒家,便是顏子、曾子、孟子、荀子。我在後面說吧。得到孔子的根本思想的一部分。顏子對於仁的功夫,曾子對於孝的功夫,孟子對於詩的功夫,荀子對於禮的功夫,在儒家裏面是最有成就的。顏子和曾子的功夫,是由內而外的;孟子和荀子的功夫,是由外而內的。現在列表於下,然後分節說明。

儒家──孔子┬顏子……仁┐由內而外
　　　　　　├曾子……孝┘
　　　　　　├孟子……詩┐由外而內
　　　　　　└荀子……禮┘

孔子 關於孔子的根本思想,在概說裏面已有論及,現在請作一種進一步的說明。孔子雖愛講仁講孝講詩講禮其實他的根本精神只着重在仁因為孝不過是仁

的初步，詩與禮不過是仁的工作現在要講明孔子的「仁」必要先講明孔子的「孝」

上面已經說過：孔子的學說是從「生殖崇拜」的思想出發但所謂生殖崇拜並非崇拜生殖器，乃崇拜生殖本身正是「天地之大德曰生」的意思。若崇拜生殖器乃是一種宗教性質而孔子的思想完全屬於哲學性質即倫理性質。孔子所以重孝，孝必自親始就因為是直接血統的關係。由直接血統關係遞次推擴，就達到孔子的仁，就是孔子的一貫之道髣髴像柏格森所說的「生命乃以發育之有機體爲媒介由一胚種移於他胚種之一潮流」(life is like a current passing from germ to germ through the medium of a developed organism) (Bergson's Creative Evolution. P. 28. 如果這個潮流截斷了，那就根本上危及生命了孔子說仁所以要推本於孝，就是看重這個潮流孟子說：「不孝有三無後爲大」無後就是把這個生命的潮流截斷了這不要影響到仁嗎？孔子說孝所以特重男統也便是這個意思所謂「父在觀其志父沒觀其行三年無改於父之道」所謂「孟莊子之孝也其他可能也其不改父之臣與父之政，是難能也」所謂「父父」「父不父」那一處不是從男統着眼呢？

孝經說：「孝莫大於嚴父」可作旁證。這

可以說是中國宗法社會裏面一件最重要的事實也是中國家族制度發達一個最重要的原因。中國父權君權相溷與神權君權相溷孔子雖然好說孝但他的根本精神仍著重在仁。不過最是仁的初步孝的功夫沒有作仁的功夫也談不上所以成仁的步驟是「入則孝出則弟謹而信汎愛眾而親仁」孝在最初仁在最後有子說：「君子務本……孝弟也者其為仁之本與？」這是一個最顯明的例證。孔子以為「孝」這樣初步的功夫做到了，然後好談到別的工作。最後繞好談到仁。如果僅有孝的功夫不把孝擴大到社會上去，不把修身齊家擴大到治國平天下那仍就不是孔子的本意所以子貢問士，孔子答道：「行己有恥，使於四方不辱君命可謂士矣。」子貢問：「次一等的人物呢？」孔子又答道「宗族稱孝焉鄉黨稱弟焉」孔子以為孝如果可以害仁，有殺身以成仁，顧不到此身是「父母之遺體」了。孝經說：「夫孝始於事親，中所以孝是原因仁是結果我們可以看到孝與仁的關係之大孔子說：「君子篤於於事君、終於立身」可作旁親則民興於仁；」這就是一種很顯明的「仁孝因果論」。

現在請進一步說明孔子的「仁」關於仁的解釋，幾乎沒有一家是相同的。就現在而論蔡子民先生說孔子的仁是「統攝諸德完成人格之名」梁任公先生說是一種「同類意識」一種「同情心」；以為「智的方面所表現者為同類意識，情的方面所表現者為同情心。」見所著「先秦政治思想史」頁三十。胡適之先生以為仁即是「成人」「成人即是盡人道」並且舉出孔子所說的「臧武仲之知，公綽之不欲，卞莊子之勇，冉求之藝文之以禮樂亦可以為成人矣」一段做例證。見所著「中國哲學史」頁一百十四。梁漱冥先生以為「仁是一個很難形容的心理狀態」他叫做「極有活氣而默默生息穩靜平衡的一個狀態」並且分作兩個條件說明。一個是「寂——像是頂平靜而默默生息的樣子」一個是「感——最敏銳而易感且很強」。見所著「東西文化及其哲學」頁二八。我覺得他們所說的都沒有說到孔子的心坎上因為拿他們的意思印證孔子所說的仁，似乎在一處通得過在另一處便通不過還是梁漱冥先生在武昌師範大學講演孔子人生哲學大要的時候發表了一個「生活」的意思髣髴說仁就是生活我覺得這個意思比「寂感」要強多了，因為着重在「寂感」仍是宋明人的看法。不過我的說法仍舊和他不同我總以

為孔子的根本思想，是從「生殖崇拜」的觀念流衍出來的。孔子的孝是從「生殖崇拜」的觀念流衍而出上面已經說明。孔子的仁，我以為也是出發於生殖崇拜的觀念。孔子總認定生殖是天地間最神聖最偉大的一種作用因為這種作用是繁殖人類維繫社會的命脈。動植物且不必去管他至於人類，都有一種直接或間接的血統關係，差不多可以說本來是一體的處在這種血統關係底下的人類，就有一種根本結合的要素，不比動植物和我們人類的因緣太隔遠了正是孔子所說的「鳥獸不可與同羣吾非斯人之徒與而誰與」的意思人類本着這種結合的要素去組織社會社會便應該不輕易受搖動但事實上並不如此。人類雖然有了這種結合的要素，卻是人類自身並不覺悟的又不肯努力去做這種結合的工作孔子看到這點，便提出一種「仁」的主張。所謂仁便是叫不覺悟的去覺悟，不努力的去努力所謂叫不覺悟的去覺悟，就是叫我們大家都有直接或間接的血統關係，差不多都是一體的啊！千記不可以拿自己不願意的東西去給別個啊！這便所謂恕所謂叫不努力的去努力，就髣髴說既知道人類是有一種根本結合的要素的為何不趕快去

結合起來呢？要曉得這是大家的責任啊！這便所謂忠的功夫重在「盡己」恕的功夫重在「推己及人」這兩種功夫都可以造到仁的地步。恕的方面說孔子似乎更覺得急切些譬如一個人對於一件事體，尚沒有到覺悟的地步還能望他努力嗎？孔子切望人類趕快覺悟所以對於恕提倡得更力子貢問道：「有一言而可以終身行之者乎？」孔子答道：「其恕乎。己所不欲，勿施於人」可見恕的功夫差不多就是仁的功夫忠的方面說，孔子也以爲非常常有人鼓吹不可。所以「子以四敎文行忠信」又特別提出一個「主忠信」敎他教學的目標不過忠的功夫大半要靠孝作基礎。因爲做過孝的人才知道血統關係的重要，才肯爲人類努力所以孔子說：「孝慈則忠」。能努力造到仁的地步所謂「力行近乎仁」這樣看來，忠恕兩種功夫如果都有了基礎那不就是孔子所說的仁嗎？中庸說：「忠恕違道不遠」孟子說：「彊恕而行求仁莫近焉」這就可見忠恕和仁的關係的密切然則孔子的根本思想是仁也就是忠恕這就是所謂「一貫之道。」所以曾子說：「夫子之道忠恕而已矣。」

孔子一面催促人家覺悟，鼓勵人家努力，好本著血統的關係去組織社會；一面又要想出一種調劑社會的方法使人類得到一個很圓滿的生活可以說就是情意生活；因為情意生活足以撼動生活的全體而情意生活總含著一個要讓牠發洩的傾向，你就不讓牠發洩牠也終久會發洩出來的，不過情意生活固然是要讓牠發洩可是你也要提防牠叫牠不要胡亂的發洩出來讓情意生活儘量的發洩出來，就是「詩」的作用，「禮」的作用，時時提防牠，叫牠不要胡亂的發洩出來，就是「禮」的作用。這兩種作用如果使用得適當，就可以得到一個很圓滿的生活這便是孔子調劑社會的方法。詩的作用是包括得很廣大的，「詩可以興可以觀可以羣可以怨。」但最大的作用便是興，便是發洩情意生活其次便是觀往知來所以孔子說：「賜也始可與言詩已矣告諸往而知來者」情意生活是動的，是一往直前的，有了詩的功夫就也不會亂動，因為可以觀往知來況且還有「羣」與「怨」做補助的功夫這是就詩的方面說。禮的作用也是包括得很廣大的禮以約爲主。就是不就範的情意生活要約束牠使牠就範所謂「約之以禮」「齊之以禮」又禮以敬爲主就是對於情意生活，也不是

二七七

一昧約束，還要保留牠的本來面目。如果「爲禮不敬」那又何必要禮呢？所以「禮與其奢也寧儉」就是說專鶩粉飾不如保留一點本來面目爲好。總之詩與禮都着重在情意生活。這是就禮的方面說，詩是心之聲，禮是足之履，所以「不學詩，無以言」「不學禮無以立」。但禮的作用究竟在詩的作用之後。因爲第一步就在把情意生活儘量的發洩出來第二步才好講到情意生活的約束。子夏和孔子論詩，孔子說：「繪事後素」子夏問道：「是禮在後麼？」孔子便極口贊揚子夏，說「起予者商也！始可與言詩已矣」「素」便是情意生活的約束，當然約束情意生活要在情意生活發洩之後所以「繪事後素」所以禮的作用在詩的作用之後，旣已把詩和禮的功夫都做到了，總能談到仁。因爲情意生活有了圓滿的發展，自然心氣和平可以達到快樂的境地，快樂的境地便是仁的境地了。所以孔子說：「與於詩，立於禮，成於樂」。詩是第一步的工夫，禮是第二步的工夫，樂是最後一步的工夫。樂便是快樂並不單指鐘鼓那類樂器說，正是「樂云樂云，鐘

不若禮不足而敬有餘也」可參照。

孔子說：「不知禮無以立也，不知言無以知人也」可參照。

禮檀弓說：「祭禮與其敬不足而禮有餘也，

「鼓云乎哉」的意思孔子在齊聞韶三月不知肉味說「不圖爲樂之至於斯也」表示三月很久的意思。孔子說：「回也其心三月不違仁」這裏面可以看到樂和仁的關係。可見樂就有這種快樂的境地而這種境地只有仁者能夠享受「所謂仁者不憂」「仁者壽」樂跟說：「仁近於樂」可作旁證。如果不仁就有樂也不樂了，所謂「人而不仁如樂何？」可見樂與仁是一而二二而一的。孟子有一段最精的議論發揮樂的意思他說：

仁之實事親是也，義之實從兄是也；智之實，知斯二者弗去是也；禮之實節文斯二者是也；樂之實樂斯二者樂則生矣，生則惡可已也惡可已則不知足之蹈之手之舞之。襲離。

孟子仁義並舉，這是他和孔子不同的地方，其實義也包括在仁裏面。所謂樂斯二者實際上只是樂「仁」可見樂之實是仁，至於鐘鼓節奏種種不過是樂之華而已樂何以會是「生」呢？因爲樂之實是事親即是孝孝之實是思念父母之生我輴我，卽是生這是人類的泉源，也是萬彙的泉源既到了這個境地，那就不管是人類是草木都只見生意充滿歡樂無量任你如何阻止也阻止不住，事親是孝、從兄是弟、孝弟爲仁之本。

就只好聽牠去「足之蹈之，手之舞之。」孟子這段文章真是卓絕千古。我們從這段文章裏面可以看到孔子的「樂」，可以看到孔子的「仁」，又可以看到孔子「生殖崇拜」的思想。所以孔子說「興於詩立於禮成於樂」樂的地位是在詩與禮之上的。

以上都是說明孔子的根本思想。現在進述孔子的人生觀。孔子的人生觀，完全立足於仁之上，就是一面叫人家覺悟，一面自己努力去幹可以說孔子的人生觀是一種奮鬪的人生觀。孔子眼見當時「天下無道」「邪說暴行有作」於是救世心切恨不得找到一個機會把所有的懷抱儘量的施展出來所以前途甚麼障礙都不顧，總是抱定一個「有進無退」的宗旨那裏看得出甚麼苦處憂處呢？所以

葉公問孔子於子路，子路不對；子曰：『女奚不曰：「其為人也，發憤忘食樂以忘憂，不知老之將至云爾。」』(論語七)。

這是何等奮鬪的人生啊！孔子有一種特別的地方，叫我們不能不肅然起敬的，就是

好學所以他說：

十室之邑必有忠信如丘者焉不如丘之好學也。論語五。

又說：

朝聞道夕死可矣。論語四。

可見他好學的精神。孔子平日對弟子也只是勸他好學所以說：

吾嘗終日不食終夜不寢以思無益不如學也。論語十五。

又說：

我非生而知之者好古敏以求之者也。論語七。

又說：

敏而好學不恥下問。論語五。

學如不及惟恐失之。論語八。

孔子一面對弟子說明「好學」的好處，一面又對弟子說明「不好學」的壞處譬如他說：

好仁不好學，其蔽也愚；好知不好學，其蔽也蕩好信不好學，其蔽也賊好直不好學，其蔽也絞好勇不好學，其蔽也亂好剛不好學，其蔽也狂十七。

此段有人說是僞託的，梁漱溟先生在「孔子的真面目將於何求」的講演中也提及。見十二年十二月一日燕大周刊

信的因爲這段是對子路說的。子路是「賊夫人之子」而子路竟答道「何必讀書然後爲學。」可見孔子老早蓄意開導他其證一在孔門中受責備最多的就是子路因爲他好勇、好知、子曰：野哉由也，君子於其所不知，蓋闕如也。好信、子路無宿諾。好直、子路聞斯行之。好仁、子曰：由也好勇，過我，無所取材。德也鮮矣。所以孔子樣樣對症發藥其證二所以我覺得這段議論是孔子有爲而發的。孔子本是個「不爲已甚」的人但對於不好學的人卻破口便罵忍耐不住所以宰予晝寢孔子竟比之朽木糞土王充做了一大段文章譏議孔子，見論衡問孔。卻不知孔子別有一段苦衷因爲孔子把「好學」一事看得十分重要這和他的人生觀關係極切他自己抱着這種人生觀也期望弟子抱這種人生觀如果弟子是好學的他也極口贊揚所以他屢屢稱道他最得意的弟子顏回好學而曰「不幸短命死矣今也則亡」並嘆息道「吾見

其進也，未見其止也。」以上是就孔子好學的方面說。孔子還有一種特別的地方也，叫我們不能不肅然起敬的，便是「誨人不倦」。所以他說

自行束修以上吾未嘗無誨焉。〔論語七〕

又說：

二三子以我為隱乎？吾無隱乎爾。吾無行而不與二三子者是丘也。〔論語七〕

又說：

有教無類。〔論語十五〕

可見孔子諄諄不倦的精神這是就他教人的方面說。孔子一面「學而不厭」一面「誨人不倦」這便是他平生兩種最重要的生活孟子裏面有一段記孔子這兩種生活的話可以參照。

昔者子貢問於孔子曰：「夫子聖矣乎？」孔子曰：「聖則吾不能，我學不厭而教不倦也」子貢曰「學不厭智也教不倦仁也仁且智夫子既聖矣」……〔公孫丑〕

孔子以學不厭教不倦自勉子貢稱他學不厭教不倦為仁且智稱他為聖，孟子又在

這裏加一番表章可見學不厭教不倦是孔子人生思想的中心這是談孔子人生哲學的人不可不知道的這便是孔子奮鬭的人生觀。

孔子本是一個功利思想最富的人這裏所說的功利，諸位不要誤會不是孟子所說的「亦有仁義而已矣何必曰利」的利，更不是孔子所說的「放於利」「喻於利」的利乃是邊沁穆勒一流的功利論（utilitarianism）所謂「謀最大多數的最大幸福」的利。孔子說：「天下有道，丘不與易」惟其天下無道，所以孔子的功利思想非常發達所謂「用世思想」所以孔子說：「士而懷居不足以為士矣。」孔子自道他的志願是「老者安之朋友信之少者懷之」無論老者少者都要叫他過很平安的日子這不是「謀最大多數的最大幸福」嗎？論語裏面有一段記孔子功利思想的話最為警切：

　　子路宿於石門，晨門曰：「奚自？」子路曰：「自孔氏」曰：「是知其不可而為之者歟？」

「知其不可而為之」這是何等精神啊！要曉得孔子那時的政象，混亂已極，就號稱賢

參看本書頁百四三。

論語十四。

者都沒有不灰心絕望的。所以「賢者辟世其次辟地其次辟色其次辟言」他們對於孔子都覺得大不識時勢，所以百端譏笑你看接輿的歌唱道：「鳳兮鳳兮何德之衰！往者不可諫來者猶可追已而已而！今之從政者殆而！」但是孔子的雄心毫不少挫，仍舊想找到一個機會展布他的懷抱所以他說：

　　苟有用我者期月而已可也三年有成。論語十三。

又說：

　　如有用我者，吾其為東周乎。論語十七。

這正和孟子「當今之世舍我其誰」抱同樣的氣概。不過後來終究沒有遇着機會繞放聲嘆道：「歸與歸與！」可見孔子用世思想之切。就是他後來講學也總要提到「用之則行」「邦有道則仕」的話這便是孔子淑世的人生觀。

總上所述可見孔子的人生觀，一面是為人的，一面叫人家覺悟一面自己努力去幹這便所謂「己立立人己達達人」這便所謂「忠恕」這便所謂「仁」。這便是孔子的人生哲學。

顏子 顏子是孔門中第一個有成就的，可惜他的壽命不長，沒有完成他的工作，也沒有許多意見流傳後世；所以我們研究他的思想稍爲困難，現在要敍述他的人生哲學，也就只好依據論語裏面的記載。因爲旁的資料都靠不住，顏子一生對於「仁」的工夫是造就很深的，我以爲他在「仁」上的工夫還要比孔子純些和莊子在「道」上的工夫要比老子純些一樣。世間上的事本來是「後來居上」所謂「青出於藍而勝於藍」，這也不足奇怪。譬如莊子一部書裏面，恭維孔子的地方很多，非議孔子的地方也很多，卻是對顏子從沒有非議過，這也可以代表一部分的輿論，況且孔子自己也老實承認比不上顏子。你看他和子貢談的一段話『子謂子貢曰：「女與回也孰愈？」對曰：「賜也何敢望回，回也聞一以知十，賜也聞一以知二」，子曰：「弗如也！吾與女弗如也」』顏子在孔門中是個天資絕頂的人就孔子所分的等級說起來當然是「中人以上」當然是所謂「上智」，凡孔子所說的「性與天道」當然是沒有不懂的。所以孔子說「吾與回言終日不違如愚退而省其私亦足以發回也不愚」又說「語之而不惰者，其回也與！」大凡天資絕頂的人，他的思想總要超脫些天資稍鈍的人，

他的思想總要穩實些，這是一種生理學上和心理學上的事實，不能否認的。孔子既自己承認天資不及顏子沒有他那樣「聞一知十」的本領，當然發出來的思想也有不同。現在請看顏子所表現的一段思想！

顏淵喟然歎曰：「仰之彌高鑽之彌堅；瞻之在前，忽焉在後。夫子循循然善誘人，博我以文約我以禮欲罷不能既竭吾才如有所立卓爾雖欲從之末由也已」

論語 九〇。

這是何等精深博大的思想！這樣的思想在論語中是絕無僅有的。老子說：「道之為物惟恍惟惚惚兮恍兮其中有象，恍兮惚兮其中有物。」這種形容道體的話和顏子的「仰之彌高鑽之彌堅瞻之在前，忽焉在後」又有甚麼區別呢？顏子既悟到道體是「无所不在」是「語大天下莫能載焉語小天下莫能破焉」又得到孔子的誘導，自然興趣勃發「欲罷不能」了要曉得道體是圓滿周遍的髣髴在那裏立住卻又尋不着端倪，因為牠是巍然不動的正是佛家所謂「法身」所謂「如如」所謂「月在上方諸品淨」你又從那裏去捉摸呢？顏子這樣思想當然一部分得到孔子的幫助但何嘗

不是由於他的博文約禮更由於他的「聞一知十」呢？還有一次，孔子要他述自己的志願，他說：

願無伐善，無施勞。五。論語

這裏面也有極大的文章凡善必有善因，善因之上復有善因。拿破崙所以能够做成一個蓋世的英雄，就靠他手下那些將領將領又靠那些士卒士卒又靠那些製造槍砲火藥的工人如此遞推可知拿破崙那種驚人的舉動不是拿破崙一個人幹出來的。這就叫做無伐善。凡惡亦必有惡因惡因之上復有惡因，屈拉疴瑪（Trachoma）種一傳染性沙眼病俗名沙眼的眼病。所以成為一種最厲害的眼病，就因為牠傳染很快傳染何以很快因為微菌的繁殖，微菌何以繁殖因為瘴氣發生或營良不良或居處不潔，瘴氣何以發生營良何以不良居處何以不潔，又別有其原因展轉推求這個責任就不好歸在誰人身上這就叫做無施勞無伐善是認定我不過是成就「善」的一分子，無施勞是覺悟我也是應該「任勞任怨」的一分子。惟其無伐善所以「不欲人之加諸我」惟其無施勞所以「亦欲無加諸人」這便是一種仁的工夫這便是一種忠恕的工夫。「子貢曰

「我不欲人之加諸我也吾亦欲無加諸人。」子曰：「賜也，非爾所及也。」子貢不過是「聞一知二」那裏就能做到這步功夫這當然不能不讓席於顏子。顏子在哲學上的造就本來很深所以應用到人生哲學自然另是一番境界。這樣看來，顏子的胸襟一定很曠闊對於世間的榮枯得喪，一定很能達觀。因為他是從道體上體認一切從宇宙原理應用到一切原理但他雖然胸懷曠達，卻又利道家遺世獨立的思想不同所以仍舊做「克己復禮」的工夫，一面留心世道，向孔子問「為邦」的道理這是一種內外交養的境界所以他在「仁」上的功夫要純些若孔子既富於功利思想，又不脫術數觀念當然顧慮要多些所以孔子的術數觀念很重；最歡喜言命所謂「不知命無以為君子」所謂「亡之命矣夫」所謂「未知生焉知死」子夏說：「死生有命」可參照。處處脫不了術數觀念那顏子認死生可以自己作主的所謂「子在，回何敢死」有了術數觀念便做得不真切。所以從這點說來，孔子對於仁的功夫比顏子要輸一着又孔子的功利思想很重，論語上談富貴貧賤的問題到處皆是譬如說：「富而可求也雖執鞭之士吾亦為之」「富與貴是人之所欲也」「邦有

二八九

東西哲學對於人生問題解答之異同

道，貧且賤焉，恥也。」雖然孔子不愛富貴，又何必總是談此富貴問題呢？這都是孔子不純的地方若顏子那就終日蕭然四壁，子曰：「回也其庶乎、屢空。」也不計較這上面，也不談到這上面。難怪孔子極口稱道他，

賢哉回也！一簞食，一瓢飲，在陋巷，人不堪其憂，回也不改其樂。賢哉回也！<small>論語六。</small>

所以從這點說來孔子對於仁的功夫又要輸顏子一著不過顏子雖然強過孔子卻是他自己一點也不覺得總是跟隨孔子去做博文約禮的功夫所以孔子說：「回也非助我者也於吾言無所不說。」顏子何以是這樣呢？因為他看透宇宙的真相總是「生有涯而知無涯」所以「以能問於不能以多問於寡有若無實若虛犯而不校」<small>按曾子此數語確是指顏子，他人無足當之者。</small>把上面所述的總結起來，顏子是個天資絕頂的人又是一個好學者，又淡於功利，所以他的思想處處表現一種超脫。孔子是個天資平樸的人，又抱着滿腹救世的熱忱又是「學而不厭誨人不倦」所以他的思想處處表現一個穩實。這是我的「孔顏優劣論」。

曾子 孔子的仁的功夫趕不上顏子；孝的功夫，又趕不上曾子。曾子的天資比孔

子又不同，他簡直是魯鈍。（參也魯。）但他一生的好處，就好在魯鈍和顏子恰好成個反比例上面已經說過，大凡天資稍鈍的人他的思想總要穩實些若曾子在孔門中差不多是第一個穩實的，他的穩實有時並強過孔子你看他每日的生活何等認真他自己說：「吾日三省吾身為人謀而不忠乎與朋友交而不信乎傳不習乎？」可見他對人對己都格外認真這種人既忠實而又有信用，就決不致於辜負人家的委託你看他心目中理想的人物也就是：

可以托六尺之孤可以寄百里之命臨大節而不可奪也君子人歟！君子人也。（論語）

孔子唯其看重他這種特點，所以付與他「一貫之道。」不過這還不是孔子的本意，還有比這個重要的，便是曾子的「孝」的功夫孔子是出發於生殖崇拜之思想的而生殖崇拜思想之結晶便是孝這種孝的思想如果不能宣傳出去那就甚麼仁義禮智都沒有著落，而且社會的團結種族的強固人類的相親相愛都要藉這一點孝的觀念去擴充，如果沒有人去做這種宣傳的事業那孔子數十年救世的苦心不都是白

費嗎？這便是孔子付託曾子的真意。孔子的「孝」到了曾子一般人手裏便擴大了由孝的倫理學擴大到孝的人生哲學了關於曾子孝的事實和學說可惜論語裏面記載不詳，孟子裏面也只有兩三條可供參照，其餘便不能不借助於曾子門人或其私淑者之記述禮記祭義說：「大孝尊親，其次弗辱，其次能養」什麼叫尊親儒家的根本思想是重男統崇父權孝經說「孝莫大於嚴父」孔子說「三年無改於父之道」所以尊親就是嚴父什麼叫弗辱便是敬重父母的遺體所謂「子全而歸之」什麼叫能養？便是養志尊親和弗辱二者是間接的孝能養是直接的孝間接的孝比直接的孝更難能可貴因為不必看到父母才發生孝心但尊親和弗辱又有分別尊親是積極的孝，弗辱是消極的孝積極的孝比消極的孝境界又高因為消極的孝尚不過保持生殖的結果；積極的孝卻在尊重生殖的原因曾子一生的孝行，對於這三者都無愧色。

我且提出三段記事證明：

　　曾皙嗜羊棗而曾子不忍食羊棗公孫丑問曰「膾炙與羊棗孰美？」孟子曰：「膾炙哉。」公孫丑曰「然則曾子何為食膾炙而不食羊棗」曰「膾炙所同也，羊棗

所獨也；諱名不諱姓姓所同也名所獨也。〔孟子十四〕

這便是曾子的「尊親」

曾子有疾召門弟子曰：「啓予足啓予手詩云：『戰戰兢兢，如臨深淵，如履薄冰。』而今而後吾知免夫小子！」〔論語八〕

這便是曾子的「弗辱」

曾子養曾晳必有酒肉，將徹必請所與問有餘？必曰「有」曾晳死曾元養曾子，必有酒肉。將徹，不請所與問有餘曰「亡矣」將以復進也此所謂養口體者也若曾子則可謂養志也事親若曾子者可也。〔孟子七〕

這便是曾子的「能養」以上都是關於孝的事實至關於孝的學說，我們只可以在孟子裏面找出一段不過也是最重要的一段。

曾子曰：「生事之以禮，死葬之以禮，祭之以禮可謂孝矣。」〔孟子五〕

「生事之以禮死葬之以禮祭之以禮」這三句話，可以把孝的精義抉發無遺。不過孔子曾經把這三句話告訴樊遲，或者曾子仍舊是「聞諸夫子」此外要考求曾子的思

想，便不能不借助於大小戴記及孝經等書。大小戴記及孝經所記曾子的思想，尚有一部分可探。至於韓詩外傳、說苑、新序等書所記，殆不足信。曾子本著孔子生殖崇拜的思想建設一種孝的一元哲學由家族的孝論擴張到社會的孝論，由社會的孝論擴張到宇宙的孝論家族的孝論大抵與孔子所見無甚出入。社會的孝論要算是曾子發揮得最透澈，曾子本孝說：

君子之孝也以正致諫；士之孝也以德從命庶人之孝也以力惡食任善不敢臣三德。

不臣三德謂王者之孝，以正致諫謂卿大夫之孝，此言孝有等差。又祭義及曾子大孝說：

居處不莊，非孝也；事君不忠，非孝也；莅官不敬，非孝也；朋友不信，非孝也；戰陣無勇，非孝也五者不遂，裁及於親，〔曾子大孝作「災及乎身。」〕敢不孝乎？

又曾子立孝說

未有君而忠臣可知者，孝子之謂也；未有長而順下可知者，弟弟之謂也；未有治而能仕可知者，先修之謂也。故曰孝子善事君，弟弟善事長，君子一孝一弟，可謂

這便是社會的孝論。還有宇宙的孝論，乃是曾子孝論裏面的精髓。曾子大孝及祭義說：

夫孝置之而塞乎天地溥之而橫乎四海，（曾子大孝作「衡之而衡於四海」。）施諸後世而無朝夕。推而放諸東海而準，推而放諸西海而準，推而放諸南海而準，推而放諸北海而準。詩云「自西自東，自南自北無思不服」此之謂也。

這便是宇宙的孝論合上面三種孝論便成功「孝的一元哲學」曾子因本著這種孝的一元哲學建設孝的人生觀所謂「子全而歸之」便算是達到這種人生觀曾子說：「而今而後吾知免夫」可算是他的人生觀的自白。

曾子孝論的價值如何且不去管牠但他的主張卻是一貫孔子的思想出發在仁而歸著在仁結果仁存而孝毀譬如「殺身成仁」便不能做到「子全而歸之」便不能「子全而歸之」「身體髮膚⋯⋯不敢毀傷。」曾子所見就有不同曾子的思想出發在孝而歸著亦在孝，所謂「仁者仁此者也禮者履此者也義者宜此者也信者信此者也強者強此者

也，樂自順此生，刑自反此作。」這就比孔子貫澈得多了。我還要借孟子一段話說明孔子和曾子孝論的區別。『墨者夷之因徐辟而求見孟子……孟子曰「夫夷子信以為人之親其兄之子為若親其鄰之赤子乎?彼有取爾也。赤子匍匐將入井，非赤子之罪也。且天之生物也使之一本而夷子二本故也」』我覺得孔子的孝論，仍不免陷於二本若曾子的孝論乃是真正的一本所以我覺得曾子的主張比孔子更澈底些這是我的「孔曾優劣論」。

孟子

孔子死後，要算孟子是個特出的人物。孟子和孔子的關係髣髴同柏拉圖和蘇格拉底的關係一樣。孔子的思想得了孟子的幫助又不知在社會上增加多大的勢力。孟子是個意志極強的人，你看他的議論總是「尚志」「持其志」這恐怕和母訓有關係。孟子的才氣也是高人一等的況且又長於言辭所以才氣益發凌厲無前。孟子一生瘁精力於詩而他的根本思想也就出發於詩他和別人辯論道理總要拿詩經做證據雖然也引證到書經談到春秋禮樂，孟子卻從沒有說到易經，卻是他的特別表現還在一部詩經你看孟子七篇裏面引證詩經達三十餘次。人家只看見他明王道，談仁

義，我卻只看見他明詩理，講詩學他和齊宣王論政，齊宣王說「寡人好勇」，他就拿詩經說「好勇」的好處，後來齊宣王又說「寡人好貨」他又拿詩經說「好貨」的好處。齊宣王又說：「寡人好色」他又拿詩經說「好色」的好處公孫丑問孟子說：「高子曰『小弁小人之詩也。』」孟子問是什麼道理？公孫丑答道：「怨」孟子說：「固哉！高叟之為詩也……小弁之怨親親也親親仁也」公孫丑又問道「凱風何以不怨？」孟子說：「凱風親之過小者也；小弁親之過大者也親之過大而不怨是愈疏也親之過小而怨是不可磯也愈疏不孝也；不可磯亦不孝也。孔子謂詩可以怨，做「怨」字的註解的，都說不出所以然；朱熹註個「怨而不怨」，戴望註個「怨刺上政」說來總不親切你看孟子解釋「怨」這是何等本領可見孟子詩學之精咸丘蒙問孟子說「詩曰「普天之下，莫非王土率土之濱莫非王臣」而舜既為天子矣敢問瞽瞍之非臣如何？」孟子說：「是詩也非是之謂也勞於王事而不得養父母也曰「此莫非王事我獨賢勞也」故說詩者不以文害辭不以辭害意以意逆志是為得之。如以辭而已矣雲漢之詩曰「周餘黎民靡有孑遺」信斯言也是周無遺民也。」這是教人說詩的方法所以孟子、

的特別表現是在一部詩經。孟子應用詩的原理去談王道談仁義自然比人家要高一着。孟子所以雄於辯論也就由於他的詩學很精，因為詩是訓練言辭的所謂「不學詩無以言」。可見孟子精政治擅辭說完全是詩的功效。孟子發揮「不動心」的妙理，公孫丑聽來，頭頭是道，便問他究有甚麼長處能夠造到這步？孟子說：

我知言我善養吾浩然之氣。（公孫丑）

甚麼叫做知言？孟子所謂知言，即是知詩。孔子說：「不知禮無以立也；不知詩無以言，無以知人也。」孔子說：「誦詩三百授之以政不達使於四方不能專對雖多亦奚以為？」可見孟子精政擅辭……孔子說：「不知禮無以立也不知詩無以言無以知人也。」

這裏面省掉一句，應該說：「不知詩無以言，不知言無以知人？」因為詩可以觀，可以羣，全是說些「知人」的道理所以孟子說：「頌其詩……不知其人可乎？」孔子常常勸人學詩學禮所以這裏對舉不知禮不知言，便可以看到「不知言」即指「不知詩」詩是訓練言辭的，我們由言辭的正不正便可知內心的正不正。你看孟子解「知言」二字：

詖辭知其所蔽淫辭知其陷邪辭知其所離遁辭知其所窮生於其心害於其政發於其政害於其事聖人復起必從吾言矣。〈公孫丑〉

所謂「聖人復起」即指孔子因為孔子說過「不知言無以知人」的話在心為志發言為詩,即言可以觀心即詩可以觀志孟子說:「志至焉氣次焉」孟子何以特別看重志,因為他的根本思想是從詩出發至講到氣乃是第二步功夫不過氣仍舊不可不養,因為「氣壹則動志」所以孟子主張「持其志無暴其氣」所以孟子善養其浩然之氣,我們從這段答語可以知道「知言」是就說「善養浩然之氣」是就氣說可見孟子思想的一貫孟子好言性善但性善之說復本於詩你看他在告子篇所發表的一段性善的學理便是根據詩經上的話。

詩曰:「天生蒸民有物有則民之秉彞好是懿德。」孔子曰:「為此詩者其知道乎!」故有物必有則;民之秉彞也故好是懿德。〈告子〉

這段詩便是性善論的起源孟子也和孔子一樣把人類看得重,把鳥獸草木看得輕。

孔子說:「鳥獸不可與同羣」孟子說:「犬馬與我不同類」又說:「君子之於物也愛之

二九九　東西哲學對於人生問題解答之異同

而弗仁。」他們都拿定一個血統關係的觀念。凡在人的血統關係以內，就可用仁，否則只可用愛，所謂「仁民而愛物，」和道家一視同仁的精神完全不同了。因此論性也大有區別。告子既聲明「生之謂性」孟子還要駁他說：「然則犬之性猶牛之性，牛之性猶人之性與？」可見孟子先存了一個人貴物賤的成見。性就是生那麼犬牛的生和人類的生，又有甚麼不同呢？可見孔孟一流人的生殖崇拜的思想還不澈底詩曰：「天生蒸民，有物有則。」蒸民指萬彙說，並不限於人類所以「有物必有則」那麼人類有人類的法則，鳥獸草木也有鳥獸草木的法則，又何以見得「犬之性非牛之性牛之性非人之性」呢？不過孟子能從有物有則，闡明性善，〔從有物有則看到惻隱之心皆有看到心所同然等是〕現在進論他的人生哲學，孟子是受過詩的陶冶的，所以孟子的人生觀，完全是一種情意的人生觀換句話說完全是發洩情意生活，所以上把孟子的根本思想說明了一個大概。從古詩紬出新說這卻是他的大過人處。以孟子的人生觀，因為義是以發洩情意生活為骨子的。通常說「義者宜也」但董仲舒謂「以仁治人以義治我」。劉原父謂「仁字從人義字從我」如果以人我分仁義，是仁外義內，其流為兼愛為我。可見吳麟並否認劉董的說法。他以為「仁字從人義字從我，沒有說到「義者宜也」的話」王應麟解文字也有一種索

情意生活爲骨子的。你看他所發的議論那一處不是義氣凜然?所謂「待文王而後興者凡民也,若夫豪傑之士雖無文王猶興」所謂「說大人則藐之勿視其巍巍然……在彼者皆我所不爲也,在我者皆古之制也,吾何畏彼哉?」所謂「如此則與禽獸奚擇哉?於禽獸又何難焉」我們從這些地方都可以看到他一種義的人生觀不過他理想中卻

另外有一種人物便是;

居天下之廣居立天下之正位行天下之大道得志與民由之不得志獨行其道,富貴不能淫貧賤不能移威武不能屈此之謂大丈夫。滕文公

他理想中的人物便是「大丈夫」而他最痛恨的便是「小丈夫」所以人家不見諒的時候,他就用「予豈若是小丈夫然哉」一句話自明其志因爲「大丈夫」和「小丈夫」的修養完全不同。大丈夫養其大體,小丈夫養其小體,「養其大者爲大人養其小者爲小人」所以孟子主張「先立乎其大者」卽此可以想見孟子的風格。孟子另有一段文章專講修養之法他說:

爲鳥。如果說「義者宜也」「宜是審度合理不是笑話嗎,孟子處處着重情意生活、那裏會講到理智呢?所以我認爲孟子的義是以發洩

故天將降大任於是人也，必先苦其心志，勞其筋骨，餓其體膚，空乏其身，行拂亂其所為；所以動心忍性增益其所不能。告子。

我們一展讀孟子之文便不知不覺的氣雄神王程子曰：「仲尼天地也，顏子和風慶雲也，孟子泰山巖巖之氣象也」拿「泰山巖巖」比孟子可謂罕譬而喻。王應麟說：「富貴不能淫，貧賤不能移，威武不能屈、孟子、泰山巖巖之氣象也。」見困學紀聞卷七。陸世儀說：「禽獸何難，畢竟是泰山巖巖氣象，若孔子則并不作此音矣。」見思辨錄輯要卷九。所以孟子這種「義的人生觀」在中國社會裏面發生影響不小孟子遇事以義為主所謂「言不必信行不必果惟義所在」如果遇到生死關頭，正是「生」與「義」二者不可得兼的時候，孟子便主張「舍生取義」這便是孟子情意生活的發展之處，這便是孟子所受於詩的影響之處。

荀子　荀子在儒家也是一個特出的人物，因為他不依傍他人的門戶。這或者和他自己的性格有關係他的思想處處和孟子發生密切的交涉孟子主張發展情意生活，他卻主張約束情意生活孟子拿住孔子的詩，做由內而外的工作；他便拿住孔子的禮做由外而內的工作。荀子一生的思想都是由禮出發我們在表面上看見他

談正名，談性惡談天談樂，其實他只是在那裏談禮都是做禮字的註腳。荀子是最精於名理的，他以為情意生活所以過於浪漫容易發生流弊就由於「名守慢奇辭起，名實亂，是非之形不明。」所以第一步主張「正名」如果正名的功夫做到了那麼情意生活就有了一個歸宿。荀子所以重形式的教育重法律的效力，就緣於正名。但其實「正名」不過是禮的一種作用。上面已經說明情意生活所以流於浪漫的原因，但不過是間接的原因還有一個直接的原因，便是「欲」「欲」如果不節制，那就永無得到歸宿之日。荀子說：「今人之性生而有好利焉，順是，故爭奪生而辭讓亡焉。生而有疾惡焉，順是，故殘賊生而忠信亡焉。生而有耳目之欲，有好聲色焉；順是，故淫亂生而禮義文理亡焉。然則從人之性，順人之情，必出於爭奪合於犯分亂理，而歸於暴。」這樣看來，「欲」便是萬惡的原因。而「欲」為「性」的實體，可知人性本惡但人性雖惡，卻不可不設法矯正。荀子說：「枸木必將待檃栝烝矯然後直鈍金必將待礱厲然後利；今人之性惡，必將待師法然後正，得禮義然後治。」講到此處便不能不拿出禮來，所以性惡論又是禮的註腳。其次是荀子論天。荀子以為稱天而治，結果便要廢

棄人事況且普通把「天然」「天性」「天資」「天才」看作是個已成品看作是個絕美的東西也是一種觀念的錯誤，荀子為矯正這種流行觀念起見特提出天論以明天事之不如人事所以說：「大天而思之，孰與物畜而裁之？從天而頌之，孰與制天命而用之？……故錯人而思天則失萬物之情。」不過荀子作天論的本意更在反對道家的天治主義因為天治主義不打破人治主義便無由建立我以為荀子的學說雖是反對孟子嚴格的說來竟是反對道家譬如道家主張無名他便主張正名道家主張無為，他便主張人為，（人之性惡，其善者偽也。偽者人為也。）既想打破天治建立人治於是又不能不拿出禮來所以天論又是禮的註腳，至談到樂不過是禮的副產物，不過想是為反對道家而發的。所以道家主張「法天」，他便主張「制天」荀子是禮的作用之一種。（老子謂「禮為忠信之薄而亂之首」荀子便專主張禮治、顯見他的思想。）樂論篇說：

夫樂者樂也人情之所必不免也。故人不能無樂，樂則必發於聲音形於動靜；而人之道，聲音動靜性術之變盡是矣。故人不能不樂，樂則不能無形，形而不為道，則不能無亂先王惡其亂也，故制雅頌之聲以道之：使其聲足以樂而不流；使其

文足以辨而不諰；使其曲直繁省、廉肉節奏，足以感動人之善心；使夫邪汙之氣無由得接焉。……故樂行而志清，禮修而行成。……且樂也者和之不可變者也，禮也者禮之不可易者也，樂合同禮別異，禮樂之統管乎人心矣。

荀子雖然禮樂並舉卻是他的根本精神仍著重在禮，樂不過是輔助禮的指出樂和禮的關係不過這都是就荀子同時的「樂」說若孔子的「樂」便不是這樣。孔子是把細讀他的禮論，便可以知道。樂記說：「知樂則幾於禮矣」這就很顯然的「樂」的地位看得極高的。談到樂便表示達到盡善盡美的境界，子謂韶盡美矣、又盡善也。達到成就的境界所謂「立於禮成於樂」樂既達到成就的境界如何會是禮的副產物呢？所以荀子的樂和孔子的樂完全不同何以說荀子的樂不過是禮的副產物，不過是禮的作用之一種呢？因為禮的全部是著重在養的，而樂不過是養的一種。

禮論篇說：

故禮者養也芻豢稻粱、五味調香，所以養口也。椒蘭芬苾，所以養鼻也。雕琢刻鏤，黼黻文章所以養目也。鐘鼓管磬、琴瑟竽笙所以養耳也。疏房檖䫉越席牀笫几

筵，所以養體也。故禮者養也。

樂不過是養耳的。〈樂記〉說：「樂者音之所由生也」都是就養耳的方面說。可知樂不過是禮的作用之一種。〈樂記〉說：「樂者音之所由生也」都是就養耳的方面說。可知樂不過是禮的作用之一種，卻是最重要的一種。樂是以「和」為主的。荀子說：「樂合同」又說「樂者審一以定和者也」〈樂記〉說「大樂與天地同和。」可見樂的精髓是和。但禮的最大的作用也就是和。有子說：「禮之用和為貴」。這不是明明說樂是禮的最重要的一種作用嗎？總上所述各節可見荀子的根本思想完全從禮出發。荀子欲以禮為立教之本。因推原禮的本始而說：

禮有三本天地者生之本也先祖者類之本也君師者治之本也。無天地惡生，無先祖惡出無君師惡治三者偏亡焉，無安人故禮上事天下事地，尊先祖而隆君師是禮之三本也。〈禮論篇〉。

但禮所以化「欲」他說：

禮起於何也？曰人生而有欲，欲而不得，則不能無求，求而無度量分界則不能不爭，爭則亂亂則窮先王惡其亂也，故制禮義以分之，以養人之欲，給人之求使欲必

不窮乎物,物必不屈於欲,兩者相持而長是禮之所起也。(禮論篇)

不過人生既有欲,換句話說人性本惡那麼,禮又何能發生呢?荀子在這裏有一段極精采而又極重要的文章他說:

凡禮義者,是生於聖人之「偽」非故生於人之「性」也。故陶人埏埴而為器,然則器生於工人之偽,非故生於人之性也。故工人斲木而成器,然則器生於工人之偽,非故生於人之性也聖人積思慮習偽故,以生禮義而起法度,然則禮義法度者是生於聖人之偽,非故生於人之性也若夫目好色耳好聲口好味心好利、骨體膚理好愉佚是皆生於人之情性者也感而自然不待事而後生之者也夫感而不能然必且待事而後然者謂之生於「偽」是「性」「偽」之所生,其不同之徵也。故聖人化「性」而起「偽」偽起而生禮義,禮義生而制法度。然則禮義法度者是聖人之所生也。故聖人之所以同於衆其不異於衆者「性」也,所以異而過衆者「偽」也。(性惡篇)

由這段文章看來可見禮發生,全靠「偽」即是全靠人為所以第一着全在化「性」起

三〇七

「僞」第二着就在生禮義我們從這段文章裏面也就可以看到荀子的人生觀荀子認「禮」起於僞不起於性積僞之極，則性與僞化，而禮義乃生這就達到人生的頂點所以他說「性僞合，然後有聖人之名」又說「積僞而化謂之聖聖人者僞之極也」這樣看來，荀子的人生觀完全是一種「僞的人生觀」但達到這種「僞的人生觀」之方法，就在於學禮荀子說：「學惡乎始？惡乎終曰其數則始乎誦經，終乎讀禮其義則始乎爲士，終乎爲聖人……學至乎禮而止矣夫是之謂道德之極」這樣看來，荀子的人生觀，也可說是禮的人生觀。

荀子的樂和孔子的樂不同上面已有論及。不過荀子的禮也和孔子的禮有別。孔子的禮和孟子的禮都是一樣的看法所謂「仁義禮智根於心，」「仁義禮智非由外鑠，」就是說禮不是發於外物的，而是發於內心的。但是荀子便不然。荀子以爲我們的喜怒哀樂，都不是發於內心的都是發於外物的。荀子說：

荀子的禮不過是節制這些喜怒哀樂的東西而已所以禮也是發於外物的。

故說豫婉澤憂戚萃惡是吉凶憂愉之情發於顏色者也歌謠謸笑哭泣諦號，是

（孔子說：「爲禮不敬臨喪不哀，吾何以觀之哉」這是說禮要發於內心）

吉凶憂愉之情發於聲音者也：芻豢稻粱、酒醴餰鬻、魚肉、菽藿、肉漿，是吉凶憂愉之情發於食飲者也；卑絻黼黻、文織資麤、衰絰菲繐菅屨，是吉凶憂愉之情發於衣服者也；疏房檖額、越席牀第几筵，屬茨倚廬、席薪枕塊，是吉凶憂愉之情發於居處者也。兩情者人生固有端焉。若夫斷之繼之、博之淺之、益之損之、類之盡之、盛之美之，使本末終始莫不順比足以爲萬世則，則是禮也。

這樣看來，荀子竟是個唯物論者。這是荀子的禮和孔子的禮不同的地方。還有一點。孔子的禮重在「因人之情而爲之節文」不是十分嚴格的。所以說：「殷因於夏禮所損益可知也，周因於殷禮所損益可知也」而荀子的禮卻是十分嚴格的。所以說：「立隆以爲極而天下莫之能損益也。」禮論篇。

這也是荀子的禮和孔子的禮不同的地方。由前之說，荀子是個唯物論者；由後之說，荀子是個機械論者。這都是詹姆斯所謂硬性派的思想。這種思想在儒家裏面是最不容易產生的。所以我說他不依傍他人的門戶。

以上把顏子、曾子、孟子、荀子四人的思想都一一的論述了。但何以說顏子和曾子

的功夫是由內而外的，孟子和荀子的功夫是由外而內的呢？顏子和曾子都是想把內面的功夫做得十分充實，然後再圖向外發展顏子的思想果然是很高妙可是他仍舊想拿他的思想應用到世間并不是一味「韞匵而藏」不過他是「求善賈而沽」而已。所以他也向孔子問「為邦」之道。孔子也是這樣的嘉許他：「用之則行舍之則藏，唯我與爾有是夫！」孟子更說過這樣的一段話：「禹稷顏回同道禹思天下有溺者由己溺之也；稷思天下有飢者由己飢之也，是以如是其急也。禹稷顏子易地則皆然。」就是顏子自己也是這樣期許：「舜何人也予何人也有為者亦若是」這樣看來顏子的功夫不是由內而外的嗎？曾子雖然尊崇孝道，可是他並不是做了一個好兒子就完事他還要講「忠君」要講「蒞官」更要講此「戰陣」之事他每日三省第一省和第二省都是對外的，第三省才是對內的。胡適之先生說『子張是陳同甫陸象山一流的人瞧不上曾子一般人「戰戰兢兢」的萎縮氣象』。那裏曉得曾子是最講究養勇的。孟施舍養勇的功夫本來強過北宮黝，但曾子養勇的功夫又強過孟施舍曾子不僅是自己想打破那種「萎縮氣象」，還要勸別人打破那種「萎縮

中國哲學史頁一二五。

氣象」所以他說：「士不可以不弘毅任重而道遠，仁以爲己任不亦重乎？死而後已，不亦遠乎？」曾子的天資雖是魯鈍卻是他的功夫異常牢實所以表面上看似「萎縮」實際上並不「萎縮」譬如善打的人老不願伸手獻藝而在不善打的人卻每喜叉拳舞掌你能夠算定不願獻藝的不會打嗎？總之，曾子的功夫是先求內面充實再圖向外發展所以曾子也是由內而外的若孟子和荀子便不然。孟子的功夫表面上看來也像是由內而外的其實不然，孟子的「內的功夫」粗而不細你看他批評楊墨破口便罵楊墨無父無君還要罵他們是禽獸不僅修養上說不過去，便是論理上也通不過。何以見得「爲我」便是「無君」「兼愛」便是「無父？」試問這是何種論法。孟子是個敦於詩教的人詩以忠厚爲旨孟子未免太不忠厚罷還有一次和告子論性計有四次現在請述兩次第一次，告子說：「性猶杞柳也；義，猶桮棬也以人性爲仁義猶以杞柳爲桮棬。」孟子駁他道「子能順杞柳之性而以爲桮棬乎？將戕賊杞柳而後以爲桮棬也？如將戕賊杞柳而以爲桮棬則亦將戕賊人以爲

仁義與?率天下之人而禍仁義者必子之言夫!」這裏面就有許多「無的放矢」的議論。告子意謂仁義是後起的,是由於人爲的。換句話說桮棬是後起的,是由於人爲的。告子並不要杞柳做成一個桮棬而孟子偏要責問他怎樣去做成一個桮棬:還是順杞柳之性去做呢?還是戕賊杞柳之性去做呢?如果戕賊杞柳之性去做,那就是「禍仁義」你看,這不是寃枉了告子嗎?第二次告子說:「性猶湍水也,決諸東方則東流決諸西方則西流;人性之無分於善不善也猶水之無分於東西也」孟子又駁他道:「水信無分於東西無分於上下乎?人性之善也猶水之就下也。人無有不善,水無有不下。……」這段話也可以看到孟子好逞機智孟子不過借著告子的譬喻運用一番,又無分於上下」因爲水向下是一種引力,水向上是一種壓力。沒有說出「性無有不善」的道理可惜告子當時沒有補說一句:「水既無分於東西,地球不過是別的行星吸引,所以也是一種引力。再沒有方法拿水來答覆能此外第三次駁告子「生之謂性」說,第四次駁告子「仁內義外」說,都是些「強詞奪理」的議論,可惜此處不便詳引可見孟子學與養的功

夫都有不足比之顏子的「有若無實若虛」曾子的「吾日三省」那真差遠了難怪公都子向孟子報道一個不好的消息說「外人皆稱夫子好辯」可見孟子的好辯在那時候已經引起許多的物議要曉得孟子生平瘁精力於詩於古代各國政教得失民風士習體察甚精又從詩得到言辭的訓練自信可以遊說各國又因他自己意志十分堅卓才氣也很豪邁所以常欲貢身當世「以斯道覺斯民」不幸遭時不遇乃退與門人公孫丑萬章之徒講學一面闡明王道一面發抒積懷所以孟子與其說是個學者不如說是個政論家與其說是個仁人不如說是個義士因此他的「內的功夫」也就遠不如顏曾之深純了譬如他講知言、養氣講存夜氣求放心講四端講良知良能說來總覺粗而不細才高未必思密氣盛未必言宜既主張「志至氣次」便當盡力發揮「志至」之理他卻仍崇「養氣」之功既主張「良知良能」便當盡力發揮「良」的究竟他卻只能借證「親親敬長」仍是一種極通常的說法又譬如他講性善總講不出一個所以然一面主張性善一面又勸人寡欲善與欲完全對立已失主張上之一貫而於欲的起原又不能作一種澈底的說明結果不過說了一句「富歲子弟多賴凶

歲子弟多暴」而已。宋明人講學好攀援孟子其實都不過是借孟子的招牌，撐持自己的門面。孟子說了一句「萬物皆備於我反身而誠樂莫大焉」的話，於是一般唯心論的學者，自程明道、陸象山以至王陽明，莫不奉爲至寶；其實他們骨子裏都是些佛家的思想也雜些道家的思想。王陽明講良知，也攀援到孟子，其實王陽明的良知論比孟子的良知論要細密多了總之宋明人的思想大半是從本體論體認出來的，所以根柢總覺厚些。孟子對於本體論是向來不大理會的，如何能說得那樣周密呢？所以我常說宋明時代的孟子要強多了，因爲孟子到了宋明時代比原型要放大幾倍了。宋明人也喜歡攀援到顏子所謂「尋孔顏樂地」其實他們又夠不上顏子。漢人稱黃叔度爲顏子，宋人亦以程伯淳擬顏子其實何嘗能及顏子萬一呢？宋以後的儒者，每每把周程張朱比作顏曾思孟，瞎瞎湊湊更覺好笑宋明人又喜歡攀附到曾子因爲曾子是承孔子「一貫之道」的。曾子明明說了「夫子之道忠恕而已矣」他們偏把忠恕解作非忠恕朱晦庵註忠恕，故意把忠恕撇開說：「夫子之一理渾然，而泛應曲當，譬則天地之至誠無息而萬物各得其所也自此之外固（後說明容）

無餘法，而亦無待於推矣。……蓋至誠無息者道之體也萬殊之所以一本也；萬物各得其所者，道之用也一本之所以萬殊也。你看朱晦庵這段話真不知說到那裏去了。曾子的忠恕是很切實的功夫，朱晦庵的註解是很玄妙的哲理那裏是一件東西呢？宋明人最喜歡講「至誠無息」「一理渾然」的話都是拿住中庸的思想，其實中庸的思想，又奪胎於孟子；

崔述說：「中庸之文，采之孟子學者，反以爲孟子襲中庸，中庸襲家語、顯然而易見也。乃世之孟子家語之文，采之中庸。少究心於文義，豈不以其名哉。」（見洙泗考信錄）

中庸的「至誠無息」就從孟子的「反身而誠」而來。

胡適之先生說「中庸在孟子前」（中國哲學史，頁二八一）我殊未敢贊成。因為「中庸」是講本體論極粗又極少，孟子便接著闡明「性善」的道理，都是講本體論最精的。「孟子」是就人性說，中庸便擴大到「天命之謂性」，總之「孟子」不過闢「中庸」做成一部「誠的哲學」。「誠者天之道也」、中庸便有說明。後來，有人拿「曾子」住這句話。

承孔子的教旨，一味從切實平坦處用力那裏曾講到「至誠無息」呢？朱晦庵已經在那裏講「至誠無息」「一理渾然」的話，而陸象山王陽明更變本加厲，弄到結局都走入「狂禪」一道；你看這類「狂禪」的思想和曾子的「忠恕之道」要相隔多少萬里啊！

和孔子的「一貫之道」又要相隔多少萬里啊！不把這些關鍵講明白，決不能了解孟子一般人也被宋明人推崇的緣故所以孟子雖然也講內的功夫，其實比宋明人粗

多了。這就因為孟子的功夫是由外而內的。至於荀子那更不必說是由外而內的。荀子是個硬性派，是個唯物論者機械論者也不喜歡研究本體的問題簡直可以說有外無內不過荀子又是個精於心理學的他把心理狀態分析得異常緻密就不能說他有外無內他講性惡處處講到「積偽」的功夫處處講到「化性起偽」而生禮義，這就是「內的功夫」的表現。人性本惡如何會生禮義他說性惡之外還有一種願生禮義的素質譬如「薄願厚惡願美狹願廣貧願富賤願貴」這種素質也是起於利己的觀念所以仍不背性惡之旨這便是他所謂「內的功夫」荀子從外界求善而使性與之合從外界的「欲」說到內界的「生禮義」這不又是由外而內的嗎？可惜荀子的說法太不圓滿而於願生禮義的素質何以發生亦未能闡明并且有幾分夾入性善的旨趣宜乎王安石以「禮者始於天而成於人天無是而人欲爲之吾蓋未之見」數語譏之就令照他的見解所謂「積偽而化謂之聖」那就他所謂聖也與通常所謂聖有別所以處處露出一種不透澈的地方。

孟子言性善荀子言性惡都立於極端相反的地位這是因為一個主張發展情意

生活，一個主張約束情意生活，一個是出發於詩，一個是出發於禮，所以一切思想都有不同。孟子的性善說近似獨斷派的議論，荀子的性惡說近似懷疑派的議論偏於歸納法。(參看本書頁二〇。)孟子和荀子的功夫，大本都是由外而內的，不過再就兩人的主張細加區別，又可以說孟子是由內而外的，荀子是由外而內的因為孟子的學說立足於軟性派 (tender-mindedness) 之上，荀子的學說立足於硬性派 (tough-mindedness) 之上。但派別雖有不同而造就原無大異。如果對孟荀二人要勉強加一種軒輊那末，荀子的見解也許比孟子要卓越一點；荀子的學問，也比孟子淵博一點。與韓退之大醇小疵的說法正相反。孟子和荀子的出發點雖有不同，卻是他們用力的地方有一點是相同的，就是小學的功夫。荀子小學的功夫固不必說，因為他用字異常纖巧緻密處處可以看到他小學的本領但是孟子小學的功夫也不在荀子之下。他還不僅是小學又精於考據；(譬如引雨我公田以證周用助法) 并且「多識於鳥獸草木之名」顯見他有一種詩學的根柢你看他在墨者夷之一章裏面所用的字便可知道又他解字也極精審所謂「泄泄猶沓沓也」「蓄君者好君也。」所謂「庠

者養也，校者教也序者射也」處處顯出他一種小學的本領所以講到小學的功夫，孟荀是相同的。一般人只看到荀子的小學功夫有造於「漢學」不知孟子小學的功夫更有造於漢學所以我認爲孟子、荀子足以促進「漢學」的發展，而顏子、曾子則足以促進「宋學」的發展。（戴東原他不認孟子是宋學的淵源所以他說「宋儒立說同於孟子而實異、似荀子是宋學的淵源他反認荀子足以促進漢學而實異、似異乎荀子而實同」。見孟子字義疏證卷中字同）這是我的「漢宋學淵源記」。

墨家的人生觀

儒家的人生哲學旣已講明，請進述墨家的人生哲學關於墨家的人生哲學僅述墨子一人的人生哲學而止其他關係較淺恕不一一論列。

欲闡述墨子的人生哲學不能不最初揭出他的根本思想最近關於墨子的根本思想之說明計有四家：一夏曾佑的明鬼論。夏曾佑認墨子的根本思想是「留鬼神而去術數」故主「明鬼」他說「墨子旣欲節葬必先明鬼。（有鬼神則身死猶有其不死者存，故喪可從殺天下有鬼神之敎，如佛敎耶敎回敎其喪禮無不簡略者）旣設鬼神則宗敎爲之大異。有鬼神則生死輕，而游俠犯難之風起，異乎儒者之尊生有鬼神則生之時暫不生之時長肉體不足計五倫非所重而平等兼愛之義伸異乎儒者之

明倫。其他種種異義，皆由此起」（見所著「中國歷史」上卷頁百三〇。）二梁任公先生的兼愛論梁任公先生認墨子的根本思想就是兼愛他說；『孟子說：「墨子兼愛，摩頂放踵利天下為之」這兩句話實可以包括全部墨子。「非攻」是從「兼愛」衍出來最易明白不用多說了。「節用」「節葬」「非樂」也出於兼愛因為墨子所謂愛是以實利為標準他以為有一部分人奢侈快樂便損了別部分人的利了；所以反對他「天志」「明鬼」是借宗教迷信來推行兼愛主義「非命」因為人人信有命便不肯做事不肯愛人了所以反對他。』（見所著「墨子學案」頁十六。）三，胡適之先生的應用主義胡適之先生認墨子的根本思想便是墨子的哲學方法。他說：『墨子在哲學史上的重要只在於他的「應用主義」他處處把人生行為上的應用作為一切是非善惡的標準兼愛、非攻、節用、非樂節葬、非命，都不過是幾種特別的應用。』（見所著「中國哲學史」頁百七十四。）四，胡樸安先生的非攻論胡樸安先生認墨子的根本思想是非攻。他說「墨子志在救世他看見各國互相爭鬭，互相殺伐毋有寧日故主非攻非攻裏面又分兩方面一精神的方面，二物質的方面。精神的方面兼愛、尚同法天等屬之；物質的方面節用、節葬非樂等屬之」（見所著「墨子學說」此僅述其大意。）總觀

東西哲學對於人生問題解答之異同

三一九

上述四家的主張，我覺得夏曾佑的明鬼論最有價值，次之便是胡適之先生的應用主義；不過都不是我的看法。我們讀完一部墨子，必定覺得墨子的精神很廣大，因為種種方面看墨子，都不會發見大相刺謬的地方。你說墨子的根本思想是天志，由天志而尙同，由尙同而兼愛，由兼愛而非儒，由非儒而非樂，由非樂而節用，由節用而節葬，由節葬而明鬼，由明鬼而非命這樣的說下去也說得通。你說他的根本思想是尙賢，由尙賢而尙同，由尙同而兼愛，由兼愛而非攻而節用，由節用而節葬，由節葬而明鬼，由明鬼而非攻，由非攻而節用，這樣的說下去也說得通。所以想找出墨子的根本思想結果，不知不覺的找出自己的說下去也說得通。所以想找出墨子的根本思想因為都是拿自己的意見去講墨子，不是拿墨子的意見去講墨子我且舉一個例來說明。

孟子說：「墨氏兼愛是無父也」。孟子是以排斥楊墨昌明孔道自任的所以說：「楊墨之道不息，孔子之道不著」。又說：「能言距楊墨者聖人之徒也」。在孟子一部書裏面我們就發見他罵楊墨罵過三次，不過有一次罵得最厲害就是因為一般人說他「好辯」他就藉此大發牢騷現在單講墨子。孟子何以罵墨子無父因為墨子說：「必為其友之親若為其親」這樣豈不是「愛無差等」麼？孟子聽了墨者夷之「愛無差等，

「施由親始」的話,已經是老不高興,斥夷子為「二本」而非「一本」。

孟子的根本思想就相衝突。因為孟子分「親」「仁」「愛」分得最嚴格。他說「君子之於物也愛之而弗仁,於民也仁之而弗親,親親而仁民,仁民而愛物」。對物用「愛」,如何對父母也用愛況且還是「愛無差等」呢?孟子覺得這種「兼愛之說」既和孔子「一本」之道不合,又和「親親……愛物」之義大背,所以拿住墨子「兼愛」的一點去攻墨子,拿住墨子「兼愛」的一點去講墨子。這樣看來,墨子的根本思想不是變成功孟子的根本思想麼?這就因為孟子拿自己的意見講了不,不是拿墨子自己的意見講墨子。不過墨子的兼愛說得了孟子這麼一講,於是兼愛說倒變成墨子學說的中心了。其實孟子講墨子,要拿住墨子講兼愛呢?以上所說不怕搖動他自己的立足點起見,我們又何必也跟著孟子講兼愛作例,可見研究一個人的學說,要找出他的根本思想,是很不容易的。關於墨子的根本思想我以為要從兩方面去觀察:一從墨子死後不久的一般批評家的言論去觀察,莊子天下篇說:

不侈於後世不靡於萬物,不暉於數度,以繩墨自矯,而備世之急,古之道術有在

滕文公上

一三一

於是者，墨翟禽滑釐聞其風而悅之爲之大過己之大循作爲非樂命之曰節用，生不歌死無服。

我們看這段議論裏面所謂「不侈於後世，不靡於萬物，不暉於數度以繩墨自矯而備世之急」完全拿住墨子反對藝術崇尚功利一點去說。主旨在「非樂」「節用」繩墨自矯備世之急墨子以樂爲奢侈品故「非樂」與「節用」相連所以莊子說：「作爲非樂命之曰節用」這都是就消極方面說。積極的方面便是「繩墨自矯備世之急」

我們再看荀子的議論解蔽篇說：

墨子蔽於用而不知文。

這是很顯明的說墨子了解功利而不了解藝術又非十二子篇說：

不知壹天下建國家之權稱上功用大儉約而僈差等曾不足以容辨異，縣君臣。然而其持之有故其言之成理足以欺惑愚衆。是墨翟、宋鈃也。

這裏面也是拿住「上功用，大儉約而僈差等」幾項第一項也說墨子崇尚功利。我們再看淮南子的議論要略篇說：

墨子學儒者之業，受孔子之術，以爲其禮煩擾而不悅，厚葬靡財而貧民久服傷生而害事故背周道而用夏政。

這裏面單就反對儒家的「禮」說儒家的禮和儒家的樂，是有極密切的關係的。孔子的禮就包括在樂裏面樂就是禮的擴大(參看上述孔子的人生觀)所以反對儒家的禮也可以說是反對儒家的樂，也可以說是一種「非樂」的精神的表現。所以接上一句「背周道而用夏政」何以說「背周道而用夏政」呢？周尙文而夏尙質，墨子欲變周之文從夏之忠，換句話說，墨子欲變周朝趨重藝術的思想而從夏朝趨重功利的思想。我們把上面各家的評論總結起來知道墨子是個反對藝術崇尙功利的人，我想這三話很有幾分可信因爲批評的人不是儒家便是道家，如果彼此所見如此吻合。不會彼此所見如此吻合。墨子本身的言行去觀察上面已經提到「非樂」「節用」一層並且已經說明二者之連帶關係及同屬於消極方面。但所謂「非樂」墨子的「樂」較孔子的「樂」荀子的「樂」範圍要放大好幾倍。差不多凡是飮食起居稍爲帶點奢侈性質稍爲含點藝術意味的，他都叫樂，非樂上篇說：

仁之事者必務求與天下之利，除天下之害，將以為法乎天下利人乎？即為：不利人乎？即止。且夫仁者之為天下度也，非為其目之所美耳之所樂口之所甘，之所安。以此虧奪民衣食之財，仁者弗為也。是故子墨子之所以非樂者，非以大鐘鳴鼓琴瑟竽笙之聲以為不樂也，非以刻鏤文章之色以為不美也，非以芻豢煎炙之味以為不甘也，非以高臺厚榭邃野之居以為不安也；雖身知其安也口知其甘也目知其美也耳知其樂也，然上考之，不中聖王之事下度之，不中萬民之利。是故子墨子曰為樂非也。

由這段文章看來可知|墨子所說的樂，是範圍極大的本來藝術(art)這個字含義也是很廣的大約可分作三種：一，最廣義的這差不多與「自然」同義。莊周所謂「自喻適志與不知|周也」就含着這種藝術的精神。宇宙就是一個大藝術品我們都在藝術裏面活動。但不許「繩墨自矯」這是最廣義的藝術。二，稍狹義的這差不多與「美術」同義。是指含有一種審美的價值的，或指一種美的活動。包括崇高美滑稽美等這是稍狹義的藝術。三最狹義的這不過是美術的一部分如彫刻繪畫等這是最

狹義的藝術。墨子的「樂」是指最廣義的藝術說所以他要「繩墨自矯」不許「自喻適志」如果「自喻適志」那就不僅「虧奪民衣食之財仁者弗為」并且「上考之不中聖王之事下度之不中萬民之利」講到此處，我們又可以看到墨子積極方面的思想。墨子積極方面的思想便是功利關於功利(utility)的意義上面已經說過一個大概現在也請作一種較詳細的說明。功利大抵就「動作所生之幸福」說計分三種：一為我的功利說乃視增進動作者自身之幸福如何而定其動作之價值伊壁鳩魯派和霍布士(Hobbes)等屬之。二為他的功利說乃視增進他人之幸福如何而定其動作之價值孔德(Comte)等屬之三普汎的功利說乃以增進一般的幸福為標幟無分人我邊沁穆勒辭知微(Sidgwick)霍夫丁(Höfding)等屬之普通所講的功利都是指第三種說所謂「謀最大多數的最大幸福」墨子的功利思想不僅包括第二第三兩種并且還要進一層；惟獨不取第一種，因為他是「以自苦為極」的。他更看重「動作」因為他注重「繩墨自矯」他又看重「幸福」因為他力謀「中萬民之利」你看他稱道大禹，「備世之急」力

昔者禹之湮洪水，決江河，而通四夷九洲也，名山三百，支川三千，小者無數，禹親自操橐耜而九雜天下之川；腓無胈，脛無毛，沐甚雨櫛疾風，置萬國，禹大聖也而形勞天下也如此！上篇。莊子天

歷寫禹之「形勞天下」以喚起世間「繩墨自矯」的精神，并說：「不能如此，非禹之道也，不足謂墨」可見墨之為墨是要具備這樣一種特別的精神的，但這種精神之唯一的妨害物便是樂。譬如久處溫柔，便乏遠志既富裘馬豈甘藜蕨所以墨子不能不首倡「非樂」非樂篇說：

……士君子悅樂而聽之，卽必不能竭股肱之力，亶其思慮之智，內治官府外收歛關市山林澤梁之利以實倉廩府庫是故倉廩府庫不實。……農夫說樂而聽之，卽必不能蚤出暮入耕稼樹藝多聚叔粟是故叔粟不足。……婦人說樂而聽之，卽必不能夙興夜寐，織紝紡績多治麻絲葛緒綑布縿是故布縿不興曰孰為而廢大人之聽治賤人之從事曰樂也是故子墨子曰為樂非也。

王公大人說樂而聽之，卽必不能蚤朝晏退聽獄治政是故國家亂而社稷危矣。

墨子不僅從當時大勢觀察覺得應該提倡「非樂」，并從歷史觀察，也覺得非力倡「非樂」不可。你看他和程繁一段談話。

程繁問於子墨子曰夫子曰「聖王不爲樂。」昔諸侯倦於聽治，息於鐘鼓之樂；士大夫倦於聽治，息於竽瑟之樂；農夫春耕夏耘秋歛冬藏，息於瓴缶之樂今夫子曰「聖王不爲樂」此譬猶馬駕而不稅弓張而不弛，無乃非有血氣者之所不能至耶？子墨子曰：「昔者堯舜有茅茨者且以爲禮，且以爲樂。湯放桀於大水環天下自立以爲王事成功立無大後患因先王之樂又自作樂命曰護，又修九招。武王勝殷殺紂環天下自立以爲王事成功立無大後患，因先王之樂又自作樂命曰象。周成王因先王之樂又自作樂命曰騶虞。周成王之治天下也不若武王；武王之治天下也不若成湯成湯之治天下也，不若堯舜故其樂逾繁者，其治逾寡自此觀之樂非所以治天下也。」三辯篇。

這都是就狹義的「樂」說這都是說「樂」不僅關於日用飲食之細，并且關於國計民生之大所以結果是「其樂逾繁其治逾寡」換句話說藝術思想愈進步，功利思想便

三二七

愈不發達。所以甘願「馬駕而不稅弓張而不弛」因為要具「馬駕而不稅弓張而不弛」的精神才有真正挽救世間之一日譬如身臨絕澗只有奮呼前躍否則愈打算而勇氣愈消失反自陷於死境。又譬如大火臨頭只有踰牆而過否則不免葬身火窟。所以「馬駕而不稅弓張而不弛」正自有「馬駕而不稅弓張而不弛」的好處。墨子既抱定這種「不稅不弛」的思想所以「生不歌死無服」生前「裘褐為衣」死後「桐棺三寸」都沒甚麼要緊。墨子不僅自己如此并且還要「使後世之墨者必自苦以腓無胈脛無毛相進」所以他最得意的弟子禽滑釐也是「手足胼胝面目黧黑」這樣講來，墨子的根本思想那裏是照普通一般人所看的呢？

墨子的最大不可及處便是擺脫一切享樂思想親自去做那種「中萬民之利」的工作而且從「胼無胈脛無毛」做起這是何等可驚可泣的精神！如果不認識墨子這種精神那就講「兼愛」的不過「兼愛」講「非攻」也不過一種方法墨子卻是要「摩頂放踵」去達到這個理想「非攻」也不過一種方法，墨子卻是要「枯槁不舍」去厲行這種方法。既是人人本著這種血誠做去，對父壯無愧對自己無愧，

又何必要「久喪」呢？還要對人類無愧，又那有餘暇「久喪」呢？生既「以自苦為極」，死又何須「厚葬」以邀死後之福轉自陷於矛盾只是馬駕有時而稅弓張有時而弛，不得不藉「明鬼」以資鞭策但「馬駕而不稅弓張而不弛」又須恃「非命」以資振奮莊子說：「其生也勤其死也薄其道大觳使人憂使人悲其行難為也」誠哉！其道大觳；誠哉！其行難為但是這種大觳之道難為之行，非有墨子那種精神又那個配幹呢？墨子不僅自己這樣幹去並且要人人也這樣幹去所以又想出一種甄別的方法凡苦行的程度之深淺都取決於「尚賢」凡苦行的報酬之厚薄，則歸本於「天志」。夫然後謂之「尚同」。墨子說：「不能如此非禹之道也不足謂墨」我們要在這裏才可以找到墨子的根本思想才可以找到墨子的人生觀。

憑墨子自身的言行看來，又憑墨子死後不久的批評家的言論看來，可以知道墨子出發於「非樂」而歸結於「繩繼自矯備世之急」出發於「反對藝術」而歸結於「崇尚功利」這便是我所看的墨子。

以上道家的人生觀儒家的人生觀墨家的人生觀，都一一摘要敘述了。現在要把老、孔、墨三家的哲學作一種比較的研究。夏曾佑說道：「老、孔、墨三大宗教皆起於春秋之季，可謂奇矣抑亦世運有以促成之也。其後孔子之道成爲國教道家之眞不傳；（今之道家皆神仙家）墨家遂亡與亡之故固非常智所能窺然亦有可淺測之者老子於鬼神術數，一切不取者也其宗旨過高非神洲多數之人所解故其教不能大孔子留術數而去鬼神較老子爲近人矣然仍與下流社會不合故其教祇行於上等人，而下等人不及焉。墨子留鬼神而去術數，似較孔子更近於明鬼而無地獄之罪是人之從墨子者苦身焦思而無報違墨之長而去其短遂大行於也。故上下之人均不樂之而其教遂亡至佛教西來，兼老墨之長遂大行於中國。至今西人皆以中國爲佛教國也」見所著「中國歷史」上卷頁百三十一。我們細讀他這段結論當然不能不承認有幾分合理。老子於鬼神術數一切不取，孔子留術數而去鬼神，墨子留鬼神而去術數這是一種無可非難的事實惟推論老、孔、墨三大宗教之亡之不能大似乎不免失之武斷幷且以「三大宗教」概老、孔、墨老、孔是否宗教尚待細論旣云

三三〇

人生哲學

「老子於鬼神術數一切不取」又加他一個「宗教」的頭銜，這不是「無魚下網」麼？孔是否國教，已有問題；孔既「較老子為近人」而孔子之道又是要人從孝弟做起，何以「與下流社會不合」而「下等人不及」？墨雖屬宗教，然謂墨教之亡出於「有天志而無天堂之福，有明鬼而無地獄之罪」難道上等人也為著沒有「天堂」「地獄」而「不樂」之念嗎？況且墨子明明說到順天意者得賞，反天意者得罰，何以說墨教無賞罰呢？從宗教的出發點論老孔墨的不同，已是離題很遠；況且還要論到他們的宗教推行之久暫呢？至於說：「佛教西來兼老墨之長而去其短遂大行於中國」幷引「西人皆以中國為佛教國」作證那更不知說到那裏去了所以我對於他這種結論也就只能表示部分的贊成。現在要略述我個人的愚見我以為老、孔、墨都是救世的思想家，不過救世的方法各有不同。老子看見那時候名目也太繁了，功利思想也太發達了，結果弄到「天下多忌諱而民彌貧民多利器國家滋昏人多伎巧奇物滋起，法令滋彰盜賊多有」所以他主張「無名」主張「無欲」主張「處無為之事，行不言之教」這是老子救世的方法。孔子看見那個時候紛更固然是多，名目固然

東西哲學對於人生問題解答之異同

三三一

是繁功利思想固然是發達；可是救世的方法，也不可太激烈也不宜太高遠所以他仍舊主張保留那些名目保留那種功利思想，不過要叫人家使用得適當叫人家也贊美「無爲而治」一面也不把老子的方法完全廢掉，所以他說：「予欲無言」「毋意毋必毋固毋我」一面也不把老子的方法完全廢掉，所以他說：「予欲無言」的方法澈底的方法所以他主張「日夜不休以自苦爲極」這便是墨子救世的方法不太遠可是救世的方法便覺得老子太消極孔子太不澈底；他便另外找一種積極也贊美「無爲而治」這是孔子救世的方法。墨子所看到的時局，雖然和老子孔子差總結起來說老子偏重藝術思想，孔子卻有一種「無可無不可」的神氣。老子以後到了楊子又到了莊子那種藝術思想，可謂達到極端簡直是人生之藝術化宇宙之藝術化宇宙與人生簡直看不出一個大不了的分別。孔子對於藝術的思想雖也覺得重要，可是他仍舊拋不開功利的思想所以「夫子之文章可得而聞也；夫子之言性與天道不可得而聞也。」他的功利思想雖然沒有墨子那樣激底，可是他也不弱所以「三月無君則皇皇如也」「君命召不俟駕而行；」所以他「有見行可之仕，有際可之仕，有公養之仕」孔子的藝術思想在論語上也表示好幾次，

最顯著的便是聽了曾點「浴乎沂，風乎舞雩詠而歸」的話，表示一種熱烈的讚嘆一口氣說道：「逝者如斯夫不舍晝夜」這都可以看到他的藝術的思想不過孔子總是把藝術思想放在功利思想後面所以他說「吾不試故藝」又說：「志於道，據於德，依於仁游於藝」可見他對於藝術並不是十分看重的若是拿他的藝術思想和老子的藝術思想比較起來，可以說他是「為人生而談藝術」(art for life's sake)老子是為藝術而談藝術。(art for art's sake) 若墨子乃是專拿「反對藝術」做出發點的他只希望人人做到「腓無胈脛無毛」可以說他只有一種破天荒的功利主義把上面的話歸納起來，可知老子是專重藝術思想的，孔子是注重功利思想兼重藝術思想的，墨子是專重功利思想的，這是我的「老孔墨比較論」之一。

論到三家的不同點，內容極為複雜現在還可以拿住最重要的幾點來說老子的根本思想是人物一體的。老子說「夫物芸芸各復歸其根」又說「有名萬物之母」都是包括人物說他的同派像楊子莊子都是這樣的看法，莊子的思想更為澈底簡直

（這段記載不實聞此章乃學老莊者之所偽託而後儒談采之者。見洙泗考信錄。）其次便是他在一條小河上看水不覺嘆了

三三三

東西哲學對於人生問題解答之異同

不知道有人我有人物所以他說：「不知周之夢為蝴蝶與蝴蝶之夢為周與？」又說「萬物與我為一」又說：「萬物皆種也」「萬物皆出於幾皆入於幾。」可見他們都認定人物一體因此他們的思想都偏於宇宙觀孔子的根本思想是人貴物賤的因為他是從「生殖崇拜」的觀念出發物類的生殖當然也不能看輕不過總比不上人類的生殖所以孔子「釣而不綱弋不射宿」又有一次馬廄被火焚，孔子退朝之後便忙問道：「傷人乎？不問馬」先問人後問馬這也是貴人賤物的一個好例。孟子的態度更顯明，他說「君子之於禽獸也見其生不忍見其死聞其聲不忍食其肉」這完全是「生殖崇拜」思想的擴充至於他主張「親親」「仁民」「愛物」把親愛仁分得十分緻密，更可表示他「人貴物賤」的態度可見孔子一派的人都認定「人貴物賤」因此他們的思想都偏於倫理觀所謂親親仁民愛物便是他們的倫理觀之表示墨子的根本思想是人物各別的他認定人類要個個「腓無胈脛無毛」的去工作，才可得食才可得衣不像禽獸有天然的衣食。墨子非樂上篇說：「今人固與禽獸麋鹿蜚鳥貞蟲異者也今之禽獸麋鹿蜚鳥貞蟲因其羽毛以為衣裘，因其蹄蚤

以為跨腰，因其水草以為飲食，故雖使雄不耕稼樹藝，雌亦不紡績織紝衣食之財固已具矣。今人與此異者也賴其力者生，不賴其力者不生。」可見墨家認定人物各別。因此牠的思想特別注重人事而偏於宗教觀。把上面所述的歸納起來，可知老孔墨三家思想不同，就由於他們的人物觀不同這是我的「老孔墨」比較論」之二

還有一點也可以看到老、孔、墨三家思想不同的，便是對於「天」的觀念。老子的「天」是沒有意志的。老子說：「天地不仁以萬物為芻狗」這是最顯明的一個例。孔子說：「予所否者，天厭之天厭之！」又說：「天何言哉四時行焉百物生焉，天何言哉」可見孔子的天是灰色的。你說牠沒有意志牠卻會作威作福，所以孔子的「天」便不然。孔子說：「天生德於予。」你說天操一切賞罰好惡之權，天的「天」是很顯明的承認天有意志所謂「天志」就是說天有意志的。墨子志篇說：「順天意者兼相愛交相利必得賞反天意者別相愛交相賊必得罰」把上面所述的歸納起來，可知老孔墨三家的思想不同，都由於他們的「天」的觀念不同。這是我的「老孔墨孔

二家皆以天為極則、主張以天法道，這也可以看到三家對於天的觀念之不同。

則、敬主張以人法天。老子便不然、老子不以天為極

〔墨比較論〕之三。

更有一點，也可以看到老孔墨三家思想不同的，便是對於「命」的看法。老子的「命」是與自然同意義的，所以說：「歸根曰靜是謂復命」莊子也是同樣的看法所以說：「知其不可奈何而安之若命德之至也。」（人間世）老莊的「命」可以借列子力命篇的話來說明。『力謂命曰：「若之功，奚若我哉？」命曰：「彭祖之智，不出堯舜之上而壽八百，顏淵之才，不出眾人之下而壽四八，仲尼之德，不出諸侯之下，而困於陳蔡，殷紂之行，不出三仁之上，而居君位。季札無爵於吳田恆專有齊國，夷齊餓於首陽，季氏富於展禽若是汝力之所能奈何壽彼而夭此窮聖而達逆賤賢而貴愚貧善而富惡耶？」力曰「若如若言，我固無功於物，而物若此邪？此則若之所制邪？」命曰「既謂之命，奈何有制之者邪？朕直而推之，曲而任之，自壽自夭，自窮自達，自貴自賤，自富自貧，朕豈能識之哉？」』所謂直而推之曲而任之便是老莊的「命」。若孔子的「命」，便講得複雜了。大致與老莊的看至少要包括兩種重要的意義。一以命為秉於生初非人力所能移，

法相同，譬如他說：「道之將行也與命也；道之將廢也與命也；公伯寮其如命何？」又說：「亡之命矣夫！」孟子說：「孔子進以禮退以義得之不得曰有命」可見孔子對於命的看法是和老莊大致相同的。孟子言命也有許多同樣的議論譬如他說：「莫之致而至者命也。」又說：「求有道得之有命。」又說：「口之於味也目之於色也耳之於聲也鼻之於臭也四肢之於安佚也性也有命焉君子不謂性也仁之於父子也義之於君臣也禮之於賓主也智之於賢者也聖人之於天道也命也有性焉君子不謂命也。」這是一種解釋。二視命猶令，君命猶君令，天命猶天令，就是把「命」看作有意志的。大抵出於古代陰陽家的思想。譬如說：「五十而知天命。」又說：「君子有三畏畏天命……小人不知天命而不畏也」又說：「不知命無以為君子也」可見都是把「命」看作有意志的。這又是一種解釋的命，可以說這是他向羣眾說法的重要工具。總之孔子的「命」大抵不出於陰陽家老子的思想之範圍。孟子的「命」比孔子就稍稍不同了。孟子說：「莫非命也順受其正是故知命者不立乎巖牆之下盡其道而死者正命也；桎梏死者非正命也。」所謂「知命者不立乎巖牆之下」，

所謂「桎梏死者非正命」便不似孔子偏於術數觀念因為如果聽命數之自然則嚴牆不必避而桎梏亦不足恥孟子必主張「盡其道而死者為正命」是孟子已伏「人定勝天」之說和孔子的思想已微有不同後來到了荀子而術數觀念更減少。荀子主張「制天命而用之」完全不是孔子所看的天命了。後來一直到了宋儒簡直把命看作理看作性性命天理四者根本上沒有區別孔子的思想所以儒家的命比道家的命講得複雜些。墨子看到老子孔子所講的命都於人事沒有甚麼補益他便老老實實的主張「非命」而於君主與人民之信命更分別加以排斥所以說：「命者暴王所作窮人所術，非仁者之言也」所以他在非命篇中便排斥君主之信命，在非命篇下便排斥人民之信命把上面所述老孔墨三家的思想歸納起來可見老子主「復命」孔子主「知命」墨子主「非命」見解固各有不同這是我的「老孔墨比較論」之四。

現在請就上述老孔墨三大思想家的重要不同點，表說如次：

	我的看法				夏曾佑的看法
老子	專重藝術	人物一體	天無意志的	主「復命」宇宙觀	於鬼神術數一切不取
孔子	注重功利發重藝術	人貴物賤	天的意志有無不明的	主「知命」倫理觀	留術數而去鬼神
墨子	專重功利	人物各別	天有意志的	主「非命」宗教觀	留鬼神而去術數

老子是一個大革命家反對從前的天道觀念及陰陽家的思想，反對同時一切的矯揉造作，而專從藝術著眼建立一個「人物一體」的宇宙觀。孔子便對老子發生反動，覺得老子的主張大激烈；因取和平的手段，從功利藝術兩方面著眼，建立一個「人貴物賤」的倫理觀。墨子又對孔子發生反動，同時更對老子發生大反動，因此主張「非樂」，又恢復從前的天道觀念；而專從功利著眼，建立一個「人物各別」的宗教觀。這是老、孔、墨三家思想發生的順序老子的見解很高，規模很大，所以他的思想由漢而魏晉六朝而唐而宋而明，都發生不小的影響，孔子的見解亦見得特重人事，又得到許多表彰他的人，所以他的影響由漢至今，綿延不絕。墨子比孔子更重人事，不過

表彰他的人太少，而他懸格又太嚴所以他的影響也就遠不如老孔二家了。

漢唐諸哲之人生觀

上面已經把道儒墨三家的人生哲學講述一個大略了。牠們三家的影響雖有大小不同，或是影響所及有在中人以上的、有在中人以下的、有在中人的這幾種差別，但總不能說沒有影響。譬如墨子講尊天明鬼這種影響在中國就很發生一種勢力。董仲舒的天人感應說就不能說沒有受到墨子的影響。至於墨子的明鬼說，在中國社會裏面所發生的勢力更大大概老莊的影響多半是在中人以下的。漢唐兩代的哲學思想家本少若講到老子孔子，那就比墨子更不知擴大多少地盤。老莊的影響多半是在中人以上的，孔子的影響多半是在中人。

有可紀述之價值，因為都沒有多大的發明。如果要勉強的舉述數人那末在漢代只有一個王充，在唐代只有一個李翱但是他們兩人所受的影響都有幾分是老莊的影響在漢唐二代之間亦復有幾個思想家，如阮籍鮑敬言陶淵明諸人但他們所受到的更完全是老莊的影響。所以老莊的影響多半是在中人以上的兩漢的儒家雖不少通經致用之士，但他們實際上有表無裏更說不上哲學思想。唐代所表現的更

不過是些抱殘守缺的儒家所以孔子的影響多半是在中人或中人以下的。在老孔二種勢力互相激盪之時，佛教乃乘機而進，出漢而魏晉而唐，佛教的影響乃有日不可遏之勢，結果成為中國學術界一種新勢力其影響遂遠及於宋明。本章因為篇幅太長，關於佛教方面擬不復細加論列僅隨時為說明之便略一道及之現在先述漢唐諸哲的人生哲學。

王充　論到漢代的思想家，有許多人拿楊雄和王充並舉，其實楊雄那裏比得上王充。楊雄不過是個模仿家而已。他的太玄是模仿周易作的，他的法言是模仿論語作的。都找不出甚麼精采來他所說的「玄」又是模仿老子的「道」，〔老子的「道」楊雄的「玄」是一生二，二生三，三生九，九生二十七。〕但又不敢越出孔子的範圍所以他說：「老子之言道德也吾有取焉；其槌提仁義絕滅禮樂，吾無取焉。」這樣看來，楊雄畢竟不過是個老孔稗販者而已，那裏說得上思想若王充的造就便不是這樣。王充是個絕大的懷疑論者一面在縱的方面打破一切崇古觀念，〔如問孔、非韓、刺孟等篇皆是。〕一面在橫的方面破除一切迷信，〔如變虛、異虛、感虛、福虛、禍虛、龍虛、雷虛、道虛等篇皆是。〕在漢代迷信最重，孔學最尊的時候居然有這種膽識實在不

能不令人敬佩。王充的根本思想，大半從老莊得來，也有幾分出於自己的見解。他把宇宙的本體看作是個渾然的元氣天地萬物都出於這種元氣之活動。由一「元氣」分而為陰陽二氣二氣相交便生萬物所以他說：「天地合氣萬物自生猶夫婦合氣子自生矣。」這段話的裏面最重要的便是「自生」一語。因為自生便是無為所以他說：「天動不欲以生物而物自生此則自然也施氣不欲為物而物自為此則無為也。」他在物勢篇裏面特別指出儒者的議論不合他說：『儒者論曰「天地故生人」此言妄也。』他的意思是說「天地不故生人人偶自生耳」他所以要這樣翻來覆去的說明「天地不故生人」的道理，就是他想拿人事證明天事。他覺得道家的道理儘管玄妙但如果不證以人事到反不容易叫人家相信所以他說：

　道家論自然，不知引物事以驗其言行，故自然之說未見信也。自然

這便是王充一種最大的貢獻。王充處處拿事實證明「自然」的道理一面叫人家尊重「自然」一面叫人家尊重「有為」他說：

　然雖自然，亦須有為輔助耒耜耕耘因春播種者人為之也及穀入地，日夜長大，

人不能爲也或爲之者，敗之道也。道家的自然說得了王充的解釋既增加一層保障更促進一層了解可以知道道家的「無爲」實在含著一種「有爲」的精神本來世間具體的事實比抽象的道理更可寶貴因爲抽象的哲理可以儘管高妙而其體的事實卻是全憑佐證。王充一生的用力處便是處處拿事實去談哲理。他反對一般人的迷信和崇古觀念，都是用這種手段他本是一個極端打破舊說的人但何以也主張有命呢？這又是他拿事實談哲理之一種。因爲他認「氣」「形」「命」三者是有密切的關係的天地萬物由元氣而生上面已經說明。要知世間各種現象都稟有一定之「氣」斯有維持此氣的一定「形」而物之「命」即定於「形」成之始。故氣、形、命表雖是三而裏實是一命由形生形由氣成。有形斯氣與命二者並具人類之氣有人類之形有人類之命牛馬之氣與命必有與之相應之形，一定之形，又必有與之相應牛馬之氣與命。一定之氣必有與之相應之形一定之形又必有與之相應本著這種原理斷定人生之幸不幸遇不遇與夫一切死生夭壽貧富貴賤等等莫不與命有關。換句話說即莫不與所稟之氣有關。王充更本著這種原理建立一種關於

「骨相」的新說上面已經說過，一定之「氣」必有與之相應之「形」而「骨相」屬「形」。王充所謂骨相，範圍較廣，乃包括身體各部分而言并不罩指顏面此「骨相」與「命」之間，有極密切的關係。命之天壽貧富都表現於骨相，故即骨相可以知命所以他說：

「人稟命於天則有表候於體察表候以知命猶察斗斛以知容矣表候者骨法之謂也。」王充又講命又講骨相表面上看來好像和他平日的議論相矛盾其實并不矛盾因為他的根本主張是從「氣」出發由氣講到形，由形講到命；又由命回到形，由形回到氣這正是他一貫的說法，而且正是他拿事實談哲理的地方何能與一般講迷信者併為一談呢？他所談的命，完全是接着道家的「命」的系統絕對不帶有迷信意味。蔡子民先生并稱「其所言人之命運及性質與骨相相關頗與近世唯物論以精神界之現象悉推本於生理者相類」「中國倫理學史」頁二十四。可見他講命他講骨相都是有哲學做背景的。我們從這裏又可以看到他一種宿命的人生觀他雖然講命，講鬼，這也和他的根本思想有關係的他以為人與萬物皆由元氣而生，物類死後不聞有鬼何以與物類同氣之人獨有死後成鬼之說這不要根本上發生矛盾麼？要知人

死與物類之死原無異致，死後即同火化，幷無所謂鬼神。王充認鬼神非人類之靈魂，乃人類之思念。思念所在，往往於無物中見物，此鬼神之所以發生和現在科學家所說的神經作用相類。這樣看來王充對於人生的看法不僅處處有哲學的根據，而且處處有科學的根據，王充也講到人生的修養這由他講「性」裏面便可以看出他以爲性有善惡，就由於稟氣有厚薄多寡稟氣最厚的，就和元氣相肖，就像老子那樣恬淡無爲而稟氣最薄的就處處露出一種不肖的地方所謂不肖，就是說不肖元氣因此他主張用教育的力量去變化氣稟這種說法，雖不免和他的命運說發生衝突但這也是他的氣稟說必至之結論他這種氣稟說，遂開宋儒理氣說之先河。宋儒專好講些氣形命的問題其實都有幾分王充的影響。不過他們表面上並不談到王充正猶他們竊取老佛思想、表面上却排斥老佛。

清談家 王充盡力拿事實去證明道家自然的哲理，於是會合種種機緣，遂醞釀成功一種清談家之思想。清談家之思想加以道家自然的哲理，大部分和佛法相接近，於是清談家的思想，又夾着少許佛法的成分。這便是道家的思想由漢而魏晉六朝相遞嬗相蛻化的痕跡。關於魏晉六朝的思想，可以從兩方面觀察：一消極方面二積極方面消極

方面成為一種頹廢的思想，積極方面成為一種放達的思想。頹廢的思想可以拿偽列子楊朱篇當中一部分的議論做代表；放達的思想可以拿阮籍的大人先生傳及陶淵明的歸去來辭、桃花源記等篇做代表。現在先就頹廢的思想方面討論所謂頹廢思想，決非墮落思想，此處要最先辨明墮落思想是沒有理想做背景的，完全為一種淺薄的肉慾的衝動所支配頹廢思想便不然頹廢思想是有理想做背景的，或是因為一種烏托邦 (Utopia) 不能實現；或是因為一種痛苦不能解除而這種痛苦乃屬於人類之悲哀；又或因為神經過敏，近於諾爾導 (Nordau) 所謂高等變質者，本書看六十頁。把世間看得太透澈太不值得玩味，於是出於頹廢一途總之頹廢思想是求一種消遣的方法。正和魯迅先生所說的「因為這於我太痛苦，我於是用了種種方法，來麻醉自己的靈魂，便我沉入於國民中，使我回到古代去」見所著「吶喊」自序。一樣的意昧。

西洋有所謂頹廢派 (Decadent) 在文學上佔有最高的地位，尤其是在近代的文學關於頹廢派的解釋也很不一致。不過大體上也就消遣說或是藉官能的刺戟，或是藉剎那的情調，以發抒胸中的塊壘以和緩心中的苦悶譬如許多詩人，好作情調

的詩，情熱的詩，都帶有頹廢派的傾向。正是李太白「抽刀斷水水更流，舉杯銷愁愁更愁」那種詩風。由上所述可見頹廢思想完全和墮落思想不同。魏晉以後頹廢思想之所以發達固自有其原因。一由於經學之反動。二由於禍亂之相尋。三由於老學之發展。四由於佛教之輸入。有此數因而頹廢思想遂一發而不可遏。這派思想都是從人生出發根本認定人生是無常的。楊朱篇說：

百年壽之大齊得百年者千無一焉。設有一者孩提以逮昏老幾居其半矣。夜眠之所弭，晝覺之所遺，又幾居其半矣。痛疾、哀苦、亡失、憂懼又幾居其半矣。量十數年之中逌然而自得亡介焉之慮者，亦亡一時之中爾。則人之生也奚為哉奚樂哉？為美厚爾，為聲色爾。而美厚復不可常厭足，聲色不可常翫聞。乃復為刑賞之所禁勸名法之所進退，遑遑爾競一時之虛譽規死後之餘榮，偶偶爾慎耳目之觀聽，惜身意之是非徒失當年之至樂，不能自肆於一時，重囚纍梏何以異哉？

又說：

萬物所異者生也，所同者死也。生則賢愚貴賤，是所異也；死則臭腐消滅，是所同。

既認定人生是無常的請問用何種方法對待這種人生。楊朱篇說：

也……十年亦死，百年亦死；仁聖亦死，凶愚亦死。生則堯舜，死則腐骨；生則桀紂，死則腐骨，腐骨一矣，孰知其異？且趣當生奚遑死後？

太古之人知生之暫來，知死之暫往，故從心而動不違自然所好，當身之娛非所去也，故不爲名所勸。從性而游不逆萬物所好死後之名，非所取也，故不爲刑所及名譽先後，年命多少非所量也。

恣耳之所欲聽，恣目之所欲視，恣鼻之所欲向，恣口之所欲言，恣體之所欲安，恣意之所欲行。夫耳之所欲聞者音聲而不得聽，謂之閼聰；目之所欲見者美色，而不得視，謂之閼明；鼻之所欲向者椒蘭，而不得嗅，謂之閼顫；口之所欲道者是非，而不得言，謂之閼智；體之所欲安者美厚，而不得從，謂之閼適意之所欲爲者放逸，而不得行，謂之閼往凡此諸閼廢虐之主去廢虐之主熙熙然以俟死；一日一月，一年十年，吾所謂養。拘此廢虐之主錄而不舍戚戚然以至久生百年千年萬年。非吾所謂養。

這兩段文章裏面專注重從心而動從性而游不求久生亦不求速死如果有意求久生、求速死那就是「違自然」「逆萬物」那就不是「從心而動」「從性而游」了所以又有一種補充的說明。

生非貴之所能存，身非愛之所能厚；且久生奚為？五情好惡古猶今也，四體安危，古猶今也；世之苦樂古猶今也；變易治亂古猶今也既聞之矣既見之矣既更之矣百年猶厭其多況久生之苦也乎？

以上是說不求久生。

既生則廢而任之究其所欲以俟於死；將死則廢而任之究其所之以放於盡。無不廢無不任，何遽遲速於其間乎？

以上是說不求速死。這幾段文章很可以代表清談家的頹廢思想這派思想是拿人生做背景的，所以和隨落思想不同這是就消極方面說，至於積極方面所謂放達的思想者，那更與隨落思想有別。放達思想和頹廢思想本來都是從自然的思想出發，不過態度微有不同。一個是「樂自然」的態度，一個是「任自然」的態度所以一個是

積極的，一個是消極的。放達的思想既偏於積極方面，那裏能夠說他是墮落思想呢？魏晉間以放達見稱於時者無過於阮籍，阮籍本任性不羈而他那種忽視禮法的態度，更足以表示他和頹廢派不同之處。頹廢派有時為生前死後打算，故「不為名所勸」「不為刑所及」。阮籍却根本上想不到那些「刑」「名」他只覺得自然的情感可寶貴，他只去「樂自然」就是了。所以態度是積極的。譬如某「兵家女有才色未嫁而死，籍不識其父兄，逕往哭之盡哀而還」 見晉書阮籍傳。阮籍只覺得有才色的女兒未嫁而死是極可悲憫的，是出於人類共有的一種自然的情感，阮籍看重這種情感不由得不哭。我們看見他哭其實他只是在那裏「樂自然」更不暇計較到「名所勸」而「刑所及」了。阮籍的放達的思想是隨處都可以看到的不過正式發表這種思想的，更在他自撰的一篇大人先生傳他說：

世所謂君子，惟法是修，惟禮是克。手執圭璧，足履繩墨，行欲為目前檢，言欲為無窮則。少稱鄉黨，長聞鄰國。上欲圖三公，下不失九州牧。獨不見羣蝨之處禪中，逃乎深縫，匿乎壞絮，自以為吉宅也。行不敢離縫際，動不敢出禪襠，自以為得繩墨

也。然炎丘火流，焦邑滅都，羣蝨處於褌中而不能出也。君子之處域內，何異夫蝨之處褌中乎？

我們從這段文章裏面，就可以看到他尊重自然的精神，與超越庸俗的襟度。要曉得社會上庸俗的勢力最大，而所以使社會不進化或使社會伴若平凡俗惡的勢力去進化，都是由於一種庸俗的勢力在裏面把持。可以說庸俗的勢力是人類社會裏面一種最大的蟊賊也。可以說是藝術社會裏面一種最猛的毒菌。這是就社會方面說。若更就人生方面言之，如果「逃乎深縫匿乎壞絮」便「自以為吉宅」「行不敢離縫際，動不敢出褌襠」便「自以為得繩墨」；這是何等平凡俗惡的人生！這是何等廉價的人生！我們中國所以老大不進步，就是這種人生觀在那裏作祟，所以這種人生觀不打破，在個人方面便不容易造就獨創的天才；在社會方面便不容易掀起發明的事業。這是就人生方面說。阮籍這篇大人先生傳，一面對於中國人的人生觀下一種絕大的針砭，一面暗示一種崇尚藝術的人生。他所以這篇文字很可以代表清談家的放達思想還有一種文字雖不出於清談家卻也和放達的思

想相接近也是注重「樂自然」的，便是陶淵明的歸去來辭阮籍的「樂自然」，是從反面著力；陶淵明的「樂自然」是從正面著力他處處從正面描寫自然的絕境。譬如他的桃花源記就是從正面描寫一種烏托邦。他描寫得更顯著的，便是他的歸去來辭和五柳先生傳因為這是他的人生觀之表白他說：

歸去來兮！田園將蕪胡不歸？既自以心為形役奚惆悵而獨悲？⋯⋯實迷途其未遠，覺今是而昨非。⋯⋯木欣欣以向榮泉涓涓而始流，羨萬物之得時感吾生之行休已矣乎！寓形宇內復幾時曷不委心任去留胡為遑遑欲何之富貴非吾願，帝鄉不可期。懷良辰以孤往或植杖而耘籽登東皋以舒嘯臨清流而賦詩聊乘化以歸盡樂夫天命復奚疑？ 〔歸去來辭〕

這是何等「樂自然」的人生！這種「樂自然」的人生觀，在我們中國社會裏面很發生不小的影響尤其影響到一般詩人如李太白白居易之流亞出那些詩人又影響到一般羣眾這種影響是互為因果的把這派的人生觀和頹廢派的人生觀相比較便表現出兩種不同的色彩。一種是厭世的，一種是樂天的一種含著象徵派詩人魏爾

冷(Verlaine)的精神，一種便含着自然派詩人沃慈韋士(Wordsworth)的精神。

李翺

魏晉六朝人的人生思想都受了老莊很大的影響，到了唐代情形便稍稍變化了。不過老莊的影響仍舊沒有衰減。韓退之極力排斥老莊，一則曰：『今其言曰：「聖人不死大盜不止剖斗折衡而民不爭。」』再則曰『今其言曰：「曷不爲太古之無事？」』可見老莊在當時很佔有一番勢力。韓退之的原道雖盡了排老佛的能事不過他是一個陋儒，而且人格又低那裏有人相信？倒是他的弟子李翺特出的人物。而李翺便是服膺老莊的一個人。李翺的思想包含着三種精神：一中庸的精神；二禪家的精神三老莊的精神而他的思想的結論仍不出老莊的範圍。不過他的主張并不十分鮮明；這是因爲他表面談儒裏面談佛老的關係便趨重禪家的精神復性書下便趨重老莊的精神復性書中便趨重禪家的精神復性書上便趨重中庸的精神復性書下便趨重老莊的精神。李翺本來中庸、佛法、老莊這三種思想最容易混淆而且都可以牽强附會所以到了李翺的手裏也就不能不感受一種困難了現在要先把這三種思想弄個明白然後

三五三

再談到李翱的思想。

先論中庸的思想。中庸這部書，我認為是在孟子之後的；而且中庸的思想大半採之孟子上面已有論及。（參看本書頁三一五。崔述論中庸非一人所作，其義又極參差這話甚是。見洙泗考信錄卷三。）現在我只好就中庸最重要的地方推論一番。中庸全書的綱領是：

天命之謂性，率性之謂道，修道之謂教。

誠者，天之道也，誠之者人之道也。

自誠明謂之性，自明誠謂之教，誠則明矣，明則誠矣。

這些妙理完全從孟子一段議論推衍而出。孟子說：

誠者，天之道也，思誠者人之道也。至誠而不動者，未之有也。不誠未有能動者也。

上離婁。

這段文章的精髓就在一個「誠」字。孟子反覆說明「誠」的妙處，中庸便拿住這個「誠」字當作全書的骨子。而崔述云：「孟子此章，原言誠能動人，故由獲上信友悅親遡近誠身，然後以至誠未有不動總結之，又以不誠未能動人，故刪其後兩句。然則是中庸本於誠身，以開下文不思不勉擇善固執之，首尾呼應，章法甚明。中庸採此章文，但欲歸本於誠，非孟子原中庸，

孟子不過拿「誠身」「明善」的道理說明倫理學,中庸卻把牠擴充到哲學。孟子說:「不明乎善不誠其身矣,」是教人用「明善」的手段達「誠身」的目的。中庸便把牠歸納到「性」「教」二項所謂「自誠明謂之性,自明誠謂之教」中庸拿「性」「教」當作體用看。而誠又看作性之體用,明又看作教之用,凡體不離用,用不離體,所以又說:「誠則明矣明則誠矣」誠何以關係到天人呢?因為宇宙與人生有一種極密切的關係,誠是充滿在宇宙的,却全靠人生去表現出來表現得最圓滿的,就要和「誠」合而為一了,這是一種最高的境界所以說:「誠者不勉而中,不思而得,從容中道聖人也」。如果誠的功夫做得十分充實,那就可以聯宇宙與人生而為一,更分不出那個是宇宙那個是人生了。所以說:

唯天下至誠為能盡其性;能盡其性,則能盡人之性;能盡人之性,則能盡物之性;能盡物之性,則可以贊天地之化育;可以贊天地之化育,則可以與天地參矣。

這種贊化育參天地的思想,孔子未嘗沒有,不過並沒有發揮這樣透澈由孔子而孟子由孟子而中庸便把孔子的思想一步一步的放大了不過裏面有一點我們可以

看準是儒家的思想，不會鬧到老莊的地步的，就是盡性要由己及人由人及物；正接著孟子由誠身而悅親，由悅親而信於友由信於友而獲於上的系統純是一種倫理的看法，絕對不是老莊「人物一體」的思想。這是我對於中庸一點臆見的看法。（參看本書頁三三三。）

次論佛法的思想。佛法的思想在本章第二節已經解釋過現在只拿和李翱復性書有關係的佛法略加論列。李翱所受到的佛法便是禪宗現在單論禪宗。李翱師事藥山惟儼，初見面時便說：「見面不似聞名」藥山笑道：「你又何必貴耳賤目呢？」耳目不過是「我」之一體，「我執」尚宜去，何況執有耳目。又何況貴耳賤目。

門。石頭希遷之師即青原行思，青原行思即六祖慧能之高弟可見藥山隔慧能倘不遠。石頭最器重藥山藥山亦事石頭惟謹。石頭超悟絕倫，在禪宗的地位是極高的所著有參同契，（方士魏伯陽著有參同契、石頭即借用其名。）是他思想的結晶品。藥山便深受到這裏面的影響現在單取參同契重要的地方講述大略，便可以看到禪家思想之一斑。參同契說：

竺土大仙心東西密相付。人根有利鈍，道無南北祖。靈源明皎潔，支派暗流注。執事元是迷，契理亦非悟門門一切境，回互不回互；回而更相涉，不爾依位住。

色本殊質象，聲元異樂苦暗。
火熱風動搖，水濕地堅固眼色耳音聲鼻香舌鹹醋然於一一法，依根葉分布。
本末須歸宗，尊卑用其語當明中有暗，勿以暗相遇當暗中有明，勿以明相覩。
明暗各相對比如前後步萬物自有功，當言用與處事存函蓋合理應箭鋒拄。
承言須會宗，勿自立規矩觸目不會道，迊足焉知路進步非近遠迷隔山河固。
謹白參玄人，光陰莫虛度。（續藏經第二輯第一編）

禪宗本不立文字以心傳心，而為傳法起見，又不得不假文字以助理解。石頭首闡「靈源」之義謂心體靈昭湛然圓滿，一本攝萬殊萬殊歸一本，所以事中有理，理中有事；明中有暗，暗中有明，稍涉偏私便墮謬解，現在請拿同契重要的一二段來解釋。

門門一切境，回互不回互；回互而更相涉，不爾依位住。

攝取世間一切萬象的入口便是眼、耳、鼻、舌、身、意六門，由六門受取色、聲、香、味、觸、法六境，此六境便是和靈源發生關係的總樞紐，要知門門一切境即所以構成一切客觀主觀而有天地間之森羅萬象，此天地間之森羅萬象，結果不出兩途：便是回互不回

回互。回互即相關互意。回互的結果，便一塵可以攝法界法界盡散為一塵。譬如研究一滴的水的性質，非舉全海的水的性質研究盡淨，不能斷定一滴的水的性質。又譬如桌上飛來一點紙片，此紙片何由構成？構成於植物；植物何由生長於地球；地球何由成立於瓦斯體。但此紙片何由而飛來？由於風吹；風吹何由而發生？由於空氣流動；空氣何以流動？由於空氣所受冷熱不均。又風吹的結果，至於發屋拔木；發屋拔木的結果，至於傷人，又影響到都市村落森林道路可見桌上飛來一點紙片，就有了這麼一些關係。不回互的結果，便萬法各住本位法法不相到，法法不相知。譬如耳司聞目司見手司動作腳司行走耳不能代目目不能助耳手忙時腳不能分手之勞腳亂時手不能辨腳之方，所以世界的真相只是回互不回互兩種狀態回互便成一本不回互便生萬殊；回互便是事，不回互便是理，回互便是暗，不回互便是明，總之，回互不回互便是參知道法界有這兩種真相，繞好談到參同契。

本末須歸宗，尊卑用其語。

同便是本，參便是末，窮與本末的究竟，都不能不歸到一個總根源，甚麼是總根源？便是

佛心所謂四大六根，都只是佛心的顯現口之於味，目之於色耳之於聲鼻之於臭，四肢之於安佚，都只是一種佛心惟其天地間一切森羅萬象都只是佛心的顯現所以用不著拿文字去翻譯用不著拿言語去說明，鶯便用牠的嚶嚶的鶯聲燕便用牠的煦煦的燕語。少女便用她的宛轉清脆的嬌啼老嫗便用牠的氣逆哽咽的敗嗄日本人便用他的阿伊烏愛啊，英國人便用他的ＡＢＣＤＥ這就是所謂人籟地籟天籟。又不僅言語文字無論是一動一靜，一飮一啄一聞一見，一思一慮，都莫不如此結果都歸結到佛心這便所謂不回互之中有回互之中有不回互萬殊之所以一本之所以萬殊參之所以同同之所以參更看不出甚麽參同。這不過單就參同契裏面重要的一二點略爲解釋其實此中妙理，何可言說？藥山受到參同契的影響便分惠於李翱，這便是李翱所以作復性書的眞因

再次論老莊的思想。老莊的思想上面已有說明，玆不贅述。李翱看重老莊「萬物一體」的說法便拿牠做復性書的結論其實老莊的思想和佛法的思想和中庸的思想完全不是一件東西李翱把這三種思想打成一團又辨不出那個是那個如何

能夠表現出一種鮮明的主張呢？現在請略論這三種思想的不同處。我以為老莊的思想完全從自然出發，中庸的思想完全從人事出發，佛法的思想完全從心出發，所謂三界唯心、萬法唯識，中庸的思想雖是從人事出發，卻是牠的來勢很大，要慢慢的侵入到佛法的範圍也有一部分侵入到老莊的範圍所以有許多人拿佛老去講中庸的其實中庸的思想完全歸本人事特重倫理和佛老的思想根本不同佛法的思想和老莊的思想更有些處所是惟妙惟肖，簡直分不出那個是哥哥那個是弟弟，所以有老子化胡之說，謂佛教由老子出。這在六朝隋唐以來，道釋之爭論之已晰。（見宏明集）又謂老子之學係受印度系思想之影響，並化出。可笑之極。姚秦而後鳩摩羅什門徒譯求淵澤，每多雜老莊之言，宋代陋僧遂謂佛典純由老莊化出。可笑之極。又有老屬印度系思想之談，非自發之法人多倡是說，日本人亦附和之、所舉理由甚多。但都不值一笑。其實那裏是這麼一回事佛言心外無境，老言「無」生。有生於無。混成、先天地生。物佛言無生法忍，戡破生滅老言久視長生本無死地又何能拿佛老併為一談？所以佛法的思想和老莊的思想又根本不同這樣看來中庸佛法、老莊根本上本非同物又何能在復性書裏相提並論呢？現在請進論李翱復性書上中下三篇的思想。

三六〇

何以說復性書上趨重中庸的精神呢？復性書上完全拿住中庸「喜怒哀樂之未發謂之中，發而皆中節謂之和」兩句話做骨子這兩句話把「性」「情」二字的道理說得最爲透澈中是說性和是說情，性是未發的，無有不善；情是已發的，有善有不善。不過這兩句話，又是奪胎於孟子孟子說：「人無有不善。」又說：「乃若其情則可以爲善矣，乃所謂善也若夫爲不善非才之罪也」這幾句話已經把性情不同的道理抉發無遺。李翺便拿住中庸的話做骨子旁採孟子的話做陪襯所以他說

人之所以爲聖人者性也人之所以惑其性者情也。喜怒哀懼愛惡欲七者皆情之所爲也情既昏性斯匿矣，非性之過也。……雖然，無性則情無所生矣是情由性而生情不自情因性而情；性不自性由情以明聖人者豈其無情耶？聖人者寂然不動……雖有情也未嘗有情也然則百姓者豈其無性耶？百姓之性與聖人之性弗差也雖然情之所發交相攻伐未始有窮，故雖終身而不自覩其性焉。

這段話完全是「喜怒哀樂之未發謂之中發而皆中節謂之和」的註脚，另外加上一點孟子的意思「情不自情因性而情」因爲喜怒哀樂含於未發之中；「性不自性由

情以明」，因為喜怒哀樂見諸已發之和。何以聖人有情而未嘗有情？因為他能保持「未發之中」的狀態，何以百姓情之所發而不自覩其性？因為他不能保持「中節之和」的狀態。何以他這段論「性」的文字骨子裏是就「誠」「明」上發揮所以又他這段論「性」的文字骨子裏是就「誠」字上發揮；是就「明」上發揮所以我說李翺的復性書上完全趨重中庸的精神不過這裏面也雜此禪家的思想譬如他說：「明與昏謂之不同。明與昏性本無有；則同與不同二者離矣夫明者所以對昏昏既滅則明亦不立。」所謂「明與昏，性本無有……昏既滅，則明亦不立」不是「參同契」的思想嗎？這便是復性書上夾七夾八的地方。

何以說復性書中趨重禪家的精神呢？復性書中的精華，就在次列一段：

或問曰「人之昏也久矣，將復其性者必有漸也敢問其方？」曰：「弗慮弗思，情則不生；情既不生乃為正思正思者無慮無思也。」……曰「已矣乎？」曰「未也此齋戒其心者也，猶未離於靜焉有靜必有動，有動必有靜，動靜不息是乃情也。

……問曰：「本無有思動靜皆離；然則聲之來也其不聞乎物之形也其不見乎？」

曰：「不覩不聞，是非人也。視聽昭昭，而不起於見聞者斯可矣。無不知也，無不為也。其心寂然光昭天地是誠之明也。」

這段話完全是些禪談所謂「弗慮弗思」所謂「正思」便與禪家的「無念者正念也」完全吻合。禪以無念為宗恐滯兩邊恐生執著故主無念譬如「齋戒其心」是猶不免執著「靜」的一邊，有靜斯有動，那就仍舊是些「參」「同」而不是「參同契」所以要動靜皆離就是要把動靜的執著都去了才能達到佛心才是所謂「至誠」不過又要知道所謂動靜皆離，並不是不聞不見，而且是「視聽昭昭」就是當視聽的時候毫不起見聞之執著這便是禪家談到佛每說「將來打死與狗了喫」這便是說執著的佛應該打死即打破執著學禪的人遊遍天下名山大川問遍世間高僧法師，卻一點學不到甚麼但一觸禪機便能恍然大悟凡屬禪悟都是如此。禪家表面不立文字其實亦從文字上來，因真正佛教離開文字便無從說所以在先仍要積了許多的多聞熏習的功夫然後能因事見理隨事作觀，隨時悟得，這便是禪的境界。總之以教解禪則處處可通以禪解禪則陷入迷陣不知所云。自來談禪的人大都

不明此理。李翱的禪學功夫卻要超過他的儒學，但他總不肯拋棄他的儒表佛裏的伎倆，所以弄成一個支離破碎其實他的見解卻是超人一等的他知道提出中庸來談哲理，已是不可及況且他於佛老之學都有相當的造就，所以在唐代文弊的時候，他當然要首屈一指他解中庸比人家不同他說：「彼以事解，我以心通。」非有禪學的功夫那能夠做到「心通」的一步不過拿禪學去解中庸，弄到後來宋明一般的理學家都作儒表佛裏的事業，那就不能不怪李翱的始作俑了。

何以說復性書下趨重老莊的思想呢？他在復性書上中二篇已經夾了一些老莊的思想，不過尚不十分顯著而最顯著的便是下篇可以說下篇除了一些不相干的文字外幾乎僅僅只有一點老莊思想他說：

畫而作，夕而休者，凡人也作乎作者，與萬物皆作；休乎休者，與萬物皆休吾則不類於凡人晝無所作，夕無所休作非吾作也，作有物作耶休非吾休也，休有物休耶二者離而不存予之所存者，終不亡且離也人之不力於道者昏不思也天地之間萬物生焉人之於萬物，一物也其所以異於禽獸蟲魚者豈非道德之性乎

老子說「聖人處無為之事行不言之教萬物作焉而不辭。」陸農師註說：「萬物之息與之入而不逆萬物之作與之出而不辭」這就是「作乎作者與萬物皆作；休乎休作者與萬物皆休」之意聖人處無為之事行不言之教所以「盡無所作夕無所休作非吾作也作有物；休非吾休也休有物。」一任自然無為而無不為。不過「作」與「休」二者離而不存；所以老子說：「化而欲作吾將鎮之以無名之樸。」如果以「無名之樸」鎮之那就「化而欲作」者其作也不作其休也不休自然「終不亡且離」了莊子說：「天地與我並生萬物與我為一」可見「人之於萬物一物也」既是人物一體自然休作與共，又那會「亡且離」呢？這是李翺的老莊哲學之發表。不過李翺又是個「儒表道裏」的人所以仍就要回到儒家「人貴物賤」的說法，而提出所以異於禽獸蟲魚之「道德之性」。這又是他的夾七夾八的地方了。

總觀李翺復性書上中下三篇都着重在復性不過說法不同因為中庸提出一個「率性」「盡性」的道理禪家又提出一個「明心見性」的道理道家又提出一個「致

「虛極守靜篤」的道理，李翱想把三種思想糅而爲一，所以結果弄出許多破綻。他想把「復性」的範圍放大些，要叫人人知道宇宙萬物都是走的「復性」的一條路，所以第三篇提出「作非吾作休非吾休」的道理。老子說「萬物並作，吾以觀復夫物芸芸，各復歸其根歸根曰靜是曰復命。」莊子繕性篇說：「繕性於俗學以求復其初。」又說：「危然處其所而反其性」所謂歸根復命所謂復初反性，便是他復性書裏面的神髓。

所以我說他的思想的結論，仍不出老莊的範圍。

總之，李翱的工作，不是儒表佛裏，宋明人的理學，完全是由他開端。最好笑的，他自己是宋明理學家的作俑者，他的先生石頭希遷，藥山惟儼的禪學又是宋明理學家的先生洞山良价的禪學的作俑者。（關於洞山良价的禪學，容後說明。）所以我對於李翱的復性書不得不看重些不過李翱那種態度，我卻是不取的，這也恐怕是受了他的先生韓退之的影響韓退之隱然以傳道者自命想繼續孟子的系統，所以盡力表章中庸率性盡性之說。李翱的道德仁義之說；他便想繼續子思的系統所以盡力表章孟子的道德仁義之說，這種以傳道自命的態度，便是唐代不能出真學者的大原因。

宋明諸哲之人生觀

王充、李翱的哲學,已經開了宋明哲學的端緒,尤其是李翱的復性書所與宋明人的影響更大。宋明人的儒表佛裏儒表道裏的伎倆,比李翱更進步,因此他們對於理學的觀念對於心性的說法,益發攪侗淆亂不可究詰。我們現在要找出宋明人的思想,非先把三宗事預先講明白不可,否則愈講明宋明哲學愈鬧不清。因為宋明哲學比周秦哲學更難研究,更需要充分的準備所謂應講明的三宗事便是一宋明理學家與禪學家的關係;二宋明理學所根據的禪學之重要部分,三理學字義的解釋。現在依次講述。

一 宋明理學家與禪學家的關係

禪宗自唐代慧能另創宗旨以後遂一變印度禪法而為中國獨有之禪。其云禪,亦非禪那〔梵文意云靜慮即止觀也〕之禪,而成般若之禪更不立語言文字專事機悟這種思想和中國人一貫的思想多不期而暗合所以到了宋明人手裏,就發生許多密切的關係。宋儒周濂溪、張橫渠二程、朱、陸以至明儒王陽明,幾乎沒有不是拿禪學做皆景而標榜所謂儒學,幾乎沒有不是先研究禪學許多年然後再求合於儒學。他們暗地裏都結識許多禪師禪友周濂溪的師友更多有說他

曾就學於潤州鶴林寺壽涯的，有說他曾問道於黃龍山慧南及晦堂祖心的；南子。又有說他曾請業於廬山歸宗寺佛印及東林寺常聰的，關係最深。濂溪悟到窗前草與自家生意一般，全是佛印的影響。至與東林的關係更是密切他的太極圖說恐怕也和東林有關之眞妙合而凝，無極而太極直編」說：「穆修又以所傳太極圖、授於濂溪周子。已而周子扣問東林總禪師太極圖說、濂溪太極圖說、無極深覺，東林爲之委曲割論。周子廣東林之語、而爲太極圖說。」又說：「濂溪太極圖說、無極等譽、全是東林口訣也。可參看。他主靜的工夫大半從東林得來。說：『敦頤嘗嘆曰：「吾此妙心、實啓迪於黃龍發明於佛印；然易理廓達、自非東林開遮拂拭無繇表裏洞然。」』他這樣尊重禪學毋怪游定夫竟要罵他是個「窮禪客」據東林門人弘益所紀，張橫渠曾與周濂溪同出東林門下受性理之學；弘益紀卷十二。一日與張子厚等同詣東林論性。聰曰：吾教中多言性、故曰性宗。所謂眞如性法性、性卽理也。有理法界、事法界、理事交徹。理外無事、事必有理。諸子沈吟未決。濂毅然出曰：日。體冲漠、惟理而已。何疑耶。東林性之論、惟我茂叔能橫渠等讚曰：「穆修之論理論。」如果這話可信那就張之學原出於同一的系統。張橫渠與程明道終日講論於興國寺，那時的興國寺是常有禪師主教的，可見張程之學又有一種禪學上的關係。程明道禪學的師授雖不易考見，但他「出入於老釋

者幾十年，」顯傳。也許他禪學上的朋友很不少。高景逸說：「先儒惟明道先生看得禪書透識得禪弊真。」這樣看來，明道的禪學功夫，也許是從自己看書入手的『程伊川之學係從黃龍之靈源得來。歸元直指集說：『嘉泰普燈錄云：「程伊川……問道於靈源禪師，故伊川之作文註書多取佛祖辭意。……或全用其語如易傳序「體用一源，顯微無間。」』此二語出唐清涼國師華嚴經疏。可見伊川和靈源的關係，我們從靈源筆語中又可以看到伊川在紹聖四年以六十五歲被竄於涪州，則與晦堂對見當是紹聖七十六歲入寂，伊川和靈源之師晦堂祖心有對見之事。晦堂在元符三年以四年以前之事這些關係在禪林寶訓中也有說到朱晦庵之學則從大慧宗杲道謙得來。『熹嘗致書道謙（大慧宗杲之嗣）曰「向蒙妙喜（大慧）開示。……但以狗子話時時提撕願投一語警所不逮」謙答曰「某二十年不能到無疑之地後忽知非勇猛直前便是一刀兩段把這一念提撕狗子話頭不要商量不要穿鑿不要強承當」熹於言下有省幷撰有齋居誦經詩」居士分燈錄卷下。後來道謙死時朱晦庵祭以文略曰：「……下從長者問所當務皆告之言要須契悟開悟之語不出於禪，我於是

時，則願學焉。……始知平生浪自苦辛，去道日遠，無所問津。……師亦喜我為說禪病，我亦感師恨不速證……」佛法金湯編卷十五。可見朱晦庵之學是受了大慧道謙最大的影響的。大慧普覺禪師語錄一序說：「朱文公少年不樂讀時文，因聽一聲說禪，直指本心，遂悟昭昭靈靈一著。十八歲請舉時，從劉屛山、屛山意其必留心舉業，暨披其篋，只大慧語錄一帙爾。」這裏面可以看到朱晦庵所受大慧的影響。至陸象山禪學的功夫恐怕比朱晦庵還要深所以「宗朱者詆陸為狂禪。」卷五十宋元學案。陸象山之學是遠宗李翱近繼周程的。李翱復性書說：「東方如有聖人焉不出乎此也南方如有聖人焉亦不出乎此也」陸象山就拿住這段話做他學說的出發點陸曾有一段自白他說：「某雖不曾看釋藏經教然於楞嚴、圓覺維摩等經則嘗見之」象山全集卷二。宋代的禪學大抵憑依楞嚴、圓覺、維摩等經，無怪「天下皆說先生（陸九淵）是禪學」象山全集卷三十四。由陸象山而王陽明禪學的造詣可謂達到百尺竿頭」王陽明也有一段自白他說：「因求諸老釋欣然有會於心以為聖人之學在此矣」王陽明全書卷三。可見他於老釋之學不僅有根柢而且是看得極重的。他的講友湛甘泉是禪門造就最高的，王陽明也許有幾分受到湛甘泉的影響總之宋明理學家表面上都是講儒學，而骨子裏卻是講禪學表面上搬出一些孔子、子思孟

子，而骨子裏卻捧着一些達磨、慧能洞山臨濟所以不明白理學家和禪學家的關係，是不容。易尋出宋明人的思想的。

二宋明理學所根據的禪學之重要部分　上面所述宋明理學家和禪學家的關係，有一部分是根據禪家子弟的記錄，也許不盡可信所以又不能不從宋明理學家所談的理學去觀察，看他是否根據禪學與所根據之禪學屬於何種關於宋明理學家的說明，須作一種比較有系統的紀述否則不容易考見各方面的關係禪有古禪今禪離教說之別，又有五家七宗之不同古禪教乘兼行今禪單傳心印古禪習禪特教今禪離教說禪古禪傳自達磨以至神秀今禪則創自慧能。參看「內學」中所載中國禪學考中有一段云：「禪源詮謂傳法諸祖初以三藏教乘行，後別傳祖師觀機乃特顯宗別傳議曰：苾矣，古禪之與今禪名實相遼也。古禪之與今禪名實相遼也。古之所謂禪者，藉教習禪者也。今之所謂禪者，離教說禪者也。說禪者執其名而遺其實，習禪者因其實而證得其旨。近者遼國詔有司，令義學沙門詮定經錄，世所謂六祖壇經寶林傳等，皆與禁燬。（除其偽妄條例則重修、貞元續錄三卷中載之。）而比世中國所行禪宗章句多淆異端，此所以海東人師疑華夏無人云云。」據佛祖統記其所剖析古禪今禪盡之矣，而遼國又嘗燼其書，則先後之禪殊趣，宋時既已論燦定也。」至論到五家七宗，則皆是慧能以後之「禪」慧能以下，分為青原、南嶽二大系其傳授略如次表。

曹溪慧能
├─ 青原行思—石頭希遷
│   ├─ 藥山惟儼—雲巖曇晟—洞山良价　　曹洞宗
│   └─ 天皇道悟—龍潭崇信—德山宣鑒—雪峰義存
│   ├─ 雲門文偃　　雲門宗
│   └─ 玄沙師備—羅漢桂琛—法眼文益　　法眼宗
└─ 南嶽懷讓—馬祖道一—百丈懷海
    ├─ 溈山靈祐—仰山慧寂　　溈仰宗
    └─ 黃檗希運—臨濟義玄
        興化存獎—南院慧顒—風穴延沼—首山省念—汾陽善昭—慈明楚圓
        ├─ 楊岐方圓—楊岐派
        └─ 黃龍慧南—黃龍派
        臨濟宗

以上為五家七宗。關於各宗的內容因太專門，且不具論。就中以曹洞宗與臨濟宗在中國所生的影響為最大曹洞宗主為洞山良价，（按曹洞乃曹溪洞山之謂，係就洞山紹述曹溪法統言。或云、曹洞指洞山及洞山之嗣曹山而言、非是。）臨濟宗宗主為臨濟義玄，皆產生於唐末因兩宗所尚各有不同，遂養成禪學上二大宗風流衍及於宋代，遂由洞山與臨濟相對立之禪，一變而為大慧宗杲與宏智正覺相對立之禪。大慧宗杲與宏智正覺號稱宋代禪門之二大明星，大慧主臨濟宏智主洞山一似各不相涉但其實不然師臨濟者或竊取洞山之宗義宗

洞山者或效法臨濟之禪風所以在主臨濟之大慧而有看話禪，在主洞山之宏智而有默照禪。要知所謂五宗在宋代實只臨濟一宗，餘宗或歸絕滅，或就衰微雲門宗雖在宋初頗盛但至北宋之末亦就衰弱爲仰法眼則早衰亡惟曹洞宗雖宗風不振，但綿綿延延至於宋末忽臻隆盛終至與臨濟對立由是以觀臨濟一宗，在宋代實佔最大優勢。周、張、程、朱以下幾莫不出於臨濟之門所謂曹洞、臨濟各自有其宗風洞主知見穩實，臨濟尚機鋒峻烈曹洞貴宛轉臨濟尚直截曹洞似慈母臨濟似嚴父。後世評此二宗有「臨濟將軍曹洞土民」之說，很可以看出牠們的不同不過牠們表面上雖有差別實際上并無差別，因為都是把宣揚正法眼藏做主旨的但到了後世，流弊漸多各走極端到了宋代流弊更大在主臨濟之大慧宗杲門下便罵宏智正覺為默照禪，在主洞山之宏智正覺門下，便罵大慧宗杲為看話禪所謂默照禪謂只顧默照枯坐既無發展，又失機用，與真禪相去甚遠所謂看話禪謂只看古人之話頭以提撕學人結果不過為一種揣摩「公案」的功夫，「公案」乃示學人修行之標準者。公案係警語指聖賢理法之總匯、及先代佛祖言行之記錄。也未必能達到真禪但默照、看話兩種禪風，在宋代極有勢力所謂默照看

話，雖出於對手方之譏評，但其中正自有不可企及之點。所以宏智正覺便借用「默照」一語以大揚其宗風而撰有默照銘盡力發揮默照之妙用。大慧宗杲亦借用「看話」一語以標示由看話而精進不懈之美德。於是「宏智正覺的用力處，乃先定而後慧；大慧宗杲的用力處，乃先慧而後定」 此係大慧自評語。 宏智正覺注全力於目的，大慧宗杲則注全力於手段，這便是兩家的不同點。大慧宗杲本出發於臨濟之門，而歸著乃在先慧而後定，是又和洞山宛轉之旨趣相合宏智正覺本出發於曹洞之門而歸著乃在先定而後慧，是又與臨濟尙直截之旨趣相合可見宋代禪門的內容是很不一致的。朱晦庵是親承大慧宗杲的教旨的，所以他的功夫，是先慧而後定是由一本而到萬殊南宋默照看話之二禪風，所以影響於朱、陸者尤大朱晦庵的道問學完全是一種看話的功夫；陸象山的尊德性完全是一種默照的功夫。由是以論可知朱、陸的不同骨子裏便由於他們所根據的禪學之不同。總之，宋代理學家周、張二程以下幾乎沒有不拿禪學做根據的只是他們所根據的禪學之重要部分有細究

之必要以余所見他們所根據的禪學有兩種來源：一洞山良价的五位頌；二臨濟義玄的四料簡。五位頌應用最廣，在曹洞宗不必說即在臨濟宗亦相互採用宋儒的理氣說，大半是受了五位頌的暗示。四料簡也在宋明理學裏面發生不小的影響關於四料簡上面已有說明。參看本書頁二五九。現在請略述五位頌。五位頌專發揮正偏兼的道理。

所謂五位便是：

　　正中偏，偏中正，正中來，偏中至兼中到。

「正」就理體說「偏」就現象說，「兼」屬體相一如的境界。正是平等偏是差別；兼便表示一種中道何謂正中偏？正中偏便是說平等即差別理體即現象蘇東坡有首詩說：「素紈不畫意高哉倘着丹靑墮二來。無一物處無盡藏，有花有月有樓臺」所謂「無一物處無盡藏」便是正中偏的意思何謂偏中正？偏中正便是說差別即平等現象即理體和正中偏是同樣的道理不過立脚點各有不同。一個從理體方面看宇宙，卽一個從現象方面看宇宙何謂正中來？正中來是就理體的妙用說理體不是現象，可是現象的發生不能不靠理體平等不是差別，可是差別的表顯不能不依平等因

為現象界差別界都是從理體界平等界出來的。這就是正中來的妙處。何謂偏中至？偏中至是就現象的功能說現象不是平等，差別不是偏中，但能參平等之化育。因為理體界平等界非藉現象界差別界無由顯現，這就是偏中至的妙處。總上所述四者，如果用心經的話來解釋，第一空即是色；第二色即是空；第三，空即是空第四、色即是色，便顯出四種不同的境界。何謂兼中到？兼中到是說非正非偏，亦正亦偏；空非色亦空亦色，乃超越一切對待的境界到此時旣無煩惱亦失菩提，對於涅槃也不起欣求對於死生也不生厭惡，真是一種圓融無礙的妙境禪家的功夫所以不可企及的就在這一步我們讀洞山的五位頌，不能不佩服他的迥識。偏正的說法雖未免說著迹象，但指示我們對於事理之五種觀法，固自具有一種價值。

和尚亦研究逹四十年之久，可見五位頌固自具有一種價值。
臨濟宗之白隱禪師研究五位頌達三十年之久，曹洞宗之桃水

容雖頗複雜但所受洞山五位說之影響實甚大周濂溪之「無極而太極……一動一靜，互為其根。」偏正。張橫渠之「理一分殊」「兩不立則一不可見其究一而已」中偏

程伊川之「性即是理」

正。呈明道之「性即氣氣即性」「道外無物物外無道。」至。

「有理則有氣」「公則一私則萬殊至當歸一精義無二」，都和五位說發生很密切的關係。朱晦庵之學糅合各方面的見解與五位說的關係更大所謂「未有天地之先畢竟是先有此理」偏正中來。所謂「以為在無物之前，而未嘗不立於有物之後以為在陰陽之外，而未嘗不行乎陰陽之中」偏中至。所謂「有此理後方有此氣」正偏中。「既有此氣然後此理有安頓處」偏中正。伊川的系統偏重「正中來」的後當說明。到了陸象山王陽明的手裏，五位說更運用得極圓、熟。陸象山所謂「此心同此理同」王陽明所謂「心即性，心即理」完全是一種「兼中到」的功夫宋明理學家所受到禪家的影響以表說明略如次式：

正中偏　　周濂溪

偏中正　　張橫渠

正中來　　程伊川　朱晦庵

偏中至　　程明道

兼中到　　陸象山　王陽明

可見洞山的五位說在宋明理學裏面是發生極重大的影響的。臨濟義玄的四料簡，也未可忽視。周、張、程、朱以下，都於四料簡有所揣摩，不過運用得最純熟的，仍就是陸王一派。王陽明的心學，完全是四料簡裏面「人境俱不奪」的境界。以上所述的五位頌和四料簡加上李翺的復性書，便是我所見的宋明理學的淵源。

三 理學字義的解釋

研究宋明理學，尚有一種難關，就是理學字義的混淆。宋明人一面喜歡談禪學，一面又喜歡談老莊，一面又總想不失掉儒家的面目，因此所談的理、氣、心、性、情、欲等等字義就很不一致。任是一個字都含著許多來歷而宋明人又喜歡自作聰明，好與師說立異，因此字義益發混淆。這種風氣恐怕都是由李翺開端。現在我想先拿緊要的字義略爲解釋。

理氣 佛家談理事分別，理屬本體界、事屬現象界，差別界、事以存理以應事。故理事爲對待之名辭執事是迷契理非悟故事理屬一偏之境界。而宋儒言理，每視同渾全之物或予以絕對之稱是與佛家之理完全不同。朱晦庵所云「一理渾然」「太極只是一個理字」程伊川所云「心也、性也、天也、一理也。」伊川主張理一元論。這不都

是渾全的「理」嗎？又宋儒以理為實物更與佛家之理相反。朱晦庵說：「人之所以生，理與氣合而已天理固浩浩不窮，然非是氣則雖有是理而無所湊泊，故必二氣交感，凝結生聚，然後是理有所附著」又說：「止此氣凝聚處理便在其中」又說：「理與氣決是二物；但在物上看，則二物渾淪不可分開各在一處，然不害二物之各為一物也」可見他是把理當作實物的。又宋儒以勢言理更完全是一種臆說。朱晦庵說：「凡物有心而其中必虛，人心亦然止這些虛處便包藏許多道理推廣得來蓋天蓋地莫不由此。此所以為人心之好歟。理在人心是謂之性。心是神明之舍，為一身之主宰性便是許多道理得之天而具於心者。」這是完全把理當作一種勢當作一種意見，如尊者以理責卑長者以理責幼貴者以理責賤戴東原說：「苟舍情求理，其所謂理無非意見也。未有任其意見而不禍斯民者。」〔孟子字義疏證卷上〕可謂洞察宋儒言理的害處。又宋明儒者創為天即理性即理心即理之說言各不同更令人陷入迷陣。程朱好言天即理，陸王好言心即理，都夾入許多老莊禪家的思想，你又從那裏去找出他們的面目呢？程朱言天即理、性即理是拿老莊禪家的思想裝入儒家的思想；陸王言心

即理，是拿儒家的思想裝入老莊禪家的思想程朱的天即理、性即理，是一種由外而內的境界；陸王的心即理，是一種由內而外的境界。戴東原說：「理也者情之不爽失也；未有情不得而理得者也……情得其平，是爲好惡之節，是爲依乎天理之義則未至於同然存乎其人之意見，非理也非義也」又說：「心之所同然始謂之理謂之義則未至於同然存乎其人之意見，非理也非義也」（詳細說明見後。）俱見孟子字義疏證。這才是「理」的正當解釋。這和宋明理學家所說的理要相差多少遠啊！孔孟的思想注重人事注重倫理，何能與老莊禪家的思想併爲一談所以孔孟的理，既不是禪家理法界事法界的理也不是老莊「真君」「真宰」的理，又不是宋明儒者所解釋的渾全的理、意見的理，以及一切心性的理以上是就理、說。至論到氣也是個很複雜的問題王充好講氣、形命已經開了宋儒講氣、形命的端緒物衡齊世篇說「天一地並生萬物萬物論齊世篇說「稟氣一氣。」又訂鬼篇說「天人所不小。」不過王充是屬於道家的系統所以講氣形命而不講鬼神由王充推而上之，則爲西漢經今文學家好講陰陽五行又推而上之，則爲洪範言「五行」周易言「陰陽」中庸言「鬼神」除氣以生者，陰氣也。陰氣生爲骨肉、陽氣生爲精神。」又自然篇說「稟氣一元論。」這些說法，影響於宋儒的氣稟說及氣一元論不一，安能皆賢」

三八○

形命之外，還要講到鬼神，這都是孔孟以後的儒家的思想，這都不是孔孟的思想至於宋儒好講氣形命和鬼神那更與孔孟的思想隔遠了宋儒言陰陽必推本太極周濂溪說「太極動而生陽靜而生陰」朱晦庵解釋道「太極形而上之道也陰陽形而下之器也」又說「天地之間有理有氣。理也者形而上之道也，生物之本也。氣也者形而下之器也，生物之具也。是以人物之生必稟此理，然後有性。稟此氣，然後有形。」周濂溪的說法尚是一元論若朱晦庵的說法便傾向二元論了張橫渠言虛與氣表面上似二元，實際上仍是一元他不是由無而有的思想，他是由有而無的思想。張橫渠說：「氣之聚散於太虛猶冰凝釋於水。」又說：「氣之為物散入無形，適得吾體聚為有象，不失吾常太虛不能無氣，氣不能不聚而為萬物，萬物不能不散而為太虛。」這完全是一種「氣一元論」張橫渠由氣說到虛是由有而無；周濂溪由無極而太極是由無而有。所以周濂溪是「正中偏」的思想，張橫渠是「偏中正」的思想。程明道主張「性卽氣氣卽性」也是「氣一元論」的說法不過和張橫渠又有不同張橫渠是「偏中正」的思想他卻是「偏中至正」的思想程明道說：「自家元是天然完全自足之物；若無

所污壞即當直而行之；若有污壞即敬以治之，使復如舊所以能使如舊者蓋爲自家本質元是完足之物。」程明道拿住「自家本質元是完足」的思想去看宇宙所以看靈差別相所以看重氣這和來布尼疵的單子論有些相髣髴之處。一個單子就是一個宇宙的縮圖表現自己所以說「自家本質元是完足」程明道惟其看重差別看重小的本體，所以說「地亦天也」又說：「今所謂地者特於天中一物爾」可見他對於「地」的看法是和人家不同的尼采的思想也是看重「地」的所以都是「偏中至」的系統程明道把一切萬物都做氣不過有偏正的不同所以說：「人與物但氣有偏正耳獨陰不成獨陽不生得陰陽之偏者爲鳥獸草木夷狄受正氣者人也。」可見他說的都是「氣一元論」宋儒凡愛講氣的總要講到鬼神張橫渠說：「鬼神，二氣之良能也」程明道說「天地萬物鬼神本無二」程伊川說：「鬼神天地之功用而造化之迹也」朱晦庵說「以二氣言則鬼者陰之靈也，神者陽之靈也。以一氣言則至而伸者爲神反而歸者爲鬼」可見宋儒說氣總是要說到鬼神。朱晦庵「二氣」的說法是從張橫渠得來。張橫渠說：「物之初生氣日至而滋息；物生既盈氣

日反而游散至之謂神，以其申也反之為鬼，以其歸也」又可見朱晦庵的思想是糅合各方面的思想而成功的總之宋儒好言氣，好言鬼神，根本與孔孟的思想相左。孔子所謂氣是「配義與道」是「集義所生者」純就人事上說那裏是宋儒那種虛無漂渺的說法呢？孔孟的思想並沒有談到理氣的區別，宋儒因受了禪家﹝禪家談偏正、談理事分別、皆是。﹞的所以說：「誠者聖人之本大哉乾元萬物資始誠之源也乾道變化各正性命純粹至善者也」他是把性當作誠看作「純粹至善」的就是說誠超越善惡然則善惡怎樣起來的呢？曰：起於幾所以說「誠無為幾善惡」﹝誠是幾微的意思。體者，動之微。動有為、幾、便是、有無之微。﹞這是他性論的根核可見他完全是從「正中偏」的際。所謂「誠無為，幾善惡、」便是「無一物處、無盡藏」之意。思想，便是「無一物處、無盡藏」之意。

心性情欲

宋明人論心性情欲的不同，也是很細密的各家有各家的說法而言之皆能成理，你又如何分得清楚呢？現在我還是用五位法觀察他們的不同點周濂溪好講無極太極關於心性的議論很少他是看重一個誠字專從靜止一方面著眼和道家﹝無道家相對。﹞的暗示，遂創為理氣之說。﹝樂記天理人欲之說，也有關係。﹞學者更轉相傳授於是氣之辨，遂一發而不可遏而孔孟的真精神，也就湮沒不彰了。

的思想來的。他也講到欲，不過他不主張寡欲，他主張「無欲」聖學篇說：「聖可學乎？曰可。有要乎？曰有。請聞焉。曰：一為要。一者無欲也。無欲則靜虛動直，靜虛則明，明則通；動直則公，公則溥。明通公溥庶矣乎！」這種議論，不完全是「正中偏」的思想嗎？張橫渠的看法便不同了。他是着重在氣的。他說：「由太虛有天之名，由氣化有道之名，合虛與氣有性之名，合性與知覺有心之名。」可見他的心性說都和氣有關係。他要由氣說到虛，由「太虛演為陰陽」說到「由陰陽復歸太虛」。因此建立一個「天地之性與氣質之性」。他總要人家由氣質之性反到天地之性，所以他說「形而後有氣質之性，善反之則天地之性存焉。故氣質之性，君子有弗性者焉。」又說：「性於人無不善，繫其善反與不善反而已。」他所以別立一個氣質之性因為他的思想是從氣出發，便是從「偏」出發，所以又要反到天地之性，便是「偏中正」的思想。他的天地之性與氣質之性的說法，也許是本之楞嚴經。楞嚴經第四說：「世間諸相雜和成一體者，名和合性；非和合者，稱本然性。本然非然，和合非合；合然俱離，離合俱非。」張橫渠便借着這段思想大發其議論。他說：「知太虛即氣則無無。故聖人語性與天道之極盡於參

伍之神變易而已，諸子淺妄有有無之分，非窮理之學也」他由氣質之性說到「變化氣質」以為變化氣質則與虛心相表裏不至為氣所使，不至走入於「氣之偏」所以說：「人之剛柔緩急有才有不才氣之偏也天本參和不偏」養其氣反之本而不偏則盡性而天矣」他這種變化氣質說影響於程朱不小程明道也看重氣可是他的思想，比張橫渠更進一步因為他是主張「偏中至」的他說：「生之謂性即氣氣即性，生之謂也。」張橫渠尚痛罵「以生為性」的，且張橫渠說。「以生為性，既不通晝夜之道，故告子之妄不可誣。」卻逕直的主張「生之謂性」了。可是他說的「生之謂性」和告子說的「生之謂性」大有不同告子說「生之謂性」是就「生」說，他說「生之謂性」是就「氣」說即異於說「氣之謂性」善惡由於氣稟不同而氣即是性所以說：「善固性也，然惡亦不可不謂之性也」普通人把「性」說得太玄妙，他卻老實的說：「人生而靜以上不容說纔說性時，便已不是性也」這是說談到性時便已不是性乃是氣可是專談氣不談性又恐易於混淆於是不得不取「生」為「性」之界說所以他說：「論性不論氣不備論氣不論性不明二之則不是」這完全是一種「偏中至」的看法到了程伊川的手裏這種

心性的看法便完全變了。程伊川和程明道正走的相反的一條路。程明道處處着重在氣，程伊川便處處着重在理。一個主張「氣一元論」一個便主張「理一元論」一個便是「偏中至」的思想，一個便是「正中來」的思想。關於心性的說法到了程朱的手裏，便複雜起來了。程伊川說：「心也性也天也一理也。自理而言謂之天，自稟受而言謂之性，自存諸人而言謂之心」又說：「在天為命，在物為理，在人為性，主於身為心其實一也」。這完全是「理一元論」的說法。他也好講氣質之性可是他的講法和張橫渠大不同因為張橫渠的思想是從「氣」出發他也是從「理」出發的。張橫渠說氣質之性是實有的，所以要人家「善反」程伊川說氣質之性是幻有的根本不成其為性。因為「性出於天」「性即是理」性沒有不善的，又何必講到「善反不善反」呢？孔子說：「性相近也習相遠也」程伊川解釋道：「此言氣質之性非言性之本也若言其本則性即是理，理無不善孟子之言性善是也，何相近之有哉？」這段話是把孟子和孔子拆開。程伊川自己先立定一個「理一元論」的主張，遇到孟子說性善便說是性之本遇到孔子說性相近便只好說是氣質之性。朱

晦庵也附和其說這不是拿程朱解孔孟乃是拿孔孟解程朱，這是何等可笑的伎倆啊！孔孟的思想專注重人事，程朱的思想專發明天理，又何能併為一談？孔了言性相近，孟子言性善，都是就人性說，並非就天理說，有甚麼「性之本」與「非性之本」的區別呢？陳澧有一段話說得好，他說：「性善之說與性相近習相遠正相發明。心之所同然者何也？謂理也義也。聖人先得我心之所同然耳。性相近也富歲子弟多賴，凶歲子弟多暴非天之降才爾殊也，其所以陷溺其心者然也。所欲有甚於生者，所惡有甚於死者性善也。非獨賢者有是心也人皆有之性相近也賢者能勿喪耳。習相遠也雖存乎人者豈無仁義之心哉。性善也平旦之氣其好惡與人相近也者幾希。性相近也梏之反覆，則其違禽獸不遠矣習相遠也孔孟之言若合符節也」東塾幾乎？如堯舜性者也湯武反之也湯武之性不善，安能反之以至於堯舜耶？湯武可以反之卽性善之說也；湯武之不卽為堯舜而必待於反之卽性相近之說也。孔孟之言一也。」知錄卷七。又崔述說：「大抵……程子之論其於性皆實有所見，而措語皆不能無

又衞嵩說：「孔子所謂相近，卽以性善而言若性有善有不善，其可謂之相近

疵。謂有理義之性，有氣質之性，何若謂有性之理義，有性之氣質，不分性而二之之為善也謂上焉者善下焉者惡，亦何若孔子以知愚分上下之為得宜也。學者當取信於孔孟之言，不必以先儒之說為疑也」孟子事實錄卷下。這樣看來，孔孟的性論自成一個系統又何可厚孟而薄孔呢？不免改頭換面矣。出已說以贊孟子，而性善之旨，亦去實踐。近人崔適說：「程朱之言性也，援孟子以繩孔子，而性近之旨，謂性也。」論語足徵記。也是說程朱有意厚孟薄孔。程伊川、朱晦庵「截氣質為一性言義疏證卷三。戴東原孟子字君子不謂之性截理義為一性別而歸之天以附合孟子」君子不謂之性截氣質為一性言君子有弗性者焉」是維護「偏中正」的系統；這都是一種自護的手段。張橫渠謂「氣質之性君子不謂之性」是維護「正中來」的系統，程朱「截氣質為一性言君子有弗性者焉」是維護「偏中正」的系統。朱晦庵關於心性情欲的講法比周張質之性，和張橫渠所說的氣質之性又有不同。朱晦庵關於心性情欲的講法比周張二程都要細些不過他仍舊是接著程伊川的系統他也抱定「性即理」的主張他說：「性即理也」一語，自孔子後無人見得到此伊川此語直是顛撲不破。性即是天理，那得有惡？」可見他把程伊川看作孔子後第一人。程伊川好講氣質之性他便擴大為「人心道心」之說亞夫問「氣質之說起於何人？」朱晦庵說：「此起於張程某以為極

有功於聖門，有補於後學」他拿住氣質之說專做此「有功聖門」「有補後學」的工作，完全出於張程的暗示。他在中庸序上說「心之虛靈知覺一而已矣而以為有人心道心之異者則以或生於形氣之私，或原於性命之正而所以知覺者不同是以或危殆而不安或微妙而難見耳然人莫不有是形，故雖上智不能無人心亦莫不有是性故雖下愚不能無道心二者雜於方寸之間而不知所以治之則危者愈危，微者愈微，而天理之公卒無以勝夫人欲之私矣」這段話注重在統制人心回向道心尅去人欲之私以彰天理之公便是說要由「氣質之性」見到「本然之性」這種見解所受張程的暗示很不小不過他和程伊川所講的氣質之性畢竟與張橫渠有別便是張橫渠的氣質之性，專就氣言他和程伊川卻是以理雜氣而言。川就這點而論，他和程伊川都有理氣二元論的色彩。不過朱晦庵理氣二元論的色彩更濃。

他講心講情欲，也是從張程得來；可是比他們講得更細程伊川說：「主於身為心」張橫渠說；「心統性情者也」他便拿住這點發揮心性情欲的關係他說：「性是未動情是已動心包得已動未動。」又答張敬夫的信，說：「心者所以主於身而無動靜語默之間者也立其靜也事物未至思慮未萌而一性渾然道義全具

三八九

東西哲學對於人生問題解答之異同

其所謂中，乃心之所以為體，而寂然不動者也。及其動也事物交至思慮萌焉，則七情迭用，各有攸主其所謂和，乃心之所以為用，感而遂通者也」這兩段話裏面所說的已動未動所說的中和固然雜些周易中庸的思想，但骨子裏何嘗不是受了程伊川的暗示？不程伊川說：「天下之理，原無不善。喜怒哀樂之未發，何嘗不中節，然後為不善。」他又講到欲也夾些程伊川的議論。稟之伊川說欲由於氣，朱晦庵亦然。關於心性情欲，他有一段最精切的譬喻說：「心譬水也，性則水之理也；性則水之靜，情則水之動，欲則水之流而至於泛濫者也」總之，他的思想大半是接著程伊川的系統所以我說他是偏重「正中來」的。他本有「理氣二元論」的嫌疑、不過我看他仍注重「理一元論」。 至講到陸象山、王陽明關於心性的看法那簡直是另外一種法門既和張橫渠程明道的「氣一元論」有別，也和程伊川朱晦庵的「理一元論」不同他們不講理氣的區別，更不講人心道心與天理人欲的差異論到心性情欲的關係，他們差不多看作是一件東西所以陸象山說：「心一心也，理一理也；至當歸一精義無二。」陸象山的此心此理實不容有二。故夫子曰吾道一以貫之。孟子曰夫道一而已矣。」陸象山的說法果然是高妙可是牽扯到孔子的一貫孟子的道一就不知他玩的甚麼法寶，王

陽明之學雖多少和陸象山有關係，卻是比陸象山高多了。他也主張「心卽理」，可是比陸象山說得精切他說「理一而已以其理之凝聚而言謂之性；以其凝聚之主宰而言則謂之心；以其主宰之發動而言則謂之意；以其發動之明覺而言則謂之知；以其明覺之感應而言則謂之物。故就物而言謂之格就知而言謂之致就意而言謂之誠就心而言謂之正正此也誠者、誠此也致者致此也格者格此也皆所謂窮理以盡性也天下無性外之理，無性外之物」答羅整庵書。又說「身之主宰便是心心之所發便是意意之本體便是知意之所在便是物......所以某說無心外之理，無心外之物」傳習錄上。又說「夫物理不外於吾心外吾心而求物理，無物理矣遺物理而求吾心，吾心又何物耶？心之體性也，性卽理也......外心以求理，此知行之所以二也求理於吾心此聖門知行合一之義。」答顧東橋

王陽明拿住「心卽理」「性卽理」去講良知，去講知行合一的哲學宜乎根柢要比別個厚些。不過他講良知表面上講的是心卽理，性卽理骨子裏卻是講的心卽禪性卽禪。他的詠良知的詩說道：「莫道聖門無口訣良知兩字是參同」所謂「參同」不是石頭希遷的禪的境界嗎？他答陸元靜的書，

說道:「良知者心之本體,卽前所謂恆照者也。」又答南元善的書說道:「良知之昭明靈覺圓融洞澈廓然與太虛同體」又答鄒謙之的書說道「良知二字真吾聖門正法眼藏。」把良知講作「恆照」與宏智正覺的「默照」又有甚麼區別呢?宏智正覺的默照謂良知「圓融洞澈」「真吾聖門正法眼藏」這完全是援儒入禪的伎倆那裏是講孔孟的心性呢?顧炎武謂『論語一書言心者三曰「七十而從心所欲不踰矩」曰「回也其心三月不違仁」曰「飽食終日無所用心」而獨見於孟子夫未學聖人之操心而驟語夫從心此卽所謂飽食終日無所用心而旦晝之所爲有梏亡之者矣』日知錄卷十八。孔子明明叫人「用心」那裏是王陽明所說的「恆照」呢?孟子更把心說得透澈他以爲「心之官則思思則得之不思則不得也」又那裏是王陽明所說的「心自然會知」呢?宋明儒者喜飾易傳何思何慮之說,以不假思索爲自然、默坐澄觀爲證道,都是些援儒入釋的伎倆。他論善惡也利人家不同黃直問他道:「先生嘗謂善惡只是一物,善惡兩端如冰炭相反,如何謂只一物?」王陽明答道「至善者心之本體。本體上才過當些子便是惡了。不是有一個善卻又有一個惡來相對也故善惡只是一物」可見他論善惡,

和程朱比較起來，另是一個境界。他論七情，比論善惡更是玄妙。陸原靜問他道：「昔周茂叔每令伯淳尋仲尼顏子樂處，敢問何樂也？與七情之樂同乎否乎？若同則常人之一遂所欲皆能樂矣何必聖賢若別有真樂則聖賢遇大憂大怒大驚大懼之事，此樂亦在否乎？且君子之心常存戒懼是蓋終身之憂也惡得樂？……今切願尋之」王陽明答道：「樂是心之本體，雖不同於七情之樂，亦不外於七情之樂雖則聖賢別有真樂而亦常人之所同有但常人有之而不自知反自求許多憂苦，自加迷棄。雖在憂苦迷棄之中而此樂又未嘗不存但一念開明反身而誠則即此而在矣」王陽明對情欲的說法幾乎比禪家還要細無怪日本的禪宗竟雜入陽明之說弄成一種反客爲主的局面。李翺說：「視聽昭昭而不起於見聞斯可矣。」書復性中。這不是「雖不同於七情」「亦不外於七情」嗎？臨濟義玄的四料簡最後一種境界是「人境俱不奪。」參看本書頁二六〇。這不是「聖賢別有真樂而亦常人之所同有」嗎？常人對於七情常起執着，故爲七情所困其實執着一去又有甚麼困縛呢？所以說：「常人有之而不自知，反自求許多憂苦，自加迷棄。雖在憂苦迷棄之中，而此樂又未嘗不存。」天台宗言三

東西哲學對於人生問題解答之異同

三九三

止三觀，三觀者空、假、中。三止者體眞方便隨緣、息二邊分別。其意欲融通三觀，逐事見眞，隨法皆見實相、般若，乃至一花一葉無非中道這種思想很與禪宗的思想相通賢首宗言事事無礙似更進於天台 中觀、約當華嚴的理事無礙法界。天台的假觀、約當華嚴的事法界。但華嚴的更進一步，要談到事事無礙法界。其言一攝一切，亦多與禪家的思想相合。不過牠們都只就總相言並沒有顧到別相的無量三昧似乎還要輸禪學一籌。王陽明的禪學像很能見到這步所以談心性談七情談得異常透澈雖然所談的心性情欲，不是孔孟的心性情欲，可是比孔孟談得精細所以我說他完全是一種「兼中到」的功夫。宋明理學家關於心性情欲的看法大略如上。總之從五位說觀察他們思想的不同，總可以找出幾分眞相。宋儒多援釋入儒，明儒多援儒入釋，都不是孔孟的思想宋儒明儒所談的理氣心性也夾入許多道家的說法，可是他們表面上都不承認，並且還加以譏評正如譏評家一般。宋儒學問最博的是朱晦庵明儒識解最高的是王陽明。現在請略述他們兩人的人生哲學。

朱熹　朱晦庵的哲學，可以說是集周張二程之大成。他的哲學所以帶有理氣二

元的色彩，也就因為他學問的方面太廣闊他做學問的方法，是本着大慧宗杲的教旨先慧而後定宋史敍朱晦庵為學謂「大抵窮理以致其知，反躬以踐其實，而以居敬為主」傳朱熹所謂窮理與居敬便是慧與定的功夫朱晦庵借大學「格物致知」一段發揮先慧後定的道理他說：

所謂致知在格物者，言欲致吾之知，在即物而窮其理也蓋人心之靈，莫不有知，而天下之物，莫不有理惟於理有未窮，故其知有不盡也是以大學始教必使學者即凡天下之物，莫不因其已知之理而益窮之，以求至乎其極；至於用力之久，而一旦豁然貫通焉則衆物之表裏精粗無不到，而吾心之全體大用無不明此謂物格此謂知之至也 大學補傳。

自來講「格物致知」的，不知有多少家，可是沒有不借「格物致知」四字來維護自家的系統朱晦庵是做先慧後定的功夫的所以把格物解作「窮理」是主張「致知在格物」王陽明是做先定後慧的功夫的所以把格物解作「事事物物皆得其理」髣髴是主張「物在致知」。 王陽明答顧東橋書說：「鄙人所謂致知格物者，致吾心之良知於事事物物也⋯⋯致吾心所謂致知之天理於事事物

朱晦庵把「格物」的格字解作「至」字，便是說：「窮至事物之理，欲其極處無不到」，是由此處往彼處的意思王陽明把「格物」的格字解作「正」字如孟子「格君心之非」之格，便是說「意誠則心自正」，是由彼處來此處的意思我以為兩家的說法都可以成立但不過表示兩家系統的不同，卻都不是大學上「格物」的本意本來大學一書和孔子的關係很淺也不是曾子自己所作。或者是曾子的私淑者本曾子之意為之因為曾子主修身主忠恕，而大學謂「自天子以至於庶人壹是皆以修身為本」也有幾分像曾子的口氣關於「格物」的話本來不容易講明。如果拿曾子的思想解釋格物，或者要算王陽明的弟子王心齋的解釋比較妥當些他說：「格如格式之格，即後絜矩之謂吾身是個矩，天下國家是個方；絜矩則知方之不正也是以只去正矩，卻不在方上求。矩正則方正矣方正則成格矣。故曰物格。由矩之不正而知方之不正，由方之不正而知矩之不正也其本亂而末治者否矣一句，便見絜矩格字之義」又說：「修身立本也；立本安身也後文引詩釋止至善曰緡蠻黃鳥，止於丘隅，知所以

安身也。孔子嘆曰：於止知其所止，可以人而不如鳥乎？要在知安身也。易曰：君子安其身而後動又曰：利用安身又曰：身安而天下國家可保孟子曰：守孰爲大守身爲大。失其身而能事其親者，吾未之聞同一旨也。把格物解作安身保身雖似奇特，但和曾子啓手啓足用意卻不相背所以我認這種解釋或者比較妥當些現在還是回到朱晦庵的格物朱晦庵的格物，完全是本着程伊川「今日格一件明日又格一件」的精神和近代科學上歸納的研究法很相似他這種說法，影響於中國學術界很不小。後來由明而清，有許多看重知識看重考證的學派可以說大半是受了這種格物說的暗示朱晦庵一面主張格物換句話說，一面又主張居敬。這也是程伊川「涵養須用敬進學則在致知」的精神。朱晦庵更把這個道理推闡出來說道：

學者工夫，唯在居敬窮理二事。此二事互相發能窮理則居敬工夫日益進，能居敬則窮理工夫日益密譬如人之兩足，左足行則右足止，右足行則左足止。朱子語類。

窮理是就「知」說居敬是就「行」說所以他關於知行也是同樣的看法。他說：

又說：

知行常相須，如目無足不行，足無目不見。論先後，知為先；論輕重，行為重。 朱子語類卷二

又說：

聖賢說知便說行。大學說如切如磋，道學也；便說如琢如磨，自修也。中庸說學問思辨便說篤行。顏子說博我以文謂致知格物；約我以禮謂克己復禮。 同上

不過朱晦庵終究是把「知」看得最重要的所以他說：

萬事皆在窮理後經不正理不明，看如何地持守也只是空。

又他答項平父的信說道：

子思以來教人之法，惟以尊德性道問學兩事為用力之要。今子靜所說，專是尊德性事；而某平日所論卻是問學上多了。

可見朱晦庵的工夫，是先知而後行先窮理而後居敬和大慧宗杲先慧後定的工夫，正是同樣的次第大凡天資稍鈍的人工夫總要牢實些世間的大科學家都是用的笨工夫笨自有笨的好處。有許多人本可望前途有大成就，但結果往往失望這就原於不笨。因為要笨才肯幹人家所不能幹和不願幹的事業朱晦庵一生的成就完全

是笨的結果，也可說是笨的報酬他答江元適的信說道：「熹天資魯鈍，自幼記問言
語不能及人」又答何叔京的信說道：「熹少而魯鈍，百事不及人」他惟其常作「百不
及人」之想所以肯專心壹意做「困學」的工夫（他撰有困學詩又嘗以困學名其燕坐之室）但到得後來，
豈知他所謂百不及人之處，正是他大過人之處他臨死的時候精舍諸生來問病他
勉強起坐說道：「諸君遠來，然道理亦止是如此但相偶率下堅苦工夫牢固著足
方有進步處」（朱子年譜卷四）所謂堅苦牢固，便是笨人的口吻這便是朱學成就的大原因朱
晦庵一生的發明很少大學孟中庸所以並重也是由程伊川開其先路居敬窮理
的功夫這也就是他「堅苦牢固」的恩賜他常說：「聖賢道統之傳散在方冊聖經之
旨不明，而道統之傳始晦。」（宋史朱熹傳）他把孔子以前的方冊設法溝通把孔子以後的
方冊又設法訓釋以完成一個道統一面又要不失掉自己的思想並且進一步把自
己的思想安排到古書上去這便是朱子所以成為朱子的神髓他既抱定了這樣的
宏願所以不得不拿住「堅苦牢固」的精神他這種精神的最大表現便是讀書他說：

為學之道，莫先於窮理；窮理之要，必在於讀書。欲窮天下之理，而不卽經訓史册以求之，則是正牆面而立爾此窮理所以必在乎讀書也……此數語者皆愚臣平生為學艱難辛苦已試之效竊意聖賢復生所以教人不過如此。甲寅行宮便殿奏劄。

這是朱晦庵的自白朱晦庵一生本沒有多大的發明，可是「讀書」一事不能說不是他一種最大的發明。黃梨洲說：「自周元公主靜立人極開宗明道以靜字稍偏不若專主於敬然亦唯恐以把持為敬有傷於靜故時時提起伊川則以敬字未盡益之以窮理之說；而曰涵養須用敬進學則在致知」宋元學案卷十六。這段話很能抉出各家的面目。不過朱晦庵更覺得窮理猶是空泛之談，所以又益之以讀書之說，可見宋儒治學的系統是由靜而敬由敬而窮理，由窮理而讀書，於是學問始趨於平實所以他說：「近日學者病在好高論語未問學而時習便說一貫。孟子未言梁惠王問利便說盡心。易未看六十四卦便讀繫辭。此皆躐等之病。」又說：「聖賢議論本是平易今推之使高鑿之使深」可見他最看重平實的功夫。一般人講朱子之學都只講到窮理卻沒卻了他一段讀書的精神朱子在中國哲學史上的地位好像康德在

西洋哲學史上的地位一般。朱子是中國哲學之集大成者康德便是西洋哲學之集大成者。康德哲學的特點是本務觀念，朱子哲學的特點是讀書功夫現在試將兩人的類似點約表如左：

	哲學說	心理說	倫理說		特異點
康德	趨向「現象物如二元論」	純粹理性（理智）實踐理性（情意）	無上命法	排「感性」之格尊重說	道德律（本務觀念）
朱熹	趨向「理氣二元論」	道心（理智）人心（情意）	天即理性即理	統制「人心」之禁欲說	窮理說（讀書功夫）

朱晦庵所以能看到讀書一步，固然有幾分是大慧宗杲的看話頭參公案的功夫，但也就是他笨的效果。我們從這裏面又可以看到他的人生觀，可以說他是一種「笨的人生觀」和陸象山的「聰明的人生觀」正相反對。他惟其太笨所以註六經；陸象山惟其太聰明所以說「六經註我。」朱陸所以異同，這是一個大關鍵。有許多人因為朱子主敬，遂撰為朱陸早異晚同之說，殊不知笨人的主敬和聰明人的主敬完全不

東西哲學對於人生問題解答之異同

四〇一

同趙東山的對江右六君子策，程篁墩的道一編，王陽明的朱子晚年定論，把朱陸強而同之，完全是一種私見宜乎羅整菴有困知記之作，而陳清瀾有學蔀通辯之編嚴格論之，朱陸的造就，同是禪家的影響，不過用力的先後各有不同，朱做先慧後定的功夫，陸便做先定後慧的功夫，朱受看話禪的影響，陸便受默照禪的影響，朱是援釋入儒的工作，陸是援儒入釋的工作，這便是我所見的朱陸的異同。

王守仁

王陽明是接著陸象山的系統做「默照」的功夫的，卻是比陸象山的境界要高，他雖然根本致力於禪家、道家，卻是所受到宋儒的影響也不小，尤其是所受到程伊川的影響最大。程伊川說：「知之深則行之必至。無有知之而不能行者，知而不能行，只是知得淺，飢而不食烏喙，人不踏水火，只是知人為不善，只是不知。」卷遺書十

又說：「聞見之知，非德性之知。物交物則知之，非內也，今之所謂博物多能者是也。德性之知，不假見聞。」後遺書智卷及二性十得五，佛伊性川，修主得德佛性性知者，見尤聞其，是講見聞知的佛教之根本智

五。伊川主德性知見聞，其講見聞知的佛教方法，分智靜智坐、用敬、致知三段，似與佛教戒定慧三學俱富，可知伊川受佛法影響甚深。

王陽明的知行合一說，何嘗不是從程伊川得來。王陽明專提倡德性之知，所以不看重聞見。關於知行合一的說法，雖人各不同，而

以王陽明所說的為最警策他說：

如好好色如惡惡臭見好色屬知，好好色屬行。只見那好色時已自好了，不是見了後又立個心去好。聞惡臭屬知，惡惡臭屬行。只聞那惡臭時已自惡了，不是聞了後別立個心去惡。如鼻塞人雖見惡臭在前鼻中不曾聞得，亦不甚惡，亦只是不曾知臭。就如稱某人知孝，某人知弟，必是其人已曾行孝行弟，方可稱他知孝知弟，不成只是曉得說些孝弟的話便可稱為知孝弟。又如知痛，必已自痛了方知痛；知寒了知飢必已自寒了知飢了。 傳習錄上。

又說：

知是行的主意，行是知的功夫，知是行之始，行是知之成。 傳習錄上。

又答顧東橋的書說道：

知之真切篤實處即是行；行之明覺精察處即是知。知行工夫本不可離。

王陽明的知行合一說和詹姆士的主意說有許多互相發明之處。姆士人北哈吟吉譯層的實用主義（Pragmatism）為知行合一論。詹姆士以為真理都是起於主觀的情意並不根於客觀的思考。無論數

學物理化學等等真理的背後都有一種情意存在宇宙的真理，就是我們人類情意上承認宇宙可以如此解釋的，所以一切具有理性的哲學科學都有非理性的情意包含在內。這種見解，和王陽明所說的「知是行的主意行是知的功夫」不正遙相映照嗎？從來心理學界每喜持知、情、意三分法之說，實則自我看來，心理的區分只是多事，如必欲分析只可分成能動受動二方面，能動是情意，受動是知，換句話說能動是行，受動是知。由能動與受動合成心的全體，由知與行合成生活的全體。至於情與意，更完全不能分析，因為同屬行的範圍。如必欲分別立言，或者可說某種心的要素所含的情的成分多或意的成分多，而決不能看作彼此沒有關係，即知與情意，亦莫不如此，不過關係較淺而已。關於這上面的話，暫不具說，總之，王陽明的知行合一說，不能說在中國心理學界不要發生一種極大的變化；王陽明在歐洲心理學界一般。

詹姆士所以能看到知行合一的一步是出發於醫學與生理學；王陽明所以能看到知行合一的一步是出發於禪學，王陽明的禪學恐怕在一切宋儒之上我們由他晚年所講的「天泉證道」便可知道的。他生平立教，不出四句宗旨便是：

無善無惡是心之體；有善有惡是意之動；知善知惡是良知；爲善去惡是格物。傳習錄

錢德洪和王汝中爭論這四句宗旨的內容：王汝中以爲這四句恐怕不是究竟話頭，因爲「心體既是無善無惡，意亦是無善無惡，知亦是無善無惡，物亦是無善無惡若說意有善有惡畢竟心亦未是無善無惡。」錢德洪便以爲不然他說：「心體原來無善無惡，今習染既久覺心體上見有善惡在爲善去惡正是復那本體功夫若見得本體如此只說無功夫可用恐只是見耳」兩人論辯不休因取決於王陽明王陽明說：「正要你們來講破此意。二君之見正好相資爲用不可各執一邊我這裏接人原有此二種利根之人直從本源上悟入人心本體原是明瑩無滯的原是個未發之中利根之人一悟本體，即是功夫，人已內外一齊俱透了。其次不免有習心在本體受蔽故且教在意念上實落爲善去惡。功夫熟後渣滓去得盡時本體亦明盡了。汝中之見是我這裏接利根人的；德洪之見是我這裏爲其次立法的二君相取爲用則中人上下皆可引入於道若各執一邊眼前便有失人便於道體各有未盡」俱見傳習錄下。我們由王陽明

下錄

這段議論，知道他的禪學比宋儒高明，因為他能夠分別立言謂利根之人直從本源上悟入，其次由意念上用功夫，把心意二者分得很明白，但又能夠看到心意畢竟是不可分的，這是宋儒所不易看到的境界王陽明的無善無惡其實乃不可分別善惡，並非不分別善惡，如張武承所謂「不思善、不思惡」謂張武承說「夫無善無惡，不過如所疑」。又王陽明的無善無惡指未發之中言實如佛法所云種子謂善惡法之種子全是無覆無記性，不可分別善惡，而一發動則有善惡。陸稼書謂「陽明言性無善無惡，蓋亦指知覺為性」見陸稼書集。不知陽明并非以知覺為性，乃由知覺中見性知覺當是明照之意，有明照則空理自存，而無所執空理即性，陽明所見，固未易非難陸稼書的見解多本之於羅整庵羅整庵說「虛靈知覺，心之妙也精微純一性之真也釋氏之學大抵有見於心，無見於性」又「困知錄羅整庵以心為用，以未發為體、已發為用、故說精微純一。但由王陽明可以見答羅整庵書可以見之」，與王陽明同時反對王陽明最力王陽明又最畏之。羅整庵知覺非性說以難王陽明。不知整庵之說亦自有不是處整庵不辨佛家體用之義而以種子為性，不知現行即由種子起，參看本書頁一九九。心即是性佛家之體，即用

而顯，除昭昭不昧著外，無所見其體。故與此所談者異。似乎但說到用而未及體，故曰見心不見性。然佛家本旨全不如是虛靈知覺是現行精微純一是種子，全是用邊。（參看本書頁二三三。）佛家用功乃在使精微純一之種子生現行，不是但求所謂種子種子已經有了，又安用求？（佛家不求性，但卽心之妙則性自具。）但不證理體必無此用。整庵實未解此義，故不能攻倒陽明。不過陽明亦誤以佛家之用爲體而不自知。陽明認種子爲性，其失正與整庵等。陽明所見之意、心、性與佛家義不相涉。今以表說明如次：

佛家	心所 專用	心 專用	性 理體
王陽明	意 現行	心 現行	性 種子

陽明說性，乃至一切儒家說性皆就有漏邊說，佛家則就無漏邊說。（參看本書頁二一八。）陽明的良知是現行陽明學重良知，是其最聰明處，因爲他想尋得合理行爲的源頭。然有漏方面本無此源頭，有漏境界執著煩惱未除，一念爲善，卽十念百念爲善；一念又爲惡，仍能一念又爲惡良知便是想找到終不爲惡的根據。但此種根據在有漏方面又那

能尋出呢?致良知比較的可以做到善人長者,又那能做到聖人一步呢?這就由於不知有「無漏」法的緣故可知陽明的功夫於中國的禪學或者有契合與發明的地方,而於真佛學則全外行。宋明以來純真佛學已久不講求,陽明縱敏悟又豈能無師自覺總之儒家說性純就有漏一邊說,不明無漏佛家分別二者說此一重根本不同佛家教下以明空理逐漸引生無漏為究竟禪家直下明空欲有漏一變而為無漏。

一重根本不同教有根據禪憑思想,或當或否故依禪不如依教而宋明儒依據依稀仿佛之禪,不明有無漏之別,橫生計較所以愈說愈遠至於陽明以後諸家更分不清內外異同乃至說者意旨何在,亦不加計較,亂以心性為言其內容復何足道?這便是宋明儒者所談的心性所以非釋非孔亦釋亦孔之顚末所以宋明儒者表面上都是儒家實際上並不是純粹的儒家不過嚴格而論宋儒朱晦庵一派的思想究比明儒王陽明一派的思想與儒家為接近朱晦庵所講的「性即理」倘守著儒家的面目王陽明所講的「心即理」簡直不是儒家的面目了性即理與心即理的區別,請以次圖明之。

朱晦庵…性即理─┬─心外求理（求理於天地萬物）─心合於性（性為大宇宙，心為小宇宙，粉使心合於性。）─盡心知性─重聞見─先知後行

王陽明…心即理─┬─心內求理（求理於吾心）─心即是性（心性同一，宇宙心之體性也，心本與性合，不必求合。）─明心見性─不重聞見─知行合一

宋儒言性即理，明儒言心即理，何嘗是孔子的思想，然而他們總要假託為孔子的思想；何嘗不取釋家的思想，然而他們總要故意撇開釋家的思想，禪之實而託於儒，其流害固不可勝言矣，然其所以為禪者如之何？陸稼書說：「陽明以禪則知禪矣，知禪則知陽明矣。」見「學術辨」又陳清瀾「學蔀通辨」續編說「或曰陽明之說，知之非艱、行之維艱，公行問政章，曰：『知至至之』，『知終終之』，『知及仁守』，『博文約禮』，『知天事天』之類。聖賢經書，如曰『知之非艱、行之維艱』未易更僕數。而中庸良公行問政章之維艱，知先行後，見之明甚詳，何嘗有知行合一之說也。聖賢無此教也。惟禪宗之教，然後存養在先、鏡中萬象在後，故曰行至水窮山盡處，那時方見本來真。」又何嘗不磨煉精神在先、頓悟在後，見性本來真。此陽明知行合一行而後先，見性在後。然而陽明翻騰作弄，橫說豎說，誑嚇眾生，無一字不從大抵陽明不源於佛，又豈惟陽明，即晦庵亦何莫不

空谷景隆說：「宋儒深入禪學以禪學性理，著書立言欲歸功於自己所以反行排佛，設此暗機令人莫識也。如是以佛法明擠暗用者，無甚於晦庵也」晦庵陽明都犯有同樣的毛病，宋明儒者何以要明擠暗用呢？因為都想表示能自出心思發見孔孟的微言大義；然孔孟的微言大義只有此數，故不得不借禪以實之，譬如孟子言良知只是從感情上立論所謂「孩提之童，無不知愛其親，及其長也，無不知敬其兄。」但到了王陽明的手裏就變為「知善知惡。」又譬如孔子言「一貫」只是從忠恕上立論但到了朱晦庵手裏就變為「理渾然泛應曲當」雖然也比孔子講得細些卻又完全不是孔子的「一貫」了。可見晦庵陽明一般人都無非想借禪擴大自己的領域。宋明儒者又何以要張膽明目的排佛呢？因為中國人向來有一種排異端的習氣，而自韓退之以後，宋明儒也都一例排佛老而其所以排佛老之故，便是因為佛老不重「人倫日用」而孔孟卻是專講人倫日用的；佛老不重外的功夫，而孔孟卻是偏重外的功夫的。尤其是佛法不重世俗知

見所著「會直錄」序。

可見

見，孔孟卻特重世俗知見，故孔孟的觀點與佛法的觀點完全不同總之，宋明儒者表面上表彰孔孟實際上只是表彰佛法其排佛謗佛都無非是一種掩耳盜鈴之計。宋明儒者對於老莊，也是出於一種同樣的伎倆。程伊川說：「正敬一生不曾看莊列佛書。」這完全是自欺欺人之語程伊川不是莊列佛書的影響又何能取得宋明儒者的領袖的地位吾認程伊川的思想在宋明儒者中為特出晦庵陽明諸人的造就，莫不受到伊川的影響。伊川尚且諱言莊列佛書其他更有何說？「出入於老釋幾十年」但他排老釋的習氣也很深所以說「楊墨之害甚於申韓佛老之害，甚於楊墨。」其實他的功夫又何嘗不是佛老的影響？不過他所受於老莊的影響，恐怕比他所受於佛法者更深他講仁是講得最有聲色的。在宋儒中要推他為第一人。他說：「仁者以天地萬物為一體」又說：「學者須先識仁，仁者渾然與物同體義禮智信皆仁也」識仁篇。所謂「渾然與物同體」不是老莊「人物一體」的思想嗎？其後朱晦庵講仁，王陽明講仁都是本著這個旨趣。晦庵說：「天地以生物為心者也而人物之生又各得夫天地之心以為心者也故語心之德雖其總攝貫通無所不備然一言

以薇之則曰仁而已矣。」又說：「仁義禮智，而仁無不包」。這不是本著明道的旨趣，而從老莊的思想去講仁嗎？陽明的思想更為顯然。陽明說：「是故見孺子之入井而必有怵惕惻隱之心焉是其仁之與孺子而為一體也孺子猶同類者也見鳥獸之哀鳴觳觫而必有不忍之心焉是其仁之與鳥獸而為一體也。鳥獸猶有知覺者也見草木之摧折而必有憫惜之心焉是其仁之與草木而為一體也草木猶有生氣者也，見瓦石之毀壞而必有顧惜之心焉是其仁之與瓦石而為一體也」。這不又是本著明道的旨趣，而從老莊的思想去講仁嗎？東郭子問莊子道惡乎在莊子說：道在螻蟻，在稊稗陽明對於仁的看法和莊子對於道的看法又有甚麼區別呢？這樣看來宋明儒者暗用佛法而明擯佛法，暗用老莊而明擯老莊，這都是不忠於所學之證。這種流弊至陽明遂達於頂點。

上面說了許多不大相干的話現在歸到本題。王陽明講良知，講致良知，講親民，講格物，凡發表在大學問上面的，雖不免支離混沌種種弊病，卻也自有一段精神王陽

明一生的造就，不出三種影響：一，禪道的影響；二，陸象山楊慈湖的影響；三，程朱的影響。就中以禪家的影響為最大次之便是楊慈湖的影響，而皆發表於大學問。禪家的影響上面已有說明，現在略述楊慈湖的影響楊慈湖的已易與絕四記雖不見得有甚麼驚人的見解卻是比陸象山要進一步楊慈湖的「不起意」與其所以發明本心之處比陸象山要精密多了。楊慈湖說：

何謂意？微起焉皆謂之意，微止焉皆謂之意意之為狀不可勝窮……然則心與意奚辨？是二者未始不一蔽者自不一一則為心，二則為意；直則為心，支則為意；通則為心，阻則為意直心直用不識不知。……孟子明心，孔子毋意，毋意則此心明矣。心不必言，亦不可言……言亦起意聖人倘不欲言恐學者又起意之意也離意求心未脫乎意，直心直意匪合匪離周公仰而思之夜以繼日非意也孔子臨事而懼，好謀而成非意也。……鑑未嘗有美惡而亦未嘗無美惡鑑未嘗有洪纖而亦未嘗無洪纖吾心未嘗有是非利害而亦未嘗無是非利害人心之妙，曲折萬變如四時之錯行如日月之代明何可勝窮何可形容？（絕四記）

這段文章所以發明本心，可謂至矣盡矣。雖然他借着孔孟發揮一些禪理，可是中國講內的學問之所以發達，實在是他造成的局面。在他眼中看來，無往非內，無往非本心，只怕功夫不純熟便不免動於意了所以他說。「孔子莞爾而笑喜也非動乎意也；曰野哉由也怒也非動乎意也；哭顏淵至於慟哀也非動乎意也。」從不起意說明本心，從非外說明內，這是他學說上的特別色彩。他在己易上有一段也發揮得很透澈。

他說：

自生民以來，未有能識吾之全者惟覩夫蒼蒼而清明而在上，始能言者名之曰天，又覩夫隤然而博厚而在下，又名之曰地。清明者吾之清明，博厚者吾之博厚，而人不自知也人不自知而相與指名曰彼天也彼地也。如不自知而其為足，而曰彼手彼足也，如不自知而其為耳，而曰彼耳目也彼鼻口四肢也……不以天地萬物萬化萬理為已而惟執耳目鼻口四肢之膚也是割吾之全體而裂取分寸之膚也是梏於血氣而自私也、自小也、自吾之軀止於六尺七尺而已也。……姑卽七尺而細究之：目能視，所以能視者何物？耳能聽，所以能聽者何物？

口能噬,所以能噬者何物?鼻能嗅,所以能嗅者何物?手能運用伸屈,所以能運用伸屈者何物?足能步趨,所以能步趨者何物?血氣能周流,所以能周流者何物?心能思慮,所以能思慮者何物?目可見也,其視不可見;耳可見也,其聽不可見;口可見,噬者不可見;鼻可見,嗅者不可見;手足可見,其運動步趨者不可見;血氣可見,其使之周流者不可見;心之臟可見,其能思慮者不可見。其可見者,有大有小,有彼有此,有縱有橫,有高有下,不可得而一?其不可見者不大不小,不彼不此,不縱不橫,不高不下,不可得而二?其不可見則一運用與視聽若不一,其不可見則一視聽與噬嗅若不一,其不可見則一是不一,其不可見則一視聽非視聽,在噬嗅非噬嗅,在運用伸屈非運用伸屈,在步趨非步趨,在周流非周流,在思慮非思慮。如此,亦如此,視如此,聽如此,噬如此,嗅如此,運用如此,步趨如此,周流如此,思慮如此,不思亦如此。如此晝如此,夜如此,寤如此,寐如此,生如此,死如此,天如此,地如此,日月如此,四時如此,鬼神如此,行如此,止如此,古如此,今如此,前如此,後如此,彼如此,此如此,萬如此,一如此,聖人如此,眾人如此,自有而不自察也,

終身由之而不知其道也。

這段話發揮得何等透澈！本來沒有甚麼驚人的見解，但在發明本心發明內的工夫的重要可以說是前無古人王陽明的良知說，與其說是出發於陸象山毋寧說是出發於楊慈湖，王陽明好說未發之中中節之和完全是出於楊慈湖的本心說不起意說的誘導，陽明的正心誠意說更與慈湖暗相吻合。陽明說：

然心之本體則性也性無不善則心之本體本無不正也何從而用其正之功乎？蓋心之本體本無不正自其意念發動而後有不正故欲正其心者必就其意念之所發而正之，凡其發一念而善也好之眞如好好色發一念而惡也惡之眞如惡惡臭，則意無不誠而心自正矣⋯⋯致知云者非若後儒所謂充廣其知識之謂也，致吾心之「良知」焉耳良知者，孟子所謂「是非之心人皆有之」者也是非之心不待慮而知，不待學而能是故謂之良知，是乃天命之性吾心之本體，自然靈昭明覺者也。凡意念之發吾心之良知無有不自知者：其善歟？惟吾心之良知自知之；其不善歟？亦惟吾心之良知自知之；是皆無所與於他人者也。〔大學問〕

楊慈湖駁大學的「正心」說道:「心本不邪焉用正?」王陽明就拿住這點發表一篇大學問,我們由這段文章很可以看出他所受到楊慈湖的啓發不少。楊慈湖從不起意說到本心,王陽明便從意念之發動說到良知都是由心意二字開關世間一切妙理。楊慈湖的用力處是「不起意」王陽明的用力處是「致良知」所以我說王陽明所受到楊慈湖的影響也很大王陽明的私淑者胡正甫我恐怕也是受到楊慈湖的影響。

胡正甫專致力於內不認有外;胡正甫謂「吾心者所以造天地萬物者也」。與王陽明「心之理卽天地萬物之理」的說法又有不同。

此種說法,楊慈湖已開其端緖楊慈湖說:「淸明者吾之淸明;博厚者吾之博厚。」這與胡正甫對於宇宙的看法又有甚麼不同呢?所以楊慈湖我認爲是講「內的功夫」的最關重要的一人不過講的最細一面講內而又處處不遣外的便不能不推王陽明。

王陽明除掉心之外總要顧到一個理我們由他講致知格物便可以看到他說:
鄙人所謂致知格物者,致吾心之良知,卽所謂天理也致吾心良知之天理於事事物物,則事事物物皆得其理矣。致吾心之良知者,致知也;事事物物皆得其理者,格物也是合心與理而爲一者也。答顧東橋書。

雖然他講的不大合於論理，卻是他能牢守著「一氣相通」之旨所謂「我與天地萬物一氣流通」「吾心之理即天地萬物之理」。他一面講內一面又不遺外所以他的學說能夠在朱陸之後盛行一時我們現在講到他的人生哲學便須知道他有此段特別的精神。這便是梁漱冥先生所謂「雙的路」梁君是最服膺陽明的他由陽明的思想去講孔子可以說是「陽明復活」并不是「孔子復活」他說：「孔子……不直接任一個直覺，而爲一往一返的兩個直覺；此一返爲回省時附於理智的直覺。他不走單的路，而走雙的路單就怕偏了，雙則得一調和平衡。」_{東西文化及其哲學頁一四四}要說到孔子是走「雙的路」其實是陽明走「雙的路」梁君偏說走「雙的路」的是孔子的人生哲學，其實走「雙的路」的是陽明的人生哲學陽明所談的是「禪」卻要想方設法去撤開「禪」所以加上一個「理」所以說「心即理」這便是陽明走「雙的路」的原因總之王陽明講內卻處處不遺外；朱晦庵講外卻處處不忘內都有一番苦心，都是想藉禪道二家擴大自己的領域所以要研究宋明哲學，便不能不於禪道二家先有一番研究現在將禪道以及孔孟而下各儒家的心性理氣之談括爲一表如左。

各家	道家		儒家	
	老	莊	孔	孟
心	老子曰:「心善淵。」又曰:「虛其心」「渾其心」「我愚人之心也哉?」又曰:「聖人無常心,以百姓之心為心」莊子人間世篇曰:「虛者心齋也」又庚桑楚篇曰:「靈臺者有持而不可持而不知其所持而不可持者也」老莊言心一任虛渾,不執持而後世宋明儒言心多毀取其義		孔子曰:「飽食終日無所用心」又曰:「操則存舍則亡出入無時莫知其鄉惟心之謂歟?」孟子曰:「心之官則思,思則得之不思則不得也」可見孔孟言心主思用與宋明儒靜坐	
性	老子曰:「歸根曰靜,是曰復命」「危然處其所而反其性」又曰:「醲道以變其聖淳家言莫之手皆易以『理』字再變而聖學淪惑聽聞於耳而聽之以心,無聽之以心而聽之以氣聽止於耳心止於符氣也者虛而待物者也唯道集虛虛者心齋也」老莊謂心有知覺猶起攀緣氣無情盧虛柔任物故重氣不重心	莊子繕性篇「滅寢博溺心,然後民始惑亂無以返其性情而復其初」可見莊認為性為原始狀態,不淪人為故主返本復初。	孔子言性相近孟子言性善皆就人性說非非就天理說而宋明儒者言性根本不同宋明儒此是孟子藉理義發揮性善之旨可知至於變而取之也,行有不慊於心則餒矣。	孟子曰:「心之所同然者謂理也,義也聖人先得我心之所同然耳」
理		莊子之「真宰」「真君」「真宰」一到宋明儒之手皆易以『理』字再變而聖學淪惑聽聞莫之手皆易以『理』字成玄英謂依乎天理乃「循天之理」又刻意篇曰「依乎天理」成玄英謂依乎天理乃「循天之理」道話莊意謂心有知覺猶起攀緣		孟子曰:「心之所同然者謂理也,義也聖人先得我心之所同然耳」此是孟子藉理義發揮性善之旨可知至於理為如有物得於天也
氣	老子曰:「專氣致柔能嬰兒乎」又曰:「心使氣曰強」莊子人間世篇曰:「若一志,無聽之以耳而聽之以心,無聽之以心而聽之以氣聽止於耳心止於符氣也者虛而待物者也唯道集虛虛者心齋也」老莊謂心有知覺猶起攀緣氣無情盧虛柔任物故重氣不重心			孟子曰:「其為氣也,至大至剛,以直養而無害則塞於天地之間其為氣也,配義與道,無是餒也是集義所生者非義襲而取之也,行有不慊於心則餒矣」

孟家	釋家
禪	
澄觀者不同。	禪家以涅槃抄心相授受所謂本來清淨心即心性清淨假說為心也此心性眾生本具無待乎傳授可以相授者惟謂此心性之妙慧而已故禪家所謂心有二重意義慧心以心名心一也；心性以性名心二也此二者可分別言亦可不分別言出於此但後世解者最不能辨別清楚
昔性相近謂人與人相近孟子曰「凡同類者舉相似也何獨至於人而疑之？聖人與我同類者」言同類之相似則異類之不相似明矣故謂人性與犬牛之性不同可見孔孟言性本旨	法有法性心有心性禪家明性則指心性言也心性本淨煩惱所染去煩惱而心性返其本來此釋家之依據如此則心性云心本可分別言為性為心本又混同言之但禪家每又混同言之故謂無漏心為性之故謂無漏心為性此又為後來解釋最難辨別之一點
具於心因以意見當之於是貴以理賤長以理貴勁而理不勝其弊（本載東原語意）又宋儒舍欲言理亦與孔孟據欲說理者異	本是道理之稱而在中國佛學者則用之與性相混每曰理事即相理則性應用甚繁詳其意為性法性通稱為理要性稱為理即華嚴家之此即法爾無執之法性也指指謂實為理即法空等釋家用此字意
老莊言氣宋儒言氣均有不同	

新	
周濂溪	張橫渠
周濂溪曰：「十室之邑，人人提耳而教且不及，況天下之廣兆民之衆哉，曰純其心而已矣。……純心要矣」又曰：「聖賢非性生必養心而至之」可見周濂溪已嚴心性之別。	張橫渠曰：「由太虛有天之名綠氣化有道之名合虛與氣有性之名合性與知覺有心之名」可見他的心性說都和氣有關係。
周濂溪曰：「誠者聖人之本大哉乾元萬物資始誠之源也乾道變化各正性命誠斯立純粹至善者也故曰一陰一陽之謂道繼之者善也成之者性也元亨誠之通利貞誠之復大哉易也性命之源乎」又曰：「性者剛柔善惡中而已矣」周濂溪以誠言性以中言性完全是正中偏的思想。	張橫渠曰：「人之剛柔緩急有才不才氣之偏也天本參和不偏養其氣反之本而不偏則盡性而天矣」又曰：「形而後有氣質之性善反之則天地之性存焉」張橫渠總要人由氣反到性反到太虛完全的主張之顯示。
周濂溪曰：「太極動而生陽靜而生陰」朱晦庵註曰：「太極生陰陽理生氣也陰陽既生則太極在其中理復存心太極之至韞執能明之」朱晦庵謂周濂溪以太極言理之本旨矣。	張橫渠曰：「天地之氣雖聚散攻取百塗然其爲理也順而不妄」又曰：「太虛不能無氣氣不能不聚爲萬物萬物不能不散而爲太虛」又曰：「一物兩體氣也一故神兩故化」此天地之所以參也」可見他是氣一元論的思想但旣說氣何以要問此理即其偏中正的思想同時又可見他是氣一元論的偏中正的思想。
周濂溪曰：「二氣五行化生萬物五殊二實二本則一是萬爲一一實萬分萬一各正小大有定」「大抵推一理二氣五行之分合以紀綱道體彰顯造化之精微」可見周濂溪已開朱儒談理氣之端。	張橫渠曰：「太虛不能無氣氣不能不聚爲萬物萬物不能不散而爲太虛」……「順而不妄」之氣而已可見他是氣一元論的主張中止於此天地之所以神兩故化」此天地之所以參也」可見他是氣一元論的偏中正的思想顯示。

儒

程 伊 川	程 明 道	
程伊川曰：「心也性也天也，一理也，自理而言謂之天，自稟受而言謂之性，自存諸人而言謂之心。」又曰：「在天為命，在物為理，在人為性，主於身為心，其實一也。」可見他的心性說，都和理有關係。	程明道謂「心即性，性即心」又謂「性即氣，氣即性」可見他的心性說，都和氣有關係。	全是偏中正的思想。
程伊川謂：「性即理也，天下之理原其所自，未有不善，喜怒哀樂未發，何嘗不善，發而中節則無往不善。」可見他完全是正中來的思想。	程明道謂「論性不論氣不備，論氣不論性不明，二之則不是」是純以氣言性比張橫渠的說法更進一層。	
程伊川主張理一元論，謂「凡物上有一理，須窮致其理」又謂「人倫者天理也，聖人循而行之所謂道也」又謂「天敘天秩，天有是理，聖人本天釋氏本心」可見他特別看重理與對於理的解釋。	程明道謂「吾學雖有所受天理二字却是自家體貼出來」但他以為凡「天下善惡皆天理謂之惡者非本惡但或過不及便如此」他對於理的看法比他人另是一番境界因為他是偏中至的思想。	程明道曰：「人與物，但氣有正偏耳獨陰不成，獨陽不生得陰陽之偏者為鳥獸草木夷狄受正氣者人也」可見他也主張氣一元論但與張橫渠有別因為他是偏中至的思想。
程伊川重性不重氣謂「氣有善不善性則無不善人之所以不知善者氣昏而塞之耳孟子所以養氣者養之至斯清明純全而昏塞之患去矣」可見氣非養不必盡善而性則無不善也完全是理一元論者的口吻。		

四二一

家		
朱　晦　庵		陸
朱晦庵論心性，完全本著程伊川的意旨，不過比較的發揮更切。朱晦庵曰：「心者人之神明，所以具衆理而應萬事者也」；又曰：「性則心所具之理，而天又見性之所從以出者也」。又曰：「捨心則無以見性，捨性又無以見心」。他把心性和理的關係發揮得異常透闢。	參看上段。朱晦庵曰：「性只是理。」又曰：「性猶太極也，心猶陰陽也。太極只在陰陽之中，非能離陰陽也。然至論太極自是太極，陰陽自陰陽。」朱晦庵謂太極之主性，陰陽之流行心為性之主也。朱晦庵處處從性說理，心是理所會之地，心亦所以為理之主。只是一箇理字而以太極喻性是即理說心。朱晦庵處處注重理，完全是正中來的系統。	陸象山曰：「心一心也，理一理也，至當歸一，精義無二，此心此理實不
	朱晦庵曰：「人之所以生理具而已。天理固浩浩不窮，然非是氣則亦無所湊泊，故必二氣交感凝結聚成形，理與氣合便能知覺，理與氣未知覺之理不專是氣，抑氣為之耶」曰：「不專是氣，是先有知覺之理。理未知覺，氣聚成形，理與氣合便能知覺」朱晦庵總注重氣不重心者另是一種境界	朱晦庵曰：「知覺是心之靈固如此，抑氣為之耶」曰：「不專是氣，是先有知覺之理。理未知覺，氣聚成形，理與氣合便能知覺」朱晦庵總注重道家重有知覺之理與氣不重心者另是一種境界
	朱晦庵曰：「凡物有心而其中必虛人心亦然，但這些虛處便包藏許多道理，推廣得來蓋天蓋地莫不由此，此所以為人心之妙歟！理在人心是謂之性，性便是心之所有之理，心便是理之所舍之地也」朱晦庵以理為如有物而具於心者，便是後世戴實齋攻擊宋學之根據	參看上段。陸象山曰：「塞宇宙一理耳，學者之所以學欲

象山	王陽明
容有二」陸象山力反程朱之性即理說，而倡心即理是他的識解獨到處。陸象山不承認朱子道心人心之說，謂「心一也，人安有二心」	王陽明曰：「心者身之主也，而心之虛靈明覺，即所謂本然之良知也。」又曰：「良知者，心之本體，即前所謂恆照者也。」又曰：「吾心之良知即所謂天理也，」王陽明以良知言心，專從心之本體推闡一切，完全是一種懸空揣摩的工夫。
明此理，此理之大豈有限量。陸象山雖反對朱學，另立一個系統，而存理去欲之思想仍猶存在，不過去欲之方法有不同耳。後至戴震遂併斥朱陸二氏之說。	王陽明雖闡明心學，但總要顧到一個理，不過他不主張外心以求理，所以說：「外吾心而求物理，無物理矣；遺物理而求吾心，吾心又何物耶」王陽明一面講內，一面又不遺棄他學說上一種特別的地方，至於存理去欲之思想，尚一仍宋學之舊，所以說：「靜時念念去人欲，存天理，動時念念去人欲，存天理」，故併為後世纖靈所議。

舊儒家與新儒家的最大不同點，便是舊儒家不雜有禪道的思想，而新儒家則滿參禪道的氣味。至論到人生哲學似乎新儒家所包孕的人生思想比舊儒家更豐富。宋明哲學所以有研究的價值並不在於牠們的本體論的思想，而在於各人所發現的一套生活法。譬如周濂溪發現一套正中偏的生活法。程明道發現一套偏中至的生活法，程伊川發現一套正中偏的生活法，張橫渠發現一套偏中正的生活法，至朱晦庵、王陽明在中國人生哲學史上要不能說不有一種相當的威權。這就因為他們兩人所發現的生活法更能接受許多的信仰者了。

清代哲學之人生觀

宋明哲學因夾有禪道的思想，所以內容異常複雜，若清代哲學便完全不同了。清代哲學完全在「實用」上，「人欲」上着眼，不似宋明哲學專在「本體」上，「天理」上用工夫，這是一個最大的分歧點。清初諸儒如顧亭林、黃梨洲、王船山、顏習齋諸人莫不懸實用以為鵠的，從人欲以言天理。王船山說：「天理即在人欲之中，無人欲則天理亦無從發現。」注正蒙。這是何等大膽的宣言。顏習齋說：「人

之歲月精神有限。誦說中度一日，便習行中錯一日；紙墨上多一分，便身世上少一分。」編存學。這是何等靠實的態度。這些議論在宋明哲學裏面是不容易得到的。顏習齋的思想在清代哲學裏面尤為特出他不僅反對陸王的心學，並反對程朱的理學。所以說「必破一分程朱始入一分孔孟。」這種反宋明哲學的趨勢後來到了戴東原手裏遂成功一種簇新的人生哲學。

戴震 清代真正的哲學家恐怕只有戴東原一人。戴東原的特別表現，更在於他的人生哲學他全著重理欲一元論而一反宋明儒之理欲二元論。他處處闡明生生之理，比較的近於孔子生殖崇拜的思想他從「生生」釋仁從「生生而條理」釋禮與義與智更從此推擴以詮釋元亨利貞他說：

易曰「天地之大德曰生。」氣化之於品物可以一言盡也，生生之謂歟！觀於生生可以知仁，觀於其條理可以知禮，失條理而能生生者未之有也，是故可以知義。禮也義也胥仁之顯乎若夫條理得於心其心淵然而條理，是為智也者仁之藏乎生之呈其條理顯諸仁也惟條理是以生生藏諸用也顯也者化之生

於是乎見藏也者化之息於是乎見。藏也者至動而條理也，息者至靜而用神也并木之株葉華實，可以觀夫生之白全其生之性，可以觀夫息是故生生之謂仁元也條理之謂禮亨也察條理之正而斷決於事之謂義利也得條理之準而藏主於中之謂智貞也。原善卷上。

戴東原的根本思想全出發於生生與所謂生生而條理明乎此，方可談戴東原的哲學，方可談戴東原的人生哲學。戴東原說：「生生者化之原，生生而條理者化之流」這兩句話包括一部「生的哲學」戴東原用這樣「生的哲學」的眼光去談性理，談情欲，宜乎比宋明儒要逼進一層。戴東原說「人之血氣心知本乎陰陽五行者性也」以血氣心知言性，遂盡破宋儒氣質之性與義理之性之陋說。於是一切仁義禮智莫不與此血氣心知發生極密切的關係所以他說：「古賢聖所謂仁義禮智不求於所謂欲之外不離乎血氣心知」又說：「仁義禮智非他，不過懷生畏死飲食男女，與夫感於物而動者之皆不可脫然無之以歸於靜歸於一」這樣，戴東原的「性」論豈不是從他的「生的哲學」推闡出來的嗎？其次是戴東原的「理」論戴東原反對宋儒意見的理，

渾全的理，實物的理，_{參看本書頁三八〇。}而提出自己對於理的解釋。他說：「理也者情之不爽失也，未有情不得而理得者也……」又說「天理云者言乎自然之分理也；自然之分理，以我之情絜人之情而無不得其平是也」又說「心之所同然始謂之理謂之義則未至於同然，存乎其人之意見，非理也非義也。凡一人以為然言理也情不爽失言理以心所同然言理表面上看來好像理的內容異常複雜其實都只是生生與所謂生生而條理之義這樣戴東原的「理」論豈不又是從他的「生的哲學」推闡出來的嗎？戴東原論情欲也是用同樣的方法。戴東原視欲與性與理為同物，這是他和宋儒一個絕大的分歧點宋儒謂性以外之物，而義理者欲以外之物；東原則以為欲在性中而義理即在欲中。人但知戴東原所談的性理情欲的真面目乃愈晦。戴東原所談的性理情欲近似孔孟，而不知其所以近似孔孟者，就在於拿住生生條理一個道理。我們從這裏面可以發見他的人生哲學上一段重要的宣言他說：

人之生也莫病於無以遂其生。遂其生亦遂人之生，仁也；欲遂其生至於戕人之生而不顧者，不仁也。不仁實始於欲遂其生之心，使其無此欲必無不仁矣。然使其無此欲則於天下之人生道窮促，亦將漠然視之已不必遂其生，而不顧矣。……聖人治天下，體民之情，遂民之欲，而王道備。〔孟子字義疏證卷上〕

戴東原的人生哲學總括一句話只是「欲遂其生」至於用怎樣的方法可以遂其生亦遂人之生，這是戴東原的人生哲學上一個最值得玩味的問題。戴東原既要顧到欲又要顧到情。因為生養之道雖存乎欲感通之道卻存乎情。前者所以生生後者所以生生而條理。〔參看原善卷下。〕所以他說：「有是身故有聲色臭味之欲；有是身而君臣、父子、夫婦昆弟朋友之倫具，故有喜怒哀樂之情。惟有欲有情而又可知，然後欲得遂也情得達也。天下之事使欲之得遂情之得達斯已矣惟人之知小之能盡美醜之極致，大之能盡是非之極致，然後遂己之欲者廣之能遂人之欲，達己之情者廣之能達人之情。道德之盛使人之欲無不遂人之情無不達斯已矣」這都是討論「遂其生亦遂人之生」的方法以「遂其生亦遂人之生」的手段以「遂其生亦

逐人之生」為解決人生問題的指針這是我所見的戴東原的人生哲學。

清初諸儒的思想，大半走向「解放」一條路上而自戴東原的「生的哲學」昌明以後，更充滿解放的氣分。正如西方自柏格森輩提倡生命哲學以後而社會上革命的聲浪日益擴大。不過戴東原的根本思想真正了解的人太少終於不曾宣傳下去；而他的研究學問的方法反在清代發生不小的勢力這是一種很可怪的現象嚴格的說清代一般學問家，總不肯致力於思想宜乎在人生哲學上的成績多不足觀這也許有幾分受到政治上的影響罷！

＊　＊　＊　＊　＊

以上關於中國各派哲學的人生觀，均已分期講明。中國哲學除道家哲學的系統而外似乎都包含着次述的兩種特色。一倫理觀念，亦可云道德觀念儒家哲學總要盡力發抒倫體觀念；這無論是舊儒家與新儒家，都是如此。他們的結論總逃不了君臣、父子、兄弟、夫婦朋友五倫的範圍。戴東原闡發孔門的學說，說道：「就人倫日用而語於仁語於禮義舍人倫日用，無所謂仁所謂禮，所謂義也質言之曰人倫日用精言

四三〇

之，曰仁曰義曰禮。」見孟子字義疏證。可見孔門學說是脫不了倫理觀念的。蔡子民先生說道「儒家一切精神界科學悉以倫理爲範圍……曰爲政以德曰孝治天下，是政治學範圍於倫理也曰國民修其孝弟忠信可使制梃以撻堅甲利兵，是軍事學範圍於倫理也攻擊異教，恆以無父無君爲辭，是宗敎學範圍於倫理也評定詩古文辭，恆以載道述德眷懷君父爲優點是美學亦範圍於倫理也」見中國倫理學史緒論。參看本書一六○二功利觀念功利觀念最重的無過於墨沒有不拿倫理觀念做中心的儒家哲學自孔子以至王陽明，立義不必從同而所以維持倫理觀念或道德觀念則一我所以說中國人永是想用道德的方法解決人生，不似西洋隨時代而生變化。九及頁一六○二功利觀念功利觀念最重的無過於墨子，這層我已有詳細的說明。不過儒家哲學所含的功利的思想亦極濃厚吳稚暉先生說道「我國代表學者的孔子便是一個政論家，帶了功利的色彩不少」「誦詩三百，授之以政，不達使於四方不能專對雖多奚以爲？」在他雖然別有用意然「學也祿在其中矣後之時王卽用爵祿爲激揚學問之具自射策獻賦至固定而爲八股制義，二千年久視學問爲敲門磚此種空氣依然瀰漫於今日海內外支那人校學侶之

四三一

可見儒家的功利思想也是很重的。宋明理學本是道釋二氏混合的產物，但何以畢竟與道釋二氏不同，就因為宋明理學附加功利的思想不少宋儒好言性即理明儒好言心即理，本意在談心性何以要加上一個理字，可以避免端之譏議，一可以假借正學的美名其實都不過迎合國人一種因襲的功利觀念而已中國人的思想習慣，每視文藝美術等等為小道末技而好以「文以載道」相標榜，都是中了功利觀念的流毒以上所述兩種觀念，在中國思想界雄視了二千餘年惟其如此所以哲學上的成績很少所以不僅科學上沒有甚麼成績玄學上也沒有甚麼成績。中國的哲學富有玄學上的根據的，只有道家而外若儒家若墨家玄學的思想並不發達宋儒好言理氣好言太極無極好像都是討論些本體論的問題其實內容異常粗淺；若比之西洋，便絕對的不談玄學所以說西洋哲學的基礎是科學，中國哲學的基礎是玄學，實在是瞎拉瞎湊與事實完全不相符合人生觀與宇宙觀有深切的關係上面多有說明宇宙觀既沒有精切的研究，便人生觀亦難免自陷於淺陋道家哲學所以在中國人生哲學上貢獻之大就因[見李石岑講演集吳序。]

為牠的宇宙觀與人生觀能夠合致，能夠交互運用，就因為牠能夠創建的原理轉移具體的事實，這豈是看重倫理觀念功利觀念的儒家哲學墨家哲學以及新儒家哲學所能望其項背嗎？惟道家哲學在中國的影響遠不及儒家哲學之大雖在上流社會頗發生一部分的勢力，而中流及下流社會則全為儒家所壟斷。這也許是中國人的人生思想不進步的一個重要的原因罷！

現在要論到中國的人生哲學對於第二章所提出的問題如何加以解答？中國人的人生思想普通一般人說是自然的安息的保守的因襲的消極的依賴的和平的妥協的空想的直覺的我以為這些評論都可承認不過據我所觀察中國人的人生思想究竟是自足的功利的似乎以這兩種特質為顯著。老子說：「知足不辱知止不殆」又說「知其雄守其雌為天下谿知其白守其黑為天下式知其榮守其辱為天下谷」這種自足的思想，在中國人的腦海確有一種極深的印象。孔子說！「君子無所爭」「君子矜而不爭。」又說：「泰伯其可謂至德也已矣三以天下讓」「能以禮讓為國乎何有？」以禮讓不爭為教尤為養成自足的思想之主因此外如儒家之安貧樂道

說、守分安命說，更足以助長自足的思想之發達。中國人的人生觀既充滿自足的思想，則對於物質的慾望很發達的現代又將取怎樣的一種態度呢？我以為中國各家的哲學都不足以解釋此點。道家主張「無欲」儒家主張「寡欲」墨家主張非樂節用，都是排斥物質的慾望的。尤其是儒家道說，想用一種自騙的方法以解脫一切現實的物質的壓迫而求得內心之淡泊的安寧雖然這種學說別具一番心。但在物質慾望發達的現代，實在不易適用。因為一方面蔑視社會物質文明的進步與民衆物質生活的苦痛；一方面又因重視內心生活之故至於默許掠奪階級之不合理的物質享樂而不思加以矯正。結果使社會益陷於危險而不可藥救，至於守分安命說，更完全是中國老大、不進步的總因。中國人的人生思想一面受了許多自足的學說的誘導，一面又受了許多主意的學說的督促，〔主意一點却是中國哲學的特色後當說明〕所以弄成現在一種不發揚的氣象。須知自由非力爭不得，民權非奮鬥不張，人格非進展不完全，社會非革命不進步。我們表面上是爭人道的完成；表面上是爭個人的私財，裏面却是爭絕大多數人的福利。所以關於第一項物質慾

望的發達，中國的人生哲學是不能解決的，其次，中國人的人生思想是功利的，除道家的系統而外幾乎全充滿功利的氣味；這層上面已有論及。惟其功利的氣味很重，所以對於知識的追求不能不到「百尺竿頭再進一步」他們追求知識的熱度以達到功利的目的而止，到此便不前進了。中國玄學的不發達這便是個大原因。道家雖沒有染到功利的氣味，可是牠又從別一種意味排斥知識的心理，牠是進一步把知識也看作功利的，牠自己走上玄學的路並不是出於追求知識的心理，而是出於追求藝術的心理。牠主張「絕聖棄智」主張「無知無欲」主張「俗人昭昭，我獨悶悶。」都是看重藝術的境界但牠並非絕對的排斥知識，因為牠是很鮮明的主張「為學日益」的也許牠把知識分作兩種：一種是走向功利的知識，一種是走向藝術的知識，前者為第二義的知識，後者為第一義的知識，牠是提倡第一義的知識而排斥第二義的知識。道家而外儒家也曾提倡知識，卻是牠也並不看重知識孔子說道：「民可使由之不可使知之」好像是拿住一個「不識不知順帝之則」的政策。新儒家的程朱雖是以先知後行相標榜，但仍不免後世戴震的譏議所謂「詳於論

敬而略於論學。」況且他們所標榜的知識，和今日科學上的知識相比較，也是相差很遠的。所以關於第二項知識慾的發達，中國的人生哲學也是不容易解決的。以上因中國人的人生思想趨重功利的自足的之故，至於對近代新興的問題都不容易加以解答。在第二章所提出各種問題中尚有一種問題，也是比較的不容易得到解決的，便是人類總是要求解放，總是要達到平等自由的境地。這個問題在中國哲學也很少有解決的可能性，儒家哲學重階級尚等差謹上下之禮嚴尊卑之分，而何有於平等？孔子誅少正卯，孟子距楊墨黨同伐異，而何有於自由？新儒家標榜理學，實則以理殺人而平等自由之思想，掃地以盡。戴東原痛論程朱言理之害，至謂「人死於法猶有憐之者；死於理，其誰憐之？」因為「死於法」法尚立於平等自由之基礎之上，若「死於理」理便把平等自由的基礎根本推翻了，所以儒家哲學對這個問題也是完全不能解決的。不過道家哲學對此點卻有最大的貢獻，老子的小國寡民，莊子的養生齊物，凡所以發揮平等自由之精神者，無不至乎其極。墨家的天志尚同說，亦多少暗合平等自由的原理。總上所述，中國的人生哲學對於近代新興的問題，以儒家

哲學最少解決的可能性，墨家哲學次之；若道家哲學則。在某種問題反足以比較的富於解決的可能性者。所以在現代的苦悶與悲哀之下道家哲學有時轉足以資救濟，而與人生以澈底的解脫卽此也可見中國哲學內容的複雜了。

上面已將三方面的人生哲學——西洋、印度、中國——逐一的評述了。現在請將三方面的人生哲學作一種比較的研究，一面對於第二章所提出的問題試作一種比較妥當的解決因本章篇幅太長請論其大略如下。

第四節　三方面哲學解答之比較

> 三方面的文化
> 和哲學的特點

愛談世界文化的，總要談到西洋、印度、中國三方面的文化如何不同；而比較有力的論調莫過於梁漱冥君的西方文化向前、印度文化向後、中國文化持中的一種創說我對於這種創說曾提出一次抗議以為世界文化無論西洋印度和中國都只是朝前面走的，不過走法不同或者走的快慢不同。譬如西洋人向前走，是左衝右撞走過去的；孔子向前走是一面走一面安排不吃力

的走過去的；但都是同一條路向，并不必像梁君那樣設許多條路向。

梁君謂印度走第三條路向，即是向後要求；而印度的出世思想，即是向後要求之證。這話我殊未敢贊成。印度的出世思想與耶穌的來世主義，尼采的超人哲學其動機概不能視爲向後要求。耶穌的來世主義，其動機出於「永生」尼采的超人哲學，其動機出於「更生」但都不能說不含有一種出世的精神。你能夠說他們是「向後要求」嗎？印度的出世思想可以說牠的動機是出於「無生」但「無生」的覺悟，所以利導且促進「生生」之機。因爲牠是要我們作覺悟的幻生活，不作迷惘的幻生活，參看本書頁二〇九。所以印度人的出世思想并非「向後要求」質直的說印度人的出世思想乃由於想像力極度發達之產物乃由於改正生活法之積極的精神之表現，豈可與消極的「向後要求」相提並論？我們不能說柏拉圖的理想國是向後要求；我們也不能說老子的小國寡民莊子的養生齊物是向後要求，雖然都是屬於馮友蘭君所說的「天之理想化與損道」見觀頁一四十四。普通人說佛法的思想是厭世的是消極的，不知眞正的佛法并不厭世，并不消極。法華經說：「佛爲一大事因緣出現於世開示

「悟入佛之知見。」佛之所以爲佛，正在於向前要求，如何肯翻身向後呢？所以梁君認印度人的出世思想是向後要求我認爲「不衷於理」其次梁君謂中國文化調和、持中認爲是走第二條路向，意謂走的不前不後的一條路向。我以爲這種觀察更有問題。姑無論不前不後的路向，近於滑稽不能成立，就令照他所說是真的。是走的第二條路向，則那種調和持中的態度以冀途中不發生困難與危險，便於趕速達到目的地已是大向前而特向前了。譬如甲乙二人旅行甲乘輿而去，旅程的遠近，旅費的多少毫不計及；乙則通盤籌算務欲達到目的地而返。結果甲能否達到目的地，尚不可知乙則準可達到目的地。又如甲乙二人做學問甲繼日以夜不顧身體的健康與學程的多寡；乙則生活極守規則，務使身體與學問互相調劑，如同康德一生做學問的方法一樣。結果勝算也必操於乙。這都是由於乙富於調和持中的精神但我們不能說乙不是「向前要求」了，不能說乙不是向前要求的。可見乙的向前要求不必同其速度在比甲更進一步中國文化的向前要求，雖比西洋文化的向前要求的大成功者然也不過是量的差別，並非質的差別，所以梁君把中國文化列爲第二條路向，我也

不表贊成總之，世界的文化都只是向前要求；而在某一時期，對於某種問題所採用之解決的方式不同，因之文化便表現出一種特徵，卻並非預定一條路，然後產生某種文化，所以梁君的說法尚未能指示三方面文化的根本不同點。其次是西方文化爲唯心的，東方文化爲唯心的，西方文化爲科學的，東方文化爲玄學的這種說法，在中國也極流行。我認爲這種論斷，也與事實不相符合。謂西方文化爲唯物的，東方文化爲唯心的，固然可以成立一種論法；翻過來說，謂西方文化爲唯心的，東方文化爲唯物的，也未嘗不可以言之成理。西方文化大抵適用人類的聰明智慧以改造人類的生活以解除物質環境的束縛，莫不奉着「邏各斯」一個觀念以解決宇宙間一切的問題。無論所謂希臘文明與希伯來文明，皆須與此發生密切的關係，則「邏各斯」在西方文化的地位可想而知。而「邏各斯」即爲一切理想主義之起源，并爲一切心拉克里特士以至近代的黑格爾莫不奉着「邏各斯」一個觀念以解決宇宙間一切靈的原理之起源。（參看本書頁一○八。）可見西方文化完全是一種唯心的文化，東方文化則與此相反。東方文化太看重日常間的飲食起居其視綫自也不容易超脫於飲食起居

之外所以中國人雖是愛自然，卻不能超自然，而轉為自然所束縛中國人想像力不發達，這也是一個大原因傅斯年君有段話說得好：「中國從古是專制政治因而從古以來這種主義——物質主義——最發達。專制政治原不許人有精神上的見解，更教導人專在物質上用工夫，弄到現在中國一般的人只會吃只會穿只要吃好的，只要穿好的，只知求快樂只知縱淫慾……離開物質的東西一點也覺不着什麼精神上的休養奮發苦痛快樂希望……永不會想到。」見所著「人生問題發端」。這樣看來，中國人的思想，畢竟是唯物的。印度人的不婚不革也何嘗不是出於一種唯物的見解，然則東方文化又何不可以稱為唯物的文化？所以說、西方文化是唯心的，東方文化是唯物的，也未嘗不可以言之成理。至謂西方文化為科學的，東方文化為玄學的，這亦未必盡然謂西方文化為科學的，這不過是近百年間的現象，這不過是產業革命以後的現象，若在西洋的中世紀與近世初期，西方文化固儼然是玄學的文化西方的玄學的文化至黑格爾時代可謂達於頂點，無怪孔德稱為玄學的時期。西方用「邏各斯」觀念解釋一切問題都是一種玄學的本領近世柏格森輩出更由其

新玄學的哲學形成一種新玄學。新玄學的文化，所謂生命的文化而玄學的趨勢乃益顯著。所以說西方文化為科學的固不盡然至謂東方文化為玄學的此則更陷於謬誤。面已經說過中國人因倫理功利觀念甚盛以致玄學的思想不容易發達上中國。中國哲學除了老莊哲學而外幾乎都談不上玄學的思想往日友人某君盛稱中國往古哲學家之一段論法以為精審緻密駕乎西洋三段論法之上而所舉的例證則為老子道德經首章列子天瑞篇首章莊子齊物論子綦喪我節舉不出老莊哲學之範圍周易為中國人所誇耀為談玄學最精之書然內容亦不出老子哲學之範圍。參看

○本書頁二三九。不過老莊哲學在中國文化裏面並不發生重大影響而發生重大影響者，首為儒家其次為墨家但儒家哲學則充滿倫理觀念，墨家哲學則充滿功利觀念，而關於孔子玄學的見解便無從探究況乎孔子以「不語怪力亂神」為標幟，以「未知生焉知死」為法門，更何從發見他玄學上的妙論其後到了新儒家顏元、李塨之時遂大膽的以談玄學為大戒而中國的文化更完全走入實際一途中國人缺

乏想像力，沒有世界眼光，沒有支配全世界的偉大發明與動作，都是由於平日缺乏玄學的素養之故。一面因強有力的倫理觀念流行社會使玄學的思想不容易發達；一面又因缺乏玄學的素養之故，致固有的倫理觀念日深且日趨於平凡化俗惡化互為因果遂成功中國現時文化的局面。然而雖說中國文化是玄學的顯見其不合於事實。印度文化則完全充滿著宗教的氣味雖然牠的哲學也有一個時代經過玄學極發達的時期，但已發達的玄學在印度文化裏面則或者隨著宗教而發生些微的效力，或者竟毫不發生效力，所以說東方文化為玄學的更不免自陷於謬誤。上面已經把西方文化和東方文化的內容討論一過，結果都足以使我們覺悟平日所觀察的，大有不盡不實之處。要知一民族的文明，沒有純物質的文明，或純精神的文明；因之所形成的文化，也沒有純物質的文化，或純精神的文化東方文化和西方文化同是由物質和精神兩種元素所組成的，只有量的差別，並無質的差別。至論到東西文化與科玄的關係，此則我東方人尤其是中國人真當愧死既無科學上的功績又乏玄學上的素養所以弄成現在一種老大不進步的僵局。尚且自

誇爲東方文化古國，尚且自誇爲富有玄學的文化，這不是「誇大狂」嗎?然則這樣的流行論法也不足以指示三方面文化的根本不同點。在我的看法，東方文化和西方文化，或者可以從心理學上的要素強爲區分。心理學上的要素可分爲理智與情意二方面。情意屬主觀的，理智屬客觀的；情意爲能動，理智爲受動。本是一整個的心理狀態，由注意點的不同，而現爲兩個心理狀態。西方文化主重在理智的方面，中國文化主重在情意的方面，印度文化則二者兼而有之。西方文化惟其重在理智，故在哲學上常用客觀的方法，推論宇宙觀與人生觀的問題；因此，我們可以說西洋人的人生哲學，是由自然推論到人事，中國文化惟其重在情意，故在哲學上常用主觀的方法，推論宇宙觀與人生觀的問題；因此，我們可以說中國人的人生哲學是由人事推論到自然。印度文化惟其理智與情意二者並重，故在哲學上常用直覺的方法，推論宇宙觀與人生觀的問題；因此，我們可以說印度人的人生哲學是人事和自然等量齊觀。

不過印度的人生哲學，因爲牠開始也是由人事推到自然，牠是由接近中國的人生哲學，比較的看到萬法之無常的。

現在把這層意思加一番說明，西方人解決人生問題總是要由自然哲學的問題轉到人生哲學的問

題；譬如先用「邏各斯」觀念解釋自然哲學的問題，次第及於人生哲學的問題；人生問題之解決，每視自然問題之解決為斷。這在柏拉圖系統的哲學固然即在亞里斯多德系統的哲學亦未嘗不然，在希伯來人的看法如是，即在希臘人的看法亦未嘗不如是。所以我說西洋人的人生哲學是由自然推到人事，中國人解決人生問題，總是由倫理觀念或功利觀念出發，除老莊哲學外，幾乎莫不如此。中智以下僅能達到一種徧狹的倫理的人生或功利的人生而止；中智以上纔能擴大倫理或功利的人生到自然界。孔子說道：「為政以德，譬如北辰居其所而眾星拱之」孔子對於自然事實的解釋，也是用他的倫理道德的觀點，這便是擴大倫理或功利的人生到自然界的明證。中庸說道：「君子之道，造端乎夫婦及其至也，察乎天地」這更是擴大倫理的觀點到自然界的好例。張子西銘說：「乾稱父，坤稱母，吾玆藐焉乃混然中處；……民吾同胞，物吾與也」這也是一種倫理的看法。所以我說中國人的人生哲學是由人事推到自然，印度人解決人生問題，總是要把人事利自然等量齊觀，務使人人能做到根本覺悟的地位，婆羅門教建立輪迴說以範圍人生，謂世界萬物的差別皆由

喜、憂闇三德而成由此或歸入神位，或歸入人位，或歸入獸位，皆視其行為而生差別。這便是輪迴的境界。但此境界不獨人世為然，即世界本身亦莫不如此，世界由梵天而出，其後復歸入梵天後又從梵天出，如此輪迴往復永無止期，因此人世和世界本身都要謀一種根本的解脫。你看，婆羅門教這種思想，不是把人事和自然等量齊觀嗎？佛教假說我法，有實說我法無破除我法二執，闡明我法二空處處將我與法對舉，以喚起人類根本的覺悟。你看，佛教這種思想，不又是把人事和自然等量齊觀嗎？印度人總不背輕易拋棄奧義書中「自我即梵」的信條，故各派思想不期而暗合。所以我說印度人的人生哲學是人事和自然等量齊觀把西洋印度中國對於（參看本書頁一七六。）

人生問題解答不同之點這樣分析去說，似乎比較的易得到真相。關於三方面解答的根本不同點，尚有一個重要的所在。西方哲學注重理智，故首重認識，最初即認識了一個「我」。由「我」的認識推而至於「神」的認識，「物」的認識。勁洛太哥拉斯的「我存則宇宙存，我壞則宇宙毀」，笛卡兒的「我思故我在」，菲希特的「自我產生非我」，格林(green)的「自我意識」，以及培根的人國說，

四四六

盧梭的人權說，康德的人格說，實用主義者的人性宗教說，沒有不是從「我」的認識而發生的。他們那種積極向前的精神以人敵天的宏願，那一處不是出發於「我」的認識？這種「主我」的思想，可以說是西洋人生哲學上一個特點。中國哲學正與此相反，中國哲學特重情意，富於一種沒我的思想，便是尊重大我放棄小我的思想孔子的「毋我」，顏子的「克己」都是一種沒我的精神之流露，中國人事事「則古昔稱先王」只知有人不知有我只知有前賢不知有後聖又中國人主張「齊家治國」只知有家族，不知有個體，只知有國家，不知有國民。處處可以看到中國人「我」的意識之昏睡這種「沒我」的思想可以說是中國人生哲學上一個特點。印度哲學則與西洋和中國完全異趣。因為牠主重在直覺到了最高的境地，便根本看不出一個「我」來？凡「我」皆起於執，被識所執，在人則有人我，在法則有法我；離識執著，則人法皆空總之，更無論其為大我小我佛法認萬有只是剎那生滅，更無主宰，何從發見「我」來？萬法皆依他緣生，昧此都成妄見，故佛法不能不極力闡明「無我」之義，這種「無我」的思想，可以說是印度人生哲學上一個特點。大乘佛教最富於主觀精神容後說明。西方人惟其看重

主我的思想，故極力尊重「個性」；中國人惟其看重沒我的思想，故極力表章「羣性」；印度人惟其看重無我的思想，故極力闡明「法性」。總觀上述各節，對於三方面的人生哲學何以不同之處，可以瞭然了。不過這樣分別去論斷，總不免包孕著許多缺點，因為整然的劃分本來是不可能的事。譬如說西洋哲學看重理智，然牠也未嘗不看重情意；從希伯來的思想以至近代康德、詩來爾馬哈、叔本華的思想，莫非情意的產物。又譬如說：中國哲學看重情意，然牠又未嘗不看重禮教觀念之尊重忠孝節義，以及其他種種德目之推行，都莫非用理智節制情感的結果。然則用理智觀察西方哲學，用情意觀察中國哲學，豈非根本錯誤麼？不過我上面幾種比較的說法，都是就其顯者著者而言，而且為容易明瞭起見，故從心理學的要素略為劃分。若嚴格說來，則東西文化或東西哲學本無整然的劃分之可能。我往日頗有一種私見，現在不妨試說一說。我以為東西文化或東西哲學都可以歸併在兩個系統去觀察，而不必以東西地域為斷，所謂兩個系統，即是剛性的系統與柔性的系統。就西洋哲學說：近世哲學初期的純理論屬柔性，經驗論屬剛性；此兩性的哲

學，至康德而得一調和，然康德與康德學派的哲學又屬剛性，此兩性牠們的反動派的哲學所謂實證論唯物論功利論進化論派的哲學又屬剛性此兩性的哲學至詹姆士又得一調和，從此推而上之中世紀的實在論屬剛性；又推而上之柏拉圖派哲學屬柔性，亞里斯多德派哲學屬柔性，西列學派哲學屬剛性；斯多亞派哲學屬柔性，伊壁鳩魯派哲學屬剛性，無論如何總可以歸併在幾個系統裏面再就中國哲學說道家哲學屬柔性，儒家哲學屬剛性，宋學單就佛教哲學說法性宗屬柔性，法相宗屬剛性出此可知世界的哲學總不出這兩個系統的範圍雖然有時得到一個調和但轉瞬間又走入一邊好像黑格爾正反合的原理合卽無形中變成正本。現在要論到東西文化，則世界上只有兩種文化，一種是柔性的文化，一種是剛性的文化同屬宗教，而耶教與婆羅門教等屬於柔性的文化孔教 孔是否宗敎尚待細論，姑就廣義說 與佛教等屬於剛性的文化

四四九

爾、老、莊。一流的哲學屬於柔性的文化,培根、洛克、孔德、墨翟、荀卿一流的哲學屬於剛性的文化同屬文學而梅特林克泰戈爾夏芝(Yeats)一流的文學屬於柔性的文化,左拉、易卜生杜思妥夫斯基(Dostoyevsky)一流的文學屬於剛性的文化東西文化的內容原不過如此這樣從剛柔二性去觀察似乎比從東西地域上去觀察要靠實多了。不過有一層要知道便是屬於剛性的文化,並非不含有柔性不過剛性特著而已同時屬於柔性的文化亦然所以我對於世界文化是一元的看法,並不是二元的看法。東西的人生哲學正可用同一觀點這樣觀察三方面解答的異同似乎可以省卻許多無謂的紛糾了。

三方面哲學對於近代人生問題解答之比較

上面已經把三方面——西洋、印度、中國——的文化和哲學的特點,逐一的論述了,現在請進論三方面哲學對於近代人生問題解答之異同。西洋人的「由自然推到人事」與夫那種「主我的思想」大牛是由他看重科學一點得來雖然科學的發達是最近代的事,而遠溯希臘思想卻已滿佈科學的種子中國人的「由人事推到自然」與夫那種「沒我的思想」大牛是由

他看重道德一點得來，因為道德觀念之尊重是中國人二十年以來醞釀成功的一種特性印度人的「人事和自然等量齊觀」與夫那種「無我的思想」大牛是出他看重宗教一點得來，因為印度人既長養於宗教古國所以任是何種思想與生活都帶有宗教的色彩然則西洋人解決人生問題可以說是用的科學的方法；中國人解決人生問題可以說是用的道德的方法；印度人解決人生問題可以說是用的宗教的方法現在只問用何種方法對於第二章所提出的問題比較的富於解決的可能性。

第二章所提出的問題大致可括為三種一，知識慾發達；二，物質慾發達三，解放慾發達第一種雖屬於精神物質兩方面而主重在精神因為要知識的滿足總可以謀心靈的解放。第二種全屬於物質的；因近世唯物思想之發達此種問題轉成為人生問題中最大的問題第三種屬於社會的雖關係精神物質兩方面卻主重在社會組織之根本的改革人類自由平等之徹底的實現。以上三種問題是近代人共同的切膚的問題現在要謀解決勢不得不於上述三種方法之中選擇一種比較適合的方法；換句話說勢不得不於三種人生思想之中選擇一種比較適合的人生思想而中國

人的道德的思想，最少可採用的價值。中國人主張「不識不知順帝之則」；主張「君子於其所不知，蓋闕如也」；如何能滿足知識的慾望？中國人主張「貧而無怨」，「素貧賤行乎貧賤」；「貧而樂」「貧而無恥」「士志於道，而惡衣惡食者，未足與議」像這種麻醉心靈的方法，又如何能滿足物質的慾望？中國人主張「守分安命順時聽天」；主張「非先王之法服不敢服，非先王之法言不敢言，非先王之法行不敢行」這種固蔽的思想，又如何能解放的慾望？這樣看來，中國人的人生思想最不適合於近代人生問題之解決。上面已經說過，中國人用道德思想解決人生和西洋希臘時代用道德思想解決人生用意適同，不過中國人的道德思想的內容與希臘時代的道德思想的內容完全異趣。雖然在保證道德之永恆性與普遍性一點，互相一致，又在反對一切制度文物之破壞一點，互相一致，如孔子不滿意於老子之激烈的革命而建以調和持中的道德，蘇格拉底不滿意於詭辯學派之澈底的破壞，而建以崇實合理的道德，但其中有最大的一點是彼此完全不同的。中國人的道德思想大半是以倫常為本位的；希臘人的道德思想大半是以知識

為本位的，這是中西道德一個最大的分歧點，譬如儒家所主張的親義別序信五典，義慈友共孝五教為一切道德中的主要德目那一處不是以倫常為主眼的呢？若希臘道德思想的內容便不如是。蘇格拉底首倡「知識即道德」這就無異於說「道德即知識」因為他的至善論是以知識為元素的柏拉圖倡智慧勇氣節制中和四元德而首項所舉即為智慧。亞里斯多德倡知德與行德，亦闡發知德的重要可見希臘人的道德思想是以知識為主眼的同屬於道德思想而一不注重知識，這裏面的分別所關於近代人生問題之解決極大則中國人的道德思想不能滿足近代人的慾望又奚待辯？況乎中國人道德思想的特質，捨呆板、迂腐、專制主義、禁欲主義以外無餘事然則用這樣道德的方式又如何能解決近代活潑潑的人生問題呢？其次為印度人的宗教的思想印度為宗教思想極複雜的領域，包括婆羅門教、印度教、回教、基督教各種宗教，而比較可注意者為婆羅門教、佛教與回教，婆羅門教的人生思想以為關於知識真理之事，惟婆羅門族所得參與，他族不得與聞這樣視知識為專有品，如何能滿足一般人的知識的慾望并且這樣的富於階級的意識，

又如何能滿足解放的慾望？不過佛教並不如此。佛教原是這種思想的大反動佛教對於知識的追求，對於解放的欣慕，不減於近代人，而且有時比近代人更進一步。不過牠的目標不同因之所用的方法亦不同。在印度各派思想當中以佛教和順世派的思想最富於革命的精神，猶之乎在中國各派思想當中以老子和楊朱派〔楊指朱篇中碩廢思想的部分參看本書頁三四七至三九四。〕的思想最富於革命的精神順世派看重物質，看重快樂，也利楊朱派正相類佛教則極力反對快樂反對物質所以三戒之中以貪為首知世間的宗教沒有不排斥知識的；耶教所以為世詬病，就在於排斥知識的一點。回教又何嘗不如是？因為耶教和回教都是認上帝為全知全能，而我們的知識乃是由上帝賜予的，我們自己本身並不能發生知識。若佛教並不如是佛教雖不能滿足以滿足知慾與解放慾。佛教以求「一切智智」為求「無上菩提」的法門，可見牠對於知識的尊重佛教主張一切眾生平等反抗一切階級的分別，可見牠對於解放的尊重，然則世間的宗教，以佛教為比較的適於近代人生問題之解決本來宗教的思

想很不一致，而最進步的宗教，必注全力於表現自我；最沒有進步而又最有毒害的宗教，必注全力於消滅自我。佛教卻是最富於自我表現的思想者。詹姆士創設「人性的宗教」謂實用主義之神為人格最發達的產物，就是說我們「最後的人」，「將來的人」便是圓滿周遍的神，這是何等富於自我表現的思想。倭伊鏗倡精神生活的宗教，謂人類以人格的努力，得由人類的精神生活加入宇宙的精神生活；此人格的努力即精神的個性之發展亦即自我之表現。尼采批評宗教謂普通人對於神之信仰有二傾向：一，由對於人類精神向上生命充實之感謝之情而造有神；二，由對於自己異常興奮之恐怖之情而造有神。前者神為生命擴張的象徵，神活動於吾小己之中，凡小己強烈的瞬間，即與神交通合一，故極度肯定自我之生活，後者神立於吾人之上，具有絕對支配之力，苟小己的本能煥發，則恐怖即伴之以生，不得不依賴神以為助，而極度否定自我之生活。前者為第一義的宗教，後者為第二義的宗教，現代的宗教多傾向於前者現代的宗教不是有甚麼特種之體制的（像教會）特別之真理的，（像天啓）特殊之人格的，不是從前那種超越人類之經驗以上的絕對神的

（像耶穌、穆罕默德乃至僧侶）特別之日期的，（像日曜日）特種之禮拜的，（像各種特定儀式）。現代的宗教乃是人性化的宗教社會化的宗教一切的人都是可尊敬的，一切的物件都是神聖的，一切的時間都是貴重的我們的生涯，不像中世紀所說的為來世的準備的生涯乃即在我們自身就是真實的生涯我們的生涯是肉感的不是夢幻的；是在地上的不是在天堂大國的我們的信仰不是信仰過去的歷史，不是信仰那一個人不是信仰那一部書，乃是信仰我自己我們想從精神上磨練我們自己的人格纔有宗教；我們想謀現代社會的幸福纔有宗教；我們想謀宇宙人生時刻刻的創造的進化纔有宗教現在中國有非宗教運動其目的在於排斥帝國主義的耶教，其用意就因為耶教處處與這裏所說的「自我表現」的精神相反。耶教認要人耶教雖然也看重憐憫看重永生然這只是弱者的宗教，非強者的宗教只是第二義的宗教，非第一義的宗教若佛教便不如是佛教通法性、法相禪密各宗旁及他力本願之淨土諸教莫不崇尚自力主義的哲理，莫不揭櫫卽身成佛的教義以盡力擴大「自我」的權威因為其有靈妙心識的自我所

清白自己是無能力者、待救者、弱者、賤者、要是這樣反省，才能得救參看本書頁一二一。

謂小我者，即備具圓滿完足的佛性，故此小我即是最高之大我。而最高之大我即是「無我」之佛心為無明所蔽，則本具的佛性即無由表顯，猶之日為雲霧所掩，則固有的光輝即無從放出。故撥雲霧即可見皎日去無明即可見佛心，這便是「自我」的本來面目佛教所以特別看重自力，就由於牠極度主張「自我」的尊嚴，這便是佛教高過一切的宗教之處佛教惟其有這種特點所以在許多的宗教思想當中以牠為比較的適於近代人生問題之解決。再次，為西洋人的科學的思想上面已經說過，西洋人解決人生問題，經過幾個重要的時代，再由宗教的時代走進科學的時代，可以說中國和印度的那樣簡單；因為西洋是由道德的時代走進宗教的時代不似中國和印度解決人生問題的方法，西洋都已經嘗試過，結果乃不得不選定科學一途。學以探求真理為依歸，凡思考之所及，無論銀河系統之大電子之細生命之神祕，都想探索一個究竟以求得最後的滿足所以用科學的方法解決近世人生問題在滿足知識慾一點，是不成問題的。近世人文史上最可紀錄之第一大事件，便是物質文明之進步但物質文明之進步與科學之進步相平行近世國家富力之增加，生產力

四五七

之增大，那一種不受科學的思賜，所以科學的活動與物質的活動相終始，然則用科學的方法解決近代人生問題，在滿足物質慾一點，又是不成問題的。自從盧梭的天賦人權說、達爾文的人猿同祖說昌明以後，平等自由的口號，竟成爲各種革命的指針，近世社會主義相繼以興，而各種民族的革命、政治的革命也換了一副新面目，以從事於最大的世界的革命。本來近世各種解放運動之發生沒有不是由科學方法考察現代人的生活的結果，最顯著的一點，便是無政府主義的運動，然則用科學的方法解決近代人生問題，在滿足解放慾一點，又是不成問題的，這樣看來，西方人的科學思想，豈非近代人生問題之唯一的解決？而據第二章推論的結果，所謂近代人生問題即起於科學發達的西方，以次延及於東方，這不是一種很怪異的現象嗎？西方人的科學思想對於近代人生問題可以解決而不能解決的原因，就觀察所得，計有數端。一、機械主義下的科學，自從邁爾一派的「勢力不滅說」宣傳以後，機械主義的聲浪日高一日，所謂機械主義，亦可云「物質主義」，因爲舉世間一切物質，沒有不受機械的法則的支配的。又所謂機械主義，亦可云

概念主義，因為機械主義推論一切的事物總要根據一種固定的法式的總之，在機械主義之下只看見許多的因果關係更看不見宇宙與人生無怪弗羅伯爾由極度自然主義的思想一轉而成虛無的思想。近代人生問題的重要部分便發生於這種機械主義便發生於這種機械主義下的科學社會主義詩人卡朋特（Edward Carpenter）評騭近代科學謂有兩個大缺點其一近代科學專從理智方面研究自然而置感情生活於不問；第二近代科學總想發見一個不變的永遠的並且是純理智的「宇宙表現」而不顧到這種計畫之萬萬不可能。卡朋特因為近代科學有這兩個缺點由這兩個缺點引起許多不能解決的人生問題所以極力詛咒近代的科學嚴格說來卡朋特所詛咒的科學就是機械主義下的科學因為牠太不講感情太缺乏人間性二資本主義下的科學上面已經說過近代人由腦與手的使用而使近代社會的組織日益發達卽由腦與手的過度使用而使今後的社會益陷於貧富懸隔的狀態。參看本書八十七頁。我們可以從這裏面下一句轉語便是社會愈陷於貧富懸隔的狀態，便腦與手愈會過度使用因為這是互為因果的社會既已陷於貧富懸隔的狀態，則富

東西哲學對於人生問題解答之異同

四五九

者可以既飽而嬉，貧者非勞動無由得食，於是使用腦與手的全屬於貧者；但使用腦與手的方向，須聽命於富者，至少須無礙於富者，於是由富者的知識與趣味所產生科學上的成績，遂致社會日趨於惡化而促成近代的悲哀。因為富者心目中所期望的科學，是拜金主義、拜金主義的科學。

脫爾斯泰痛心於資本主義侵蝕科學與藝術的領土，於是首先否定徒手遊食之特權階級，其次否定財產，其次否定金錢，其次否定拜金主義的國家，其次否定共犯者的教會，最後乃否定從犯者的科學與藝術。資本主義影響於近代的學術，卽此可見一斑。

三，帝國主義下的科學。自黑格爾一流的「國家絕對說」發生以後，世界科學的重心全趨於國家主義化，更進而帝國主義化。人類用盡心思才力以謀撲滅人類自身，這是何等駭怪的現象，而不幸近百年來的科學的工作，大半趨向此途。

如軍用飛行機、飛行船、水雷艇、潛航艇、毒瓦斯、無煙火藥，以及各種遠望鏡探海針之屬，莫不精益求精，而最注重的，則爲空中戰具所謂「空軍力」與陸軍力、海軍力鼎立而三。空中戰鬥的主力所謂軍用飛行機者與通商用飛行機完全不同。須最速，最堅，最能上昇，又最便操縱，所以更需要科學的努力。歐洲大戰中英國爲攻擊柏林之故，

曾製造一架最能乘載多數乘員之飛行機為 Handley Page V-1500 型飛行機。此飛行機之徑間計長一百二十六呎，可乘坐操縱者一人偵察者一人投彈者一人礮手二人又能乘載二三〇磅之爆彈二十四個。可見空中戰鬥力之發達在德國既敗以後，空中戰鬥力當首推法國，但在德國未敗以前空中戰鬥力德國實冠於任何國之上。德國人常以「英國制海法國制陸德國制空間」一語自豪所謂「德國制空間」並不限於戰時乃指平時一切文化。因為德國自信有可以征服全世界的文化德國的科學本雄視全世界，但因欲貫澈帝國主義的雄圖，遂無形中傾全國人的心思才力趨向於擁護帝國主義的科學，而影響於全世界以造成近代的罪惡與痛苦。然則近代的科學思想所以不能解決近代人生問題，豈非帝國主義下的科學教會眼中唯一的對敵便是科學，因此在歐洲最發達的教會便不能不與在歐洲最發達的科學謀一種妥協。不過表面上卻是欺騙因為教會知道過去的說教的方法之失敗，不能不別謀新發展，於是想藉科學的說素來辯護自己的上帝；一面可以粉飾外邊的耳目，一面又可以鞏固自己的地盤；這種一舉

四六一

兩得的伎倆，在教會看來，固爲得計，但在科學家看來，不完全是一種騙局麼？不過我這裏所指斥的是教會，卻並不是宗教和科學，倒有互相輔翼且互相發明之處，不過這裏不便詳說科學既與教會發生關係，則科學的本來面目便無從揭出；無怪脫爾斯泰謂「蘇羅們(Solomon)利孔子的法則是科學，摩西(Moses)利基督的教訓是科學」科學可以這樣曲解，又叫我們何所適從呢？教會專崇帝力，科學豈不成爲一種崇尚帝力的科學嗎？總上四者觀之科學思想不能解決近代人生問題，則專尚人力培根的「人國」卽爲反對耶教的「天國」而起，如果科學受制於教會，可無須煩言而辨因爲在機械主義下的科學，便成功一種「死的科學」在資本主義下的科學，便成功一種「拜金的科學」在帝國主義下的科學便成功一種「奴隸的科學」，像這樣的科學思想又如何能滿足近代人的要求呢？以上還可以說大半就科學應用而言，卽談到科學本身的科學，便成功一種「殺人的科學」在教會主義下的科學便成功一種功利的氣味，計較的性習，武斷的態度，機械的方法，也是不可掩的癥結無怪歐洲學術界近來有「整體說」(Gestalttheorie)的新運動，以改造科學本身整體說雖然

四六二

創始於近世紀，却是現在已蔓延到物理學生理學心理學以及一切科學質言之，整體說乃對於現代歐洲式科學懷澈底之不滿而起，整體說注重考察事物的真相，即在捉住實在的本質與全體而決不以部分的觀察，生硬的體會為滿足換句話說，整體說乃在捉住生活自身要由這種改造的科學思想，才可望近代人生之真正解決。

合上所述各節，可以知道中國人的道德思想，印度人的宗教思想，西洋人的科學思想，都不能無缺憾。中國人的道德思想幾乎完全不能解決近代人生問題，西洋人的科學思想雖可以完全解決近代人生問題但又不免發生種種弊端；所以都非有一種救濟不可。如果有了救濟的方法，我以為西洋的科學思想，應該極力提倡，次之便是印度的佛教思想和中國的老莊思想因為佛法老莊都可以部分的有補助於近代人生問題之解決至論到救濟，我以為唯一的救濟的方法只有提出藝術思想我上面已經說過，「在現代無論提倡道德宗教科學，都要把藝術觀念作骨子，否則便成功一種呆板的道德迷信的宗教殺人的科學。」參看本書頁一七一。道德思想如果有藝術作救濟那就道德思想不

四六三

東西哲學對於人生問題解答之異同

惟不應該排斥，而且有相當的提倡之必要。因為道德是以範圍生活為鵠的，而藝術則為生活之表白；道德如果有藝術作背景，就必於範圍生活之中隱寓尊重生活之意，而不至於橫加制限；且既知尊重生活，即加以制限，或更可以表揚藝術的精神，並增高道德的地位。故道德思想得藝術而益彰。如希臘人常常藉音樂舞蹈以增高道德思想，便是一個顯例。宗教思想如果有藝術作救濟，那就宗教的內容更為充實，宗教的精神更為擴大，而一切迷信與嫉妬都可以無形中剷除。因為宗教必以信仰為中心，尤須看重詩來爾馬哈所謂「依存的感情」此依存的感情，即與精神向上，生命擴張之藝術相若。我們賞鑑藝術的時候，我們的心魂全沒入於藝術的對象中，到了浪漫之極悅樂之極的時候，就不免發生一種淒涼之感，此淒涼之感乃是一種敬虔的精神之表現，這便是所謂依存的感情。所謂依存，便是小己與宇宙相擁抱共呼吸的精神生活。這在藝術創作和藝術賞鑑的時候，常常可以發現，所以宗教必件以藝術的精神科學思想如果有藝術作救濟，那就科學的效用可以增大，科學的罪惡也可以減除。因為科學的真，遠不如藝術的真，科學的真乃客觀的真，而藝術的真則為一

四六四

種「真」的感情。科學如果伴以藝術的精神，那就無形中可以減少許多皮相的見解與循環的論法。上面所說「整體說」的新運動，亦多少帶有藝術的精神亦有幾分用藝術救濟科學的苦心。自科學思想應用不得其當，一般人全走入「所有慾」一途，一九一四年的歐洲大戰，即所有慾過度發達的結果。羅素則謂宜於此時導入「創造慾」。如戰爭之本能可導入於體育之競爭，遊戲之本能可導入於身心之陶冶，這種「導慾」的思想，不又是用藝術救濟科學的精神那就這種。現代人類的腦與手之過度勞動，雖是由科學造成的局面，但如果伴以藝術的用意嗎？現代人類的腦與手之過度勞動，不惟無損於人類，且大有益於人類。拉士金（Ruskin）說：「不勞動的人生是罪惡，無藝術的勞動是野蠻」可惜現代的人類，完全不能了解這一點。莫理斯（Morris）倡「人生之藝術化」謂勞動便是藝術，勞動便是快樂，我們並不為生活而勞動，勞動即是生活，這樣看來，我們人為賃銀而勞動，勞動的報酬乃是創造，這是神所給與我們的賃銀這樣看來，我們人類出腦與手的使用，致造成種種罪惡，這又何苦來呢？脫爾斯泰分勞動為四種；一筋肉的勞動；二手工的勞動；三知的及想像的勞動；四社交的勞動，以謀勞動之藝術化。

脫爾斯泰為實行自己的主張起見，曾親身耕耘伐木，第一種且自製靴履小品。這種崇尚藝術的精神更足以救濟現代過度的使用腦與手的流弊。況脫爾斯泰倡勞動主義、也是出於藝術的觀點。

由是以觀道德宗教科學三者，雖盡發展的能事，但非有藝術的陶冶，決不足以形成一種最大的文化。現代的文化滿裝著功利的臭味，無論道德宗教科學，都是如此世界未來的文化必從此轉出一個新方向，必是由「到功利之路」轉出一個「到藝術之路」關於藝術思想的內容且容本書下卷詳為陳說，今試約略言之藝術以生命表現為唯一的天職宇宙本是一個生命的大流，如果藝術能表現宇宙的生命那便是一種最偉大的藝術而所謂道德宗教科學本都是走的一條路不過方法有不同或者態度有不同人類最高的希求，生的無限；所謂生的無限其有三個條件；一生的本質二生的持續三生的增進。一個生的本質我們人類只希求生的無限，但現實的社會從種種方面觀察卻是有限。一個生的本質我們可以觀察或實驗但到了某種極限，再不能觀察或實驗。一個生前的增進的希望但達到了一定處所，或與外圍相衝突，或與內部生理的心理的極限相矛

盾。一個生的持續也是如此本有持續的希望,但不能超過一定的生理的年齡總之,生的無限常與現實社會的有限不相容。但我們人類希求無限之心,決不因而稍戢,於是不得不改變方法,以求達到最初的期望譬猶生於敗石之下的草芽,雖被蒙蔽或壓抑,但牠總要旁通曲達,以求最後的伸張。這便是世間的科學道德與宗教科學便是想發見無限的,但牠總。但欲發見無限,不能不先從有限去工作。雖然牠的工作,不一定可以達到目的,但牠總是從一點一滴去求真理,一寸一尺去求進步牠發見無限,是用的人工的方法,這裏面有一種互相因果的關係:就是因爲不容易發見無限所以用人工的方法;但也因爲用人工的方法所以不容易發見無限,不過科學家決不因無限不容易發見,便停止他們的工作。這是科學的性質利態度特異於他科之處科學所以用人工的方法用觀察和實驗的方法,是爲求證據,科學所以可貴,就緣牠所發見的部分都有證據可憑所以,就令牠不能發見無限,也就很其有一種發見的勇氣。道德便是想調撫無限與有限的矛盾,而使無限讓步的牠是使生的慾望停留於適度之處合乎中庸之處的一種消極的解決法故外遇矛盾則立恭敬謙讓之

德，內遇矛盾則立克己節欲之德，爲圖永遠的「將來」之安全，而犧牲當前的「現在」之增進，這便是道德現象本來的意義。這在道德看來，是使「生比較的持續一個最良的方法。不過這種把進化的結果和價值之感歸之於犧牲卻是道德獨有的現象。道德有時爲名譽，爲義務，爲熱愛爲絕望而至於拋棄生命，其動機雖不一而其看法總是如此。宗教乃道德無可奈何的又一面宗教乃爲解決生的無限與現實社會的有限之矛盾而形成的一種精神的狀態。生的有限之現在事實因人力無可奈何之故不得已將「無限之持續」的慾望導之於超現實的世界，因而有種種宗教的現象之發生又由增進的慾望所招致的矛盾，在道德無法解決之時即在「生」的苦痛法解脫之時亦有宗教的現象之發生總之宗教乃對於生的有限、死滅以及種種不如意的苦痛而謀所以慰籍之道髣髴是把內部所抱的無限的生而令其客觀化，這便是所謂「神」所以「神」不管爲完全的我之想像圖。由是觀之，科學、道德、宗教三者，都是抱着一個「生的無限」都是做的「生的無限」的工作，我們可以作一種總括的說明。無論科學道德和宗教，在第一境，則皆爲生的無限之希求我們應該特別尊重

這個境界在第二境,則為達到第一境之方的功利現象我們應該不把牠看做方便去努力。在第三境則當更進一步嚴加訓練,把第二境第一境完全忘卻好像是先天的直接作用,乃有科學、道德和宗教之威嚴在第四境,則這種先天的科學、先天的道德先天的宗教,更欲與第一境的「生」結合,凡對於過去的科學、道德、過去的宗教而起一種反抗其用意都是如此。所以「生的無限」為人類最高的希求藝術乃是這種希求比較的可以實現者拿藝術和科學道德宗教相比較便可。

以發見牠們的成績的優劣雖然都是走的「生命表現」一條路,但所用的方法完全不同;從方法一點很可以識別牠們的造就。就科學和藝術論,科學用知的方法,藝術則用直覺的方法。就道德和藝術論,道德用消極的方法,藝術則用積極的方法。就宗教和藝術論,宗教用超現實的方法,藝術則用現實的方法雖然都是對於「生」的希求,但科學的境界是「求生」探求生命的實質,道德的境界是「捨生」拋棄生命的形體;宗教的境界是「永生」想像生命的未來;似乎都沒有捉住生命全體若藝術的境界便不如是,藝術既可以吸取生命的神髓,又可以促進生命之擴大,卡朋特所以極

力提倡生命藝術，就出於這種見地。近代東西學術所以對於生命藝術，提倡之不遺餘力，也就推原於此。現代的思想界，在西方若尼采、柏格森、詹姆士、卡朋特、英理斯、愛倫凱（Ellen Key）之流，在東方若泰戈爾、廚川白村、島村抱一之流，莫不看重藝術的思想——尤其是生命藝術的思想，這是世界學術的一個大轉機，我們將從此合十瞑目頂禮世界未來的文化。

後序

書成自校一過，覺有許多疏漏處，欲加修正又不勝其煩。現在擇要補記於下：

書中論希臘人生哲學過於缺略。如論柏拉圖、亞里斯多德的人生思想，未能源源本本抉發其精要與特異之點，這是我最感不安的地方。要談西洋的人生哲學決不能不特別看重犬儒學派與西列學派的思想。因為這兩派的思想實為西洋人生思想的二大柱石。但我於這兩派思想的來源與影響，未能詳加說明，這又是一個疏略的地方。敍述近世哲學時又未能將黑格爾的思想作一種有力的介紹；後來敍實證論又忽視了一個孔德，這都是論西洋哲學詳略失當之處。

關於印度哲學方面便未免過於重觀佛法，而於六派哲學的人生思想不應置而不談其實六派哲學中談人生亦自多精到處，何可一筆抹殺？這是論印度哲學詳略失當之處。

關於中國哲學方面，似又覺得過於瑣碎，信筆所之，有時竟越出題外。關於論孔子

處，本意在描寫孔子為一宗法社會中之人物，因而有維持宗法社會之思想。但於孔子所處之地位與時勢未能作一種歷史的說明，自不易促進他人之瞭解這是論中國哲學詳略失當之處。

書前後翻閱一過，深覺百孔千瘡；惟個人的觀察與所信，則持之甚力。如讀者取其意而略其詞，庶幾可無大過。

書成後承至友呂秋逸聶耦庚、吳致覺周予同梅思平、沈亦珍諸兄為我指正校閱，謹在此表示悅服并感謝之意。

中華民國十五年一月十五日石岑記。

THE PHILOSOPHY OF LIFE
By
Shih-tsen Lee
The Commercial Press, Ltd.
All rights reserved

中華民國十五年十一月初版

人生哲學

分卷上卷下二冊
卷上定價一元六角

此書有著作權不許翻印

著者　李石岑

發行者　商務印書館
上海河南路北首寶山路

印刷所　商務印書館
上海棋盤街中市

總發行所　商務印書館

分售處　商務印書館分館
北京　奉天　開封　濟南　太原　安慶　南昌　吉林　南京　九江　龍江　杭州　漢口　長沙　常德　衡州　服院山　香港　成都　貴陽　廣州　潮州　梧州　重慶　廈門　新加坡